폐자원 순환 공학

이재영 · 고재학 · 김대기 · 서명원 · 오민아 지음

자유아카데미

머리말

2024년부터 시행된 순환자원경제사회 전환 촉진법 제1조에는 "생산·유통·소비 등 제품의 전 과정에서 자원을 효율적으로 이용하고 폐기물의 발생을 최대한 억제하며 발생된 폐기물의 순환이용을 촉진하여 지속가능한 순환경제사회를 만드는 데 기여함을 목적으로 한다"라고 적혀있다. 그간 산업의 발전과 함께 지속적으로 증가해온 폐기물이 이제는 진정한 폐자원이 될 수 있도록 정부와 시민사회의 관심이 커진 덕분이다. 본 교재는 환경부의 "폐자원 에너지화 특성화 대학원" 사업의 일환으로 기획되었으며, 2024년 현재 폐자원 순환관리의 현주소를 살펴보고자 하였다. 특히 폐자원 분야를 전공하는 학생 및 전문가뿐만 아니라 이 분야에 관심이 있는 일반인들도 이해하기 쉽도록 구성하고자 하였다.

본 교재는 총 10장으로 구성되어 있다. 제1장에서는 폐자원의 정의 및 분류에 대해서 고찰하였고, 제2장은 폐자원 관련 법률 및 정책에 대해 살펴보았다. 제3장은 폐자원의 특징에 대해서 정의하였고, 제4장은 폐자원의 발생 및 예측에 대해 살펴보았다. 제5장에서는 폐자원의 수집 및 운반에 대해서 주로 다루었고, 제6장은 폐자원의 재활용 체계 및 방법을 중점적으로 설명하였다. 제7장은 폐자원의 물리적 처리, 제8장은 폐자원의 생물학적 처리, 제9장은 폐자원의 열화학적 처리에 대해서 다루었으며, 마지막 장인 제10장에서는 폐자원의 최종 처분인 매립에 대해서 정리하였다.

원고 집필에 열의를 가지고 담당하신 모든 집필진에게 감사의 말씀을 드린다. 본 교재를 발간할 수 있도록 기회를 제공해준 환경부와 한국환경공단, 수도권매립지공사, 그리고 자유아카데미 관계자분들께도 감사를 전한다.

대표 저자 이재영 씀

차례

Chapter 3
폐자원의 특징

Chapter 4
폐자원의 발생 및 예측

Chapter 5
폐자원의 수집 및 운반

Chapter 6
폐자원의 재활용 체계 및 방법

Chapter 7
폐자원의 물리적 처리

Chapter 8
폐자원의 생물학적 처리

Chapter 9
폐자원의 열화학적 처리

Chapter 10
폐자원의 최종 처분

부록

Chapter 1

폐자원의 정의 및 분류

1.1 폐기물과 폐자원

최근 폐기물에 대한 인식 및 접근방식은 과거 쓰레기나 버려지는 것이라는 데에서 에너지원이나 제품의 원료 등 활용 잠재력을 가지고 있는 자원의 한 분류로 변모하고 있다. 즉 폐기물을 폐자원으로 간주하고 그 가치를 주목하고 있다고 할 수 있다. 본 장에서는 폐기물, 즉 폐자원에 대해 우리나라와 국외 다양한 국가에서의 정의 및 분류체계에 대해 다루고자 한다.

1.2 국내 폐자원의 정의 및 분류

1) 국내 폐자원의 정의

우리나라는 1986년 제정된 「폐기물관리법」에 의해 폐기물을 명확히 정의하고 있다. 「폐기물관리법」 제2조에는 폐기물을 "쓰레기, 연소재, 오니, 폐유, 폐산, 폐

표 1.1 폐기물의 정의

명칭	정의
생활폐기물	사업장폐기물 외의 폐기물로 사람이 생활을 영위함에 있어 사용되었으나 그 필요성을 잃어 사용하지 않고 버리게 되는 폐기물
사업장 폐기물	「대기환경보전법」, 「수질 및 수생태계 보전에 관한 법률」 또는 「소음진동관리법」에 따라 배출시설을 설치·운영하는 사업장이나 그 밖에 대통령령으로 정하는 사업장에서 발생하는 폐기물
지정폐기물	사업장폐기물 중 폐유·폐산 등 주변 환경을 오염시킬 수 있거나 의료폐기물(醫療廢棄物) 등 인체에 위해(危害)를 줄 수 있는 해로운 물질로서 대통령령으로 정하는 폐기물
의료폐기물	보건·의료기관, 동물병원, 시험·검사기관 등에서 배출되는 폐기물 중 인체에 감염 등 위해를 줄 우려가 있는 폐기물과 인체 조직 등 적출물(摘出物), 실험 동물의 사체 등 보건·환경보호상 특별한 관리가 필요하다고 인정되는 폐기물로서 대통령령으로 정하는 폐기물

알칼리, 동물의 사체 등으로서 사람의 생활이나 사업 활동에 필요하지 아니하게 된 물질"이라고 명시하고 있다. 또한 동법 제2조에서는 생활폐기물과 사업장폐기물, 지정폐기물 및 의료폐기물에 대해서도 각각 〈표 1.1〉과 같이 정의하고 있다.

2) 국내 폐자원의 분류체계

국내 폐기물 분류체계는 폐기물관리법제의 발전 및 변화와 그 맥락을 같이한다. 폐기물관리법제는 시대적 상황의 변화 및 사회·환경·경제적 여건에 따라 제·개정되어 왔는데, 크게 1985년 이전, 1986~1992년, 1992~2005년, 2006년 이후로 나누어 볼 수 있다. 1985년 이전에는 폐기물의 법적 관리가 이원화되어 생활폐기물은 오물청소법, 사업장폐기물은 환경보전법에서 관리되었다. 이후 1986년에 「폐기물관리법」이 제정되면서 관리체계가 일원화되고 통합적인 정책과 제도가 시행되었다. 「폐기물관리법」은 기존 「오물청소법」과 「환경보전법」의 폐기물 관련 규정을 통합한 것은 물론 관련 법제 내에 최초로 '재활용'의 개념을 도입하였고, 위해성 기준에 따라 일반폐기물과 특정폐기물을 구분하고 관리주체를 별도로 설정하는 등 현재의 폐기물관리 체계의 근간을 이루었다.

「폐기물관리법」은 "폐기물을 적정하게 처리하여 자연환경 및 생활환경을 청결히 함으로써 국민 보건의 향상과 환경보전에 기여"하기 위한 목적으로 제정되었다. 이후 1991년 전부개정 시 "폐기물을 적정하게 처리하며 자연환경 및 생활환경을 청결히 하고 폐기물의 재활용을 촉진함으로써 환경보전과 국민생활의 질적 향상에 이바지"하는 것으로 폐기물관리정책의 방향이 확대되었다. 「폐기물관리법」 제정 이후 동법에 의해 폐기물 발생억제, 예치금, 광역관리, 사후관리 개념 등을 적용하며 일원화체제를 유지하였으나, 1992년 이후 폐기물의 종류 및 발생주체에 따라 분법화되어 전문화된 체제를 현재까지 유지하고 있다. 1992년 자원의 절약과 재활용촉진에 관한 법률이 별도 제정되면서 포장재 발생억제, 일회용품 규제, 폐기물예치금 및 폐기물부담금제도, 재활용산업육성 등 재활용에 관한 제도와 정책이 시행되었다. 또한 2003년부터 예치금 제도가 생산자책임재활용제도로 전환되고, 건설폐기물의 재활용촉진에 관한 법률이 제정되면서 건설폐기물의 재활용 및 재활용 제품의 수요기반을 마련하였다. 이러한 정책과 함께 종량제

(1995년), 음식물쓰레기 직매립금지제도(2005년) 등이 실시되면서 폐기물의 발생 억제를 통한 감량화와 자원화를 도입하였다.

폐기물 분류는 「폐기물관리법」이 제정되었던 1986년 동법 제2조 제3호에 예시로 '오니 · 잔재물 · 폐유 · 폐알카리 · 폐고무 · 폐합성수지'가 언급되고 1990년 동법 시행규칙이 제정되면서 산업폐기물 종류가 처음 만들어지게 되었다. 폐기물 통계 및 분류와 관련한 정책은 1999년 「폐기물관리법」 개정 시 도입되는데, 지정폐기물의 처리경로에 대한 투명성을 높이기 위하여 지정폐기물의 배출자 · 처리자로 하여금 그 적정처리를 증명하도록 하고, 폐기물 처리업자의 불도 등으로 인하여 방치되는 미처리 폐기물이 늘어남에 따라 폐기물처리업자의 방치폐기물처리이행보증제도를 도입하였다. 폐기물통계조사 조항(「폐기물관리법」 제9조1)도 이때 신설되었다. 폐기물 적정처리 및 방치폐기물처리이행보증제도는 대상이 되는 폐기물의 개념을 정립하고 폐기물 분류에 따른 폐기물처리기준을 설정하여 이에

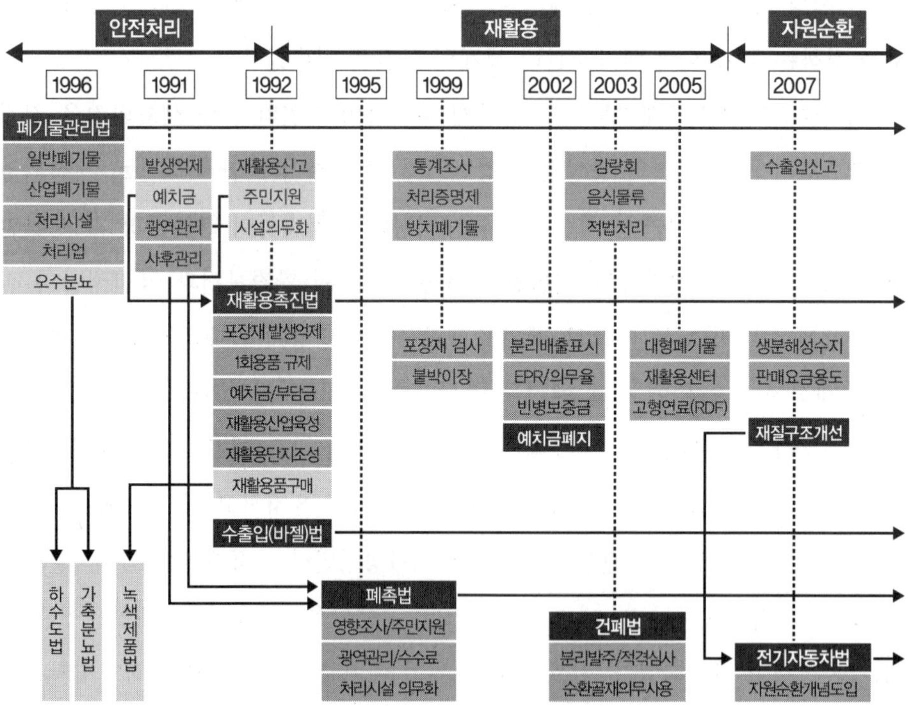

그림 1.1 폐기물 관련 정책 및 제도의 변화

출처: 환경백서(2022), 환경부

의한 폐기물 처리 이행을 의무화한 것으로 현행 폐기물 분류의 근간이 되는 제도라 할 수 있다.

우리나라의 폐기물 분류는 1차로 발생원과 폐기물발생량에 따라 생활폐기물과 사업장폐기물로 구분되며, 2차로 사업장폐기물의 유해성에 따라 사업장일반폐기물과 지정폐기물로, 3차는 발생특성에 따라 사업장생활폐기물, 사업장배출시설계폐기물, 건설폐기물, 의료폐기물 등으로 분류된다.

1차 발생원 및 발생량에 따른 분류에서 생활폐기물은 사업장폐기물 이외의 폐기물로 주로 가정에서 발생하는 생활계폐기물을 의미하며, 사업장폐기물 중 1일 평균 300 kg 미만 배출되는 폐기물 및 일련의 개보수 공사 · 작업 등으로 인하여 5톤 미만으로 발생하는 건설폐기물도 생활폐기물로 분류한다.

2차 유해성별 분류는 사업장에서 발생하는 폐기물에 유해 물질이 함유되어 있는지를 기준으로 분류하는데, 「폐기물관리법」 시행령([별표1](지정폐기물의 종류), [별표2](의료폐기물의 종류))에서 정하는 폐기물을 지정폐기물로 하고 이를 제외한 폐기물은 사업장일반폐기물로 분류한다.

3차 발생특성 분류는 사업장일반폐기물을 사업장생활폐기물, 사업장배출시설계폐기물, 건설폐기물로 분류하고, 지정폐기물 중 의료폐기물을 별도로 지정한다. 사업장생활폐기물은 1일 300 kg 이상 폐기물을 배출하는 사업장 및 공사 또는 작업으로 폐기물을 5톤 이상 배출하는 사업장의 폐기물과 「폐기물관리법」 제

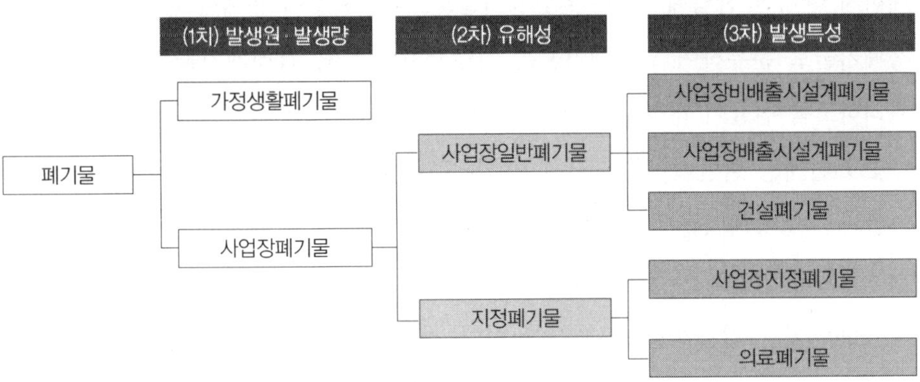

그림 1.2 폐기물의 개념적 분류

출처: 폐기물 분류체계 및 분류방법 설명서(2023), 국립환경과학원

2조 제3호와 동법 시행령 제2조 제1호 내지 제5호 사업장에서 배출시설 등의 운영에 관계되지 아니한 폐기물이다. 사업장배출시설계 폐기물은 폐수종말처리시설 및 폐기물처리시설을 설치·운영하는 사업장의 폐기물로 배출시설의 운영으로 배출되는 폐기물과 폐기물처리시설 사업장 중 1일 100 kg 이상 폐기물을 배출하는 사업장의 폐기물로 정의한다. 건설폐기물은 건설폐기물의 재활용촉진에 관한 법률에 지정된 건설공사로 인해 5톤 이상의 폐기물을 배출하는 사업장의 폐기물이며, 의료폐기물은 「폐기물관리법」 제2조 및 동법 시행령 제4조에 의해 지정된 폐기물을 의료폐기물로 분류한다.

이러한 분류는 폐기물에 대한 개념적 구조를 갖추기 위한 것으로 이하에서 살펴볼 법령상 분류와 통계상 분류도 해당 분류를 기반으로 구체화된 것이라 볼 수 있다.

① 법령상 분류

1986년 제정된 「폐기물관리법」에 근거한 폐기물의 분류는 1990년 동법 시행규칙이 제정되며 처음 도입되었다(시행규칙 [별표1] '산업폐기물의 종류'). 폐기물을 특정산업폐기물과 일반산업폐기물로 나누고 특정산업폐기물을 특정유해산업폐기물, 폐유, 폐합성수지, 폐산 및 폐알칼리로 분류하였고, 일반산업폐기물은 유기물류산업폐기물, 무기물류산업폐기물로 분류하였다.

1991년에는 산업폐기물의 유해성에 따른 재분류가 진행되었다. 국민보건에 유해하지 아니한 산업폐기물은 일반폐기물로, 국민보건에 유해한 산업폐기물은 특정폐기물로 분류하여 일반폐기물은 지방자치단체가, 특정폐기물은 국가가 책임관리하도록 법률이 개정되었다(법률 제4363호, 1991.3.8.).

1995년에는 일반폐기물과 특정폐기물로 분류하던 것을 발생원에 따라 생활폐기물과 사업장폐기물로 분류하여 원인자 처리책임 및 발생지 처리책임이 철저히 적용되도록 법률이 개정되었다(법률 제4970호, 1995.8.4.).

1996년에 사업자책임으로 처리하여야 하는 사업장폐기물의 범위와 폐기물재생처리업의 허가를 받아야 하는 폐기물의 범위를 정하는 등 동법에서 위임한 사항과 그 시행에 관하여 필요한 사항을 정하기 위해 「폐기물관리법」 시행령이 개정되면서(대통령령 제14897호, 1996.1.19.) 특정폐기물을 지정폐기물로 변경하고 그 종류를 [별표1]에 명시하였다.

1999년 지정폐기물의 처리경로에 대한 투명성을 높이기 위하여 지정폐기물의 배출자·처리자로 하여금 그 적정처리를 증빙하도록 하는 것을 골자로 하는「폐기물관리법」 개정(법률 제5865호, 1999.2.8.)이 이루어짐과 동시에 동법 시행규칙 [별표3]에 지정폐기물에 대하여 현재와 같은 형태의 폐기물 분류번호가 처음 도입되었다(환경부령제82호, 1999.8.9.).

이후 2008년에 종전의 [별표3] 사업장일반폐기물을 포함하여 사업장폐기물 분류번호로 개정되었고(환경부령 제295호, 2008.8.4., [별표4]), 2016년에 생활폐기물의 분류번호가 추가되어 폐기물의 종류별 세부분류라는 현재의 분류체계가 완성되었다(환경부령 제664호, 2016.7.21.).

현재 법령상 분류체계는「폐기물관리법」 시행규칙 [별표4] '폐기물의 종류별 세부분류'로 폐기물 종류에 따라 총 6자리(XX-YY-ZZ)로 구성되며, 앞 2자리(XX)는 대분류, 가운데 2자리까지 포함한 4자리(XX-YY)는 중분류, 마지막 2자리까지 총 6자리(XX-YY-ZZ)는 세분류로 칭한다. 대분류 기준 지정폐기물은 01~30번, 사업장일반폐기물은 51번, 생활폐기물은 91번으로 지정폐기물만 대분류에 따른 분류가 존재하고 사업장일반폐기물 및 생활폐기물은 그 자체가 대분류라 할 수 있다. 또한 중분류와 세분류의 차이가 불분명한 분류(30-00-00처럼 중분류와 세분류 항목이 존재하지 않거나, 51-25-00과 같이 세분류의 항목이 존재하지 않는 분류)가 존재한다. 대분류 중 세분화가 필요한 폐기물에 대하여 일련번호의 형태로 중분류와 세분류의 분류번호를 부여하였기 때문에, 하위분류가 없을 경우에

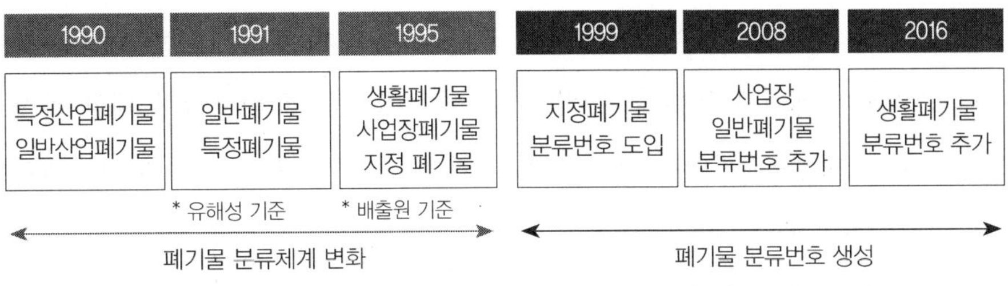

그림 1.3 국내 폐기물 분류의 변천과정

출처: 제6차 전국폐기물통계조사 실시설계용역(2021), 한국폐기물자원순환학회

는 ‘00’, 목록에 따라 분류되지 않는 기타항목에 대해서는 ‘99’를 부여하였다.

지정폐기물은 법률에서 지정한 11종의 폐기물을 대분류로 설정하여 하위분류 번호를 생성한 것으로 세분류 기준 총 95개의 분류를 가진다. 사업장일반폐기물은 2008년 폐기물 수출입 신고제도에 의해 지정된 사업장폐기물 25종의 분류번호를 기반으로 폐기물의 종류를 일부 수정하여 중분류 46개, 세분류로 165개의 분류로 구성된다. 생활폐기물은 종량제 폐기물, 음식물류 폐기물, 재활용품 폐기물을 종류에 따라 일련번호를 부여하여 세분류 기준 26개의 분류를 가지나, 지정폐기물이나 사업장일반폐기물에 비해 분류가 세분화되어 있지 않다.

폐기물 종류별 세부분류는 폐기물정보관리시스템(올바로시스템, www.allbaro.or.kr) 및 폐기물 처리과정에서 폐기물의 발생, 수집 · 운반, 처리 등과 관련한 승인, 변경, 실적신고 등을 작성하여 제출할 때 사용되는 분류이다. 폐기물의 발생 및 처리와 관련된 행정 절차상 필요에 의해 만든 분류로 발생 및 처리의 주체 및 물질의 유해성에 초점을 두고 분류가 이루어졌다.

폐기물 통계는 폐기물의 성상을 기준으로 발생량과 처리량을 집계하고 있어 법령상의 분류를 그대로 사용하지 않고 통계작성 목적 및 활용 측면에서 용이한 별도의 분류체계로 작성 · 공표하고 있다. 이는 EU도 비슷한 상황으로 EUROSTAT에서 폐기물통계를 작성할 때 유럽에서 통용되는 폐기물 분류인 EWC 및 유럽 폐기물 목록(LoW, List of Waste)을 사용하지 않고 별도의 폐기물통계분류인 EWC-Stat을 활용하며, 사용자 및 통계작성의 편의를 위해 유럽 폐기물 목록과 EWC-Stat을 연계한 연계표(Eurostat, 2010)를 제공하고 있다.

② 통계상 분류

우리나라의 폐기물 통계는 「폐기물관리법」 제11조 제1항 및 동법 시행규칙 제7조에 근거하여 폐기물 정책의 수립에 필요한 기초자료를 확보하기 위한 목적으로 환경부가 한국환경공단에 위탁하여 폐기물 종류별 발생 · 처리현황, 폐기물 재활용률 등에 관한 사항을 작성하고 있다.

우리나라는 환경부 환경통계포털(stat.me.go.kr) 및 한국환경공단 자원순환정보시스템(www.recycling-info.or.kr), 그리고 통계청 국가통계포털(www.kosis.kr)에서

표 1.2 폐기물 발생량 및 처리량 관련 통계

종류/유형	통계명	작성주기	승인기관
지정/보고	전국 폐기물 발생 및 처리현황(생활, 사업장일반)	1	환경부
지정/보고	전국 폐기물 발생 및 처리현황(지정, 의료)	1	환경부
일반/보고	폐기물 다량 발생 사업장폐기물 감량 현황	1	한국환경공단
일반/보고	폐기물 재활용 실적 및 업체 현황	1	한국환경공단
지정/조사	전국 폐기물 통계 조사	5	환경부
일반/조사	영농폐기물 조사	1	한국환경공단

표 1.3 폐기물 분류에 따른 종류

<table>
<tr><th>배출원</th><th colspan="2">배출경로 및
연소성</th><th>폐기물 종류</th></tr>
<tr><td rowspan="4">생활계
폐기물</td><td rowspan="2">종량제
배출</td><td>가연성</td><td>음식물류, 종이류, 나무류, 고무피혁류, 섬유류, 플라스틱류, 기타</td></tr>
<tr><td>불연성</td><td>유리류, 금속류, 도자기류, 토사류, 기타</td></tr>
<tr><td colspan="2">재활용품 분리배출</td><td>종이류, 유리병류, 캔류, 합성수지류, 플라스틱류, 전자제품, 전지류, 형광등, 고철류, 의류, 가구류, 폐식용유, 타이어, 윤활류, 기타</td></tr>
<tr><td colspan="2">남은 음식물류 배출</td><td>–</td></tr>
<tr><td rowspan="2">배출
시설계
폐기물</td><td colspan="2">가연성</td><td>폐지류, 폐목재류, 폐합성고분자화합물류(폐섬유류, 폐합성수지류, 폐합성고무류 등), 유기성오니류, 기타(폐전지전자제품류, 동식물성 잔재물, 폐식용유 등)</td></tr>
<tr><td colspan="2">불연성</td><td>광재류, 연소재류(연소잔재물, 소각재, 분진류 등), 폐금속류, 무기성오니류, 기타(폐주물사 및 폐사, 폐석재 · 폐콘크리트류, 폐석고 및 폐석회, 폐촉매 및 폐흡수재, 유리 · 도자기편류 등)</td></tr>
<tr><td rowspan="4">건설
폐기물</td><td colspan="2">가연성</td><td>폐목재류, 폐합성수지류, 기타(폐섬유, 폐벽지 등)</td></tr>
<tr><td colspan="2">불연성</td><td>건설폐재류(폐콘크리트, 폐아스팔트콘크리트, 건설폐토석, 기타(폐벽돌, 폐블럭, 폐기와 등), 건설오니, 기타(폐금속류, 폐유리, 폐타일 및 폐도자기 등)</td></tr>
<tr><td colspan="2">가연성 불연성 혼합</td><td>폐보드류, 폐판넬류, 혼합건설폐기물 등</td></tr>
<tr><td colspan="2">기타</td><td>–</td></tr>
<tr><td rowspan="2">지정
폐기물</td><td colspan="2">사업장지정폐기물</td><td>폐산, 폐알칼리, 폐유, 폐유기용제, 폐합성고분자화합물, 분진, 오니류, 기타(광재, 소각재, 수은폐기물, 안정화 또는 고형화처리물, 천연방사성제품폐기물, 폐내화물 및 도자기조각, 폐농약, 폐석면, 폐유독물, 폐주물사 및 폐사, 폐촉매, 폐페인트 및 폐락카, 폐흡착제 및 폐흡수제, 할로겐족유기용제, PCB함유 폐기물 등)</td></tr>
<tr><td colspan="2">의료폐기물</td><td>격리의료폐기물, 위해의료폐기물, 일반의료폐기물 등</td></tr>
</table>

지원하고 있는 자원순환분야 통계 중 폐기물의 발생량 및 처리량과 관련된 통계는『전국 폐기물 발생 및 처리 현황(생활, 사업장일반)』,『전국폐기물 발생 및 처리 현황(지정, 의료)』,『폐기물 다량 발생 사업장 폐기물 감량 현황』,『폐기물 재활용 실적 및 업체 현황』 등 4건의 보고통계와 '전국 폐기물 통계 조사', '영농폐기물조사' 등 2건의 조사통계가 있다.

일반적으로 폐기물 관리에 직접적으로 활용되는 통계자료는『전국 폐기물 발생 및 처리 현황(생활, 사업장일반)』 및『전국폐기물 발생 및 처리 현황(지정, 의료)』으로 동 자료에서 사용되는 폐기물의 분류를 통계상 분류로 정의한다(표 1.3). '전국 폐기물 통계 조사'의 경우 표준 산업분류에 기초한 폐기물 종류별, 업종별 발생 및 처리형태의 원단위 자료가 제공되고 있으나, 5년마다 조사되는 통계이므로 해마다 작성되어야 하거나 년 간의 데이터가 필요한 경우에는 자료로 활용되기에는 한계가 있다.

1.3 국외 폐자원의 정의 및 분류

1) 일본의 폐기물 정의 및 분류

일본은 폐기물의 배출을 억제하고 폐기물을 적정하게 분별, 보관, 수집, 운반, 재생 및 처분하여 생활환경의 보전 및 공중위생의 향상을 도모하기 위한 법률인 「폐기물의 처리 및 청소에 관한 법률」 및 「순환형 사회 형성 추진 기본법」에 폐기물, 폐기물 등 순환형 사회, 순환자원 등에 관한 용어를 정의하고 있다.

「폐기물의 처리 및 청소에 관한 법률」 제2조에서는 '폐기물'을 '방사성 물질 및 이에 오염된 것을 제외한 쓰레기, 대형 쓰레기, 석탄재, 오니, 분뇨, 폐유, 폐산, 폐알칼리, 동물의 시체, 기타 오물이나 찌꺼기로서 고체상 또는 액상의 것'이라고 정의하고 있으며, 폐기물 여부의 판단기준은 폐기물의 성상, 배출상황, 취급형태, 가치유무, 점유자 의사 등 5개 항목으로 정하고 있으며, 폐기물 분류는 유해성과 발생원을 기준으로 한다.

「순환형 사회 형성 추진 기본법」에서는 '폐기물 등'이라고 하여, '① 폐기물, ②

사용 또는 사용되지 않고 수집 · 폐기된 물품, ③ 제품의 제조, 가공, 수리, 판매, 에너지 공급, 토목 · 건축공사, 농 · 축산물 생산 등 인간의 활동에 동반하여 부차적으로 얻어진 물품'이라고 정의하고 있다.

또한, 폐기물은 〈그림 1.4〉에 나타낸 것과 같이 크게 '일반폐기물'과 '산업폐기물'로 구분되며, 각각 '특별관리 일반폐기물'과 '특별관리 산업폐기물'을 포함하고 있다.

'일반폐기물'은 산업폐기물 이외의 폐기물로 정의한다. 분뇨 외에 주로 가정에서 발생하는 가정계 폐기물이며, 사무실이나 음식점에서 발생하는 사업계 폐기물도 포함된다.

'산업폐기물'은 사업 활동에 수반되어 발생하는 폐기물 중 「폐기물의 처리 및 청소에 관한 법률 시행령」이 정한 20종 및 국외에서 수입된 폐기물로 정의하고 있다. 여기서 「폐기물의 처리 및 청소에 관한 법률 시행령」이 정한 20종이란, ① 연소 잔류물, ② 슬러지, ③ 폐유, ④ 폐산, ⑤ 폐알카리, ⑥ 폐플라스틱, ⑦ 폐지, ⑧ 폐목, ⑨ 폐섬유, ⑩ 동식물성 폐기물, ⑪ 동물계 고형 찌꺼기 ⑫ 폐고무, ⑬ 폐금속, ⑭ 폐유리, ⑮ 폐광물, ⑯ 폐콘크리트, ⑰ 분뇨, ⑱ 가축의 사체, ⑲

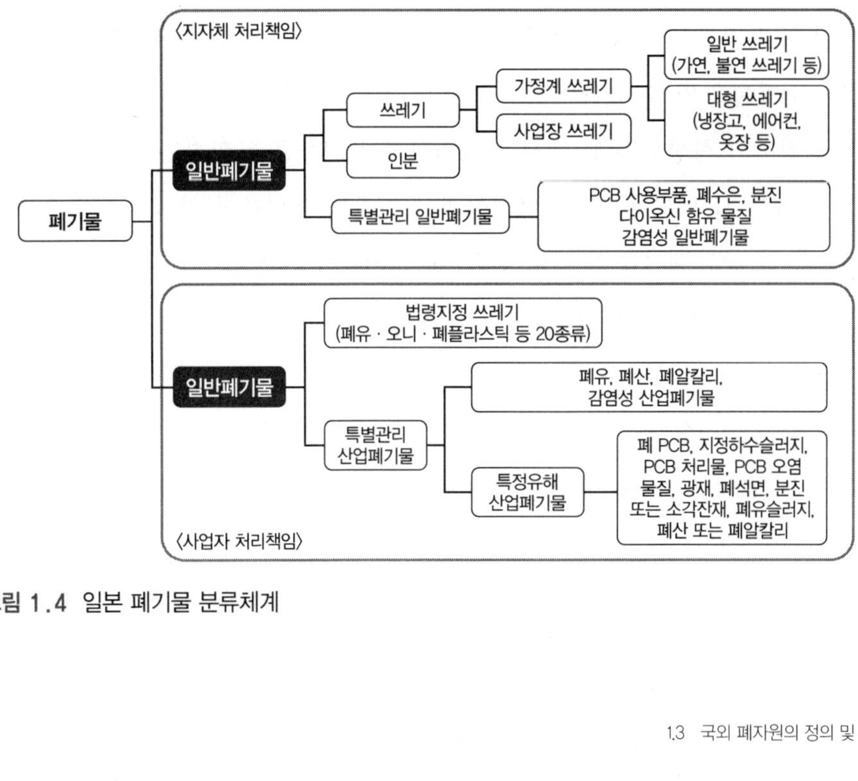

그림 1.4 일본 폐기물 분류체계

분진, ⑳ 기타 상기 19종의 산업폐기물 처리와 관련해서 발생되는 폐기물을 의미한다.

'특별관리 폐기물'은 일반 또는 산업폐기물 중 폭발성, 독성, 감염성, 기타 타인의 건강 또는 생활환경에 피해를 유발할 수 있는 성질을 보유하고 있는 폐기물로 정의하고 있다.

'항행폐기물'이란 산업폐기물 중 수입된 폐기물에 속하지 않으며 선박 및 항공기의 항행에 따라 발생하는 폐기물로 정의한다.

'휴대폐기물'은 산업폐기물 중 수입된 폐기물에 속하지 않으며, 일본에 입국하는 자가 휴대하는 폐기물로 정의한다.

우리나라와 일본은 폐기물 정의와 분류체계의 큰 틀이 비슷하지만, 일본의 산업폐기물 및 특별관리 산업폐기물 항목의 구체적인 면에서는 다음과 같이 상이한 측면을 가지고 있다.

일본의 일반폐기물은 우리나라 생활폐기물과 의미가 비슷하고 특별관리 산업폐기물은 우리나라 지정폐기물과 같은 범주에 속한다. 하지만 특별관리 일반폐기물은 우리나라의 생활계 유해폐기물로 간주될 수 있으나 우리나라에서는 특별관리 폐기물을 사업장폐기물 또는 지정폐기물로 분류한다.

특별관리 산업폐기물은 우리나라의 지정폐기물 11종과 비교적 유사하나, 일본의 폐기물관리 특성상 PCB 오염물과 연소 잔류물 및 다이옥신에 대한 중요성이 부각되어 있음을 알 수 있다.

「순환형사회 형성 기본법」에서는 폐기물과 부산물을 포함하는 개념의 '폐기물 등'의 용어를 사용하는데 이는 폐기물과 부산물의 개념을 구분하고 있음을 의미한다. 동 법에서 '폐기물 등'이라 함은 폐기물과 사용 완료되었거나 사용되지 않고 수집된 물품(사용 중인 것 제외) 또는 제품의 제조 · 가공 · 수집 또는 판매, 에너지공급, 토목, 건축공사, 농축산물의 생산 및 기타 사람의 활용에 부차적으로 얻어진 물품으로 정의한다.

또한 동 법에서는 순환자원을 '폐기물 등 중 유용한 것'으로 정의한다. 순환자원을 폐기물 외의 자원도 포함하는 포괄적인 개념으로 사용하는데 이는 「순환형사회형성 기본법」이 폐기물뿐만 아니라 부산물, 폐기물이 아닌 재이용을 위한 물

표 1.4 일본 폐기물 분류 개요

분류	일반폐기물	특별관리일반폐기물	산업폐기물	특별관리산업폐기물
종류		1. 다음에 열거한 것에 포함된 PCB를 사용한 부품 – 폐에어컨 – 폐TV 수신기 – 폐전자레인지 2. 폐수은 및 3. 이를 처분하기 위해 처리한 것 4. 폐기물 소각시설에서 발생한 비산재(분진) 및 5. 이를 처분하기 위하여 처리한 것 4. 폐기물 소각시설에서 발생한 매진 및 연소 잔류물 중 기준을 초과하는 다이옥신을 포함한 폐기물 및 5. 이를 처분하기 위하여 처리한 것 6. 폐기물 소각시설에서 발생한 오니 중 기준을 초과하는 다이옥신을 포함한 폐기물 및 7. 이를 처분하기 위하여 처리한 것 8. 국내에서 발생한 감염성 일반폐기물	1. 폐지 2. 폐목재 3. 폐섬유 4. 식료품,의약품,향료 제조업에서 원료로 사용하는 동·식물에 관한 고상의 찌꺼기 5. 도축장 또는 식용 조류처리장에서 발생한 고상의 불필요한 물질 6. 폐고무 7. 폐금속 8. 폐유리, 콘크리트 부스러기(공작물의 신축, 개축 또는 제거에 수반하여 발생한 것 제외) 및 도자기조각 9. 폐광재 10. 공작물 신축, 개축 또는 제거에 수반하여 발생한 콘크리트 파편 기타 이와 유사한 불필요한 물질 11. 동물의 분뇨 12. 동물의 사체 13. 매연발생시설 및 폐기물 소각시설에서 발생하는 매진(분진) 14. 연소잔류물, 오니, 폐유, 폐산, 폐알칼리, 폐플라스틱, 전 각호에 열거한 폐기물, 수입된 폐기물 이외 폐기물	1. 폐유 2. 폐산 3. 폐알칼리 4. 감염성 산업폐기물 5. 특정유해산업폐기물(9종) – 폐PCB 등 – PCB오염물 – PCB처리물 – 폐수은 – 하수오니 – 광재 – 폐석면 등 – 매진 또는 소각잔재물(카드뮴화합물 함유 등 7종) – 폐유(폐용제[TCE] 등 11종) – 오니, 폐산 또는 폐알칼리(수은화합물 함유 등 25종) 6. 소각시설(200 kg/hr 이상)에서 발생한 매진 및 그 처리물 7. 폐기물 소각하여 발생한 비산재 또는 소각잔재물 8. 폐기물의 소각에 따라 발생한 오니로서 다이옥신류 함유 9. 매진(집진시설 포집) 10. 소각잔재물로서 다이옥신류 함유 11. 오니로서 다이옥신류 함유
정의	산업폐기물 이외의 폐기물	일반폐기물 중 폭발성, 독성, 감염성, 기타 사람의 건강 또는 생활환경에 관한 피해를 발생하게 할 우려가 있는 성상을 가진 것	1. 사업 활동에 수반해서 발생한 폐기물 중 연소잔류물, 오니, 폐유, 폐산, 폐알칼리, 폐플라스틱, 기타 정령에서 정한 폐기물 2. 수입된 폐기물(항행폐기물 및 휴대폐기물 제외)	산업폐기물 중 폭발성, 독성, 감염성, 기타 사람의 건강 또는 생활환경에 관계된 피해를 발생하게 할 우려가 있는 성상을 가진 것

표 1.5 일본 특별관리폐기물 분류

<table>
<tr><th colspan="3">분류</th><th>개요</th></tr>
<tr><td rowspan="4">특별관리
일반
폐기물</td><td colspan="2">PCBs 사용부품</td><td>폐에어콘 · 폐TV, 폐전자렌지에 포함되는 PCBs를 사용하는 부품</td></tr>
<tr><td colspan="2">분진</td><td>쓰레기처리시설의 집진시설에서 생긴 분진</td></tr>
<tr><td colspan="2">다이옥신류 함유물</td><td>다이옥신특조법의 폐기물소각로로부터 발생한 것으로 다이옥신류를 3 ng/g 이상 함유하는 분진, 재, 오니</td></tr>
<tr><td colspan="2">감염성 일반폐기물</td><td>의료기관 등으로부터 배출되는 일반폐기물로, 감염성병원체가 포함되는 혹은 부착하고 있을 우려가 있는 것</td></tr>
<tr><td rowspan="14">특별관리
산업
폐기물</td><td colspan="2">폐유</td><td>휘발유류, 등유류, 경유류(난연소성의 타르 피치류 등 제외)</td></tr>
<tr><td colspan="2">폐산</td><td>pH 2.0 이하의 폐산</td></tr>
<tr><td colspan="2">폐알칼리</td><td>pH 12.5 이상의 폐알칼리</td></tr>
<tr><td colspan="2">감염성산업폐기물</td><td>의료기관 등으로부터 배출되는 산업폐기물이며, 감염성 병원체가 포함 또는 부착하고 있을 우려가 있는 것</td></tr>
<tr><td rowspan="10">특정
유해
산업
폐기물</td><td>폐PCBs 등</td><td>폐 PCBs 및 PCBs를 포함한 폐유</td></tr>
<tr><td>PCBs 오염물</td><td>PCBs가 부착한 오니, 휴지, 나무쓰레기, 섬유쓰레기, 플라스틱류, 금속쓰레기, 도자기쓰레기, 기와조각과 돌류</td></tr>
<tr><td>PCBs 처리물</td><td>폐PCBs 등 또는 오염물처리물로 일정농도 이상 PCBs를 포함하는 것</td></tr>
<tr><td>지정하수오니</td><td>하수도법시행령 제13조의 4 규정에 의해 지정된 오니</td></tr>
<tr><td>광재</td><td>중금속 등을 일정 농도 이상 포함하는 것</td></tr>
<tr><td>폐석면 등</td><td>석면건재제거사업과 관련되는 것 또는 대기오염방지법의 특정 분진발생시설로부터 발생한 것으로 비산할 우려가 있는 것</td></tr>
<tr><td>분진 및
소각잔재물(6종)</td><td>중금속 등 다이옥신류를 일정 농도 이상 포함하는 것</td></tr>
<tr><td>폐유(11종)</td><td>유기염소화합물 등을 포함하는 것</td></tr>
<tr><td>폐산 또는 폐알칼리,
오니(23종)</td><td>중금속, 유기염소화합물, PCBs, 농약, 셀렌, 다이옥신류 등을 일정 농도 이상 포함하는 것</td></tr>
</table>

품 등 생활계 자원의 전반을 다루고 있기 때문으로 해석된다.

2) 미국의 폐기물 정의 및 분류

미국 연방의 폐기물처리 및 재활용을 총괄하는 기본법은 「자원보전 및 회수법」(RCRA, Resource Conservation and Recovery Act, the Public Law; 1976)이며, 이 법에서 유해 또는 무해한 고형 폐기물의 적절한 관리, 재활용 및 물질사용 저감을 모두 규율로 정하고 있다.

RCRA에서는 유해폐기물에 대한 "요람에서 무덤까지" 정책을 확립(RCRA: 유해폐기물이 배출시점으로부터 허가받은 처리시설에서 실제 폐기될 때까지 추적 관리 시스템)하고, EPA가 이를 통제할 권한을 부여하여 물질재활용을 장려하여 물질회수, 적절하게 수행된 재활용, 재사용 및 처리를 통해 유해폐기물의 배출과 토지매립을 최소화하기 위한 정책 수립하고 있다.

미국의 폐기물 정의는 US Code Title 42(The Public Health and Welfare)와 Code of Federal Regulations(CFRs)을 중심으로 언급되며, 동종(同種)의 폐기물에 관한 정의라 하더라도 각 법령에 따라 약간의 차이가 있을 수 있다. 단, US Code는 연방의

표 1.6 US Code Title 42와 CFRs상의 주요 폐기물 정의

용어	US Code	40CFRs
고형 폐기물 (Solid Waste)	폐기물처리시설, 용수공급처리시설, 혹은 공해방지시설에서 발생한 쓰레기(garbage)나 오니(sludge), 그리고 기타 버려진 물질을 의미하며, 여기에는 공업, 상업, 광업, 농업 등의 활동이나 일상의 사회활동으로부터 발생한 고상, 액상, 반고상 및 가스상의 물질을 포함한다. 단, 생활하수, 관개배수, 연방수질오염방지법(33 U.S.C. §1342)상의 공장폐수에서 발견되는 고형 혹은 용해성 물질이나 원자력에너지법(42 U.S.C. §2011)상의 원료, 특수 방사성물질이나 그 부산물은 포함되지 않는다.	쓰레기(garbage, refuse), 오니(sludge), 그리고 기타 버려진 고형물질을 말하며, 공업, 상업, 농업 등의 활동이나 일상의 사회활동으로부터 발생한 고형폐기물질을 포함한다. 그러나 생활오수에서 발생하는 고형, 혹은 용해성 물질, 토사 등과 같이 수자원에서 발생하는 심각한 오염물질, 산업폐수에서 발생하는 심각한 오염물질, 산업폐수에서 발생하는 용해성/부유성 고형물질, 관계배수에서 발생하는 용해성 물질, 혹은 기타 다른 수질오염물질 등은 제외한다. 구체적으로 명시하지 않는 한 광업, 농업 고형폐기물, 유해폐기물, 오니, 건설폐기물, 그리고 병원성 폐기물은 포함되지 아니한다.
유해 폐기물 (Hazardous Waste)	고형폐기물 또는 고형폐기물들의 혼합물로서 그 양이나 농도, 물리적, 화학적, 전염성 성질로 인해 사망 혹은 회복불능의 질병 내지는 회복이 가능하더라도 신체기능을 상실시키는 질병을 증가시키거나, 부적절하게 처리, 보관, 운반, 처분, 관리하는 경우 사람의 건강 혹은 환경에 대하여 실질적, 잠재적 위험을 초래할 수 있는 물질이다.	사망을 초래하거나 회복이 불가능한 질병 또는 회복이 가능하더라도 신체기능을 상실시킬 수 있는 질병의 증가를 초래하는 폐기물 혹은 고상, 액상, 가스상이나 반고상 형태의 폐기물로서 그 폐기물의 독성, 지속성 및 분해성, 생물축적 가능성, 그리고 사람이나 기타 유기체의 건강에 치명적인 영향을 미칠 수 있는 요소들을 고려하여 정한다.

회가 제정한 법률인 반면 CFRs는 행정청이 제정한 행정명령이므로 US Code가 CFRs의 우위에 있다고 할 수 있다.

RCRA에서는 미국의 폐기물을 비유해폐기물(Non-Hazardous Waste)과 유해폐기물(Hazardous Waste)로 크게 구분하며, 〈그림 1.5〉와 같이 세분화하여 분류하고 있다.

미국에서는 폐기물을 비유해폐기물과 유해폐기물로 구분하며 비유해폐기물은 도시고형폐기물(Municipal Solid Waste)과 산업폐기물(Industrial Waste), 그리고 농업폐기물(Agricultural Waste)로 분류하고 있다. 비유해폐기물 중 산업폐기물은 건설폐기물(Construction and Demolition Waste), 의료폐기물, 특수폐기물, 처리폐기물로 세분화하여 분류된다. 유해폐기물의 경우 가정계 폐기물(Household Waste)과 산업폐기물(Industrial Waste)로 구분하며 유해폐기물 중 산업폐기물은 EPA 규정의 4가지 목록화된 폐기물(Listed), EPA 규정된 4가지 유해특성(인화성, 부식성, 반응성, 독성) 중 한 가지라도 나타내는 폐기물(Characteristics)(표 1.7) 및 이러한 폐기물이 조금이라도 혼합된 폐기물로 세분화된다. 목록에 의한 유해폐기물은 유해특성을 나타내지 않더라도 법에 의해 유해폐기물로 규정되며 비특정공정오염원(F-list), 특정 공정오염원(K-list), 상업용 화학물질은 급성 유해성 폐기물(acute hazardous waste, P-list)와 독성폐기물(toxic waste, U-list)로 구분한다(그림 1.6).

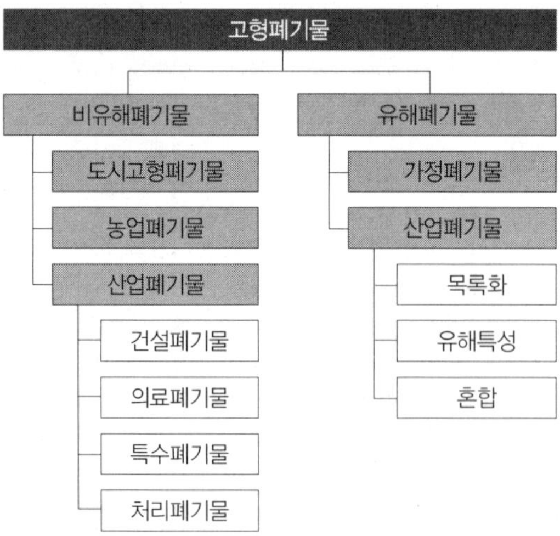

그림 1.5 미국의 폐기물 분류체계

표 1.7 미국의 유해특성 인자

분류코드	유해특성 목록
반응성 (R)	• 통상의 상태에서 불안정하고, 폭발하지 않고 격렬하게 반응하는 물질 • 물과 격렬하게 반응하는 물질 • 물과 합쳐지면 폭발성의 혼합물을 만드는 물질 • 시안화물이나 황화물을 포함하여 pH 2~12.5인 독성의 가스, 증기, 연기를 발생시키는 물질 • 밀폐된 상태에서 가열되거나 강한 유인작용을 받는 경우 폭발하는 물질 • 표준온도와 압력상태에서 폭발하는 물질 • 운수성(Department of Transportation, DDT) 규정에 의해 Class A(49CFR173.53)와 Class B(49CFR173.88)의 폭발성에 열거되어 있는 물질
인화성 (I)	• 인화점 60℃ 이하의 액체 – 24% 이상의 알콜 함유 수용액을 제외 • 통상 조건하에서 자연적으로 발화하여 지속적으로 연소하는 비액체 물질 • 운수성(Department of Transportation, DDT) 규정에 있는 인화성의 압축가스 • 운수성(Department of Transportation, DDT) 규정에 있는 산화제
부식성 (C)	• pH 2 이하이거나 12.5 이상인 액상 폐기물 • 55℃에서 1년에 ¼ inch 이상의 속도로 강철을 부식시키는 액체
독성 (T)	• 용출시험(TCLP) 혹은 그것과 동등한 방법에 의한 배출물 중에 유해폐기물코드 D004–D043의 물질(유기화합물, 중금속, 농약)의 어느 것인가가 정해진 농도 이상을 함유한 물질

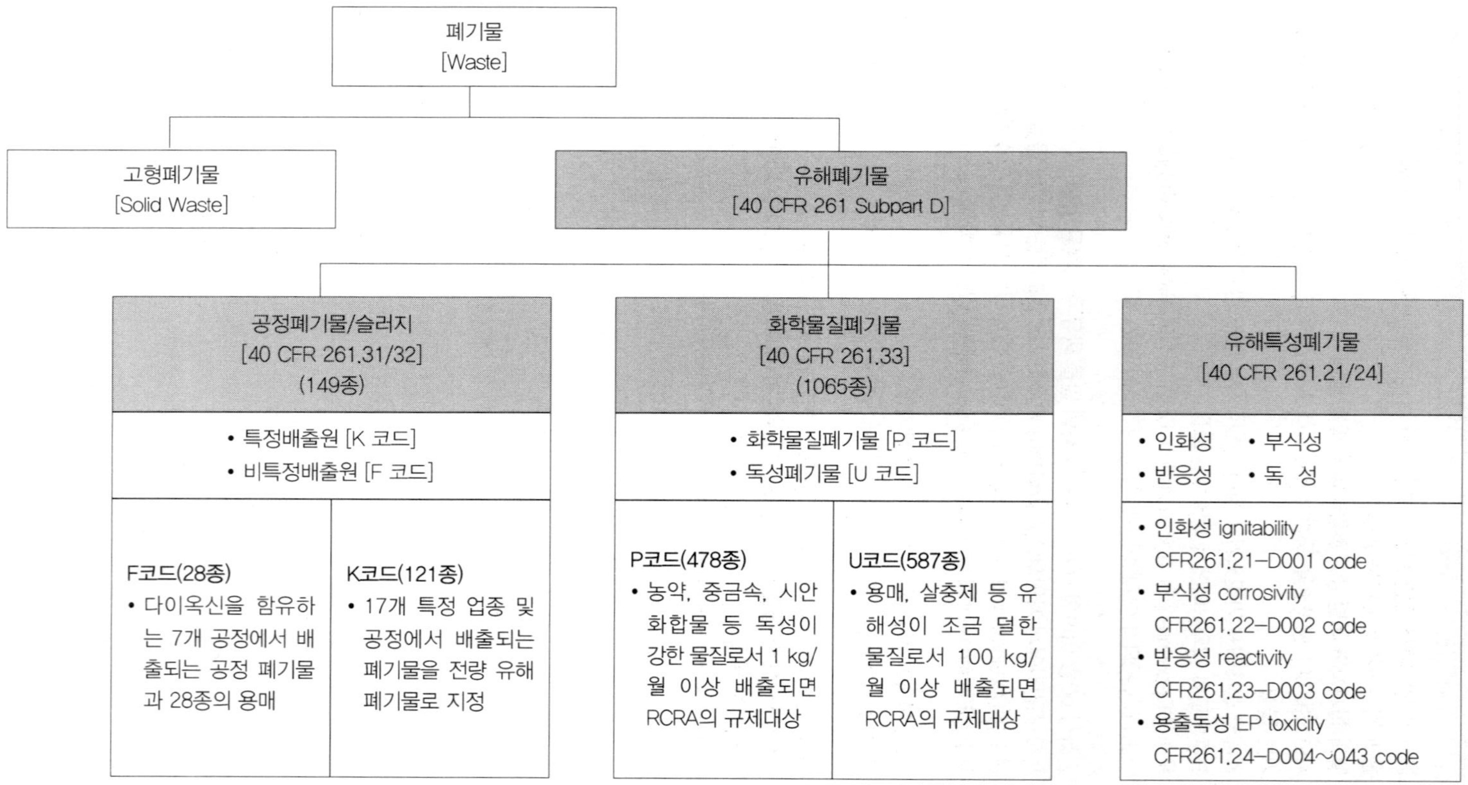

그림 1.6 미국의 유해폐기물의 분류

3) 유럽의 폐기물 정의 및 분류

EU에서는 폐기물관리기본지침(Framework Directive on Waste Management, 1975) 이하에 폐기물에 관한 정의 및 폐기물관리 표준을 제시하고 있다.

폐기물관리기본지침에는 폐기물관리비용의 부담에 관한 생산자 또는 소유자 부담, 즉 오염자 지불원칙에 관한 개념을 담고 있으며, 지침에서는 폐기물을 버리거나 버릴 의도가 있거나 버릴 필요가 있는 물질 혹은 물품으로 정의하고, 지침의 Annex I에서 폐기물에 대하여 구체적으로 분류하고 있다.

유럽에서는 폐기물 관련 지침과 규정을 개정해 나가면서 폐기물 관리의 효율성을 높이고 폐기물 용어에 대한 통일된 명명법을 제공하기 위한 목적으로 1994년 OECD와 바젤협약의 분류 목록을 참조하여 일반폐기물과 유해폐기물로 구분된 EWC(Commission Decision 94/3/EC)를 위원회에서 결정하였다. 이후, EWC 폐기물 분류를 수정 · 보완하여 2000년 유럽 폐기물 목록(LoW, European List of Waste, Decision 2000/532/EC)으로 이름을 변경하였다.

① 법령상 분류 – 유럽 폐기물 목록(List of Waste)

유럽폐기물 목록(LoW)은 폐기물의 배출경로별 분류 및 폐기물의 유해성을 식별하기 위한 합법적인 분류시스템이다. 유럽 폐기물 목록은 폐기물 관리를 위한 기초 분류로 폐기물의 배출원, 발생원인, 유해성 등과 같이 다양한 폐기물 특성을 부호화하는 역할을 한다.

유럽 폐기물 목록의 분류코드는 국내 폐기물 분류코드와 동일하게 6자리(XX–YY–ZZ)로 구성되며, 대분류(XX)는 총 20개로 폐기물 그룹에 대한 일반적인 정보를 제공하는 코드이다(표 1.8). 대분류 중 01~12, 17~19는 산업섹터 및 프로세스를, 13~15는 물질에 따른 구분을, 16은 다른 대분류로 분류되지 않은 물질, 20은 도시폐기물 및 관련된 상업, 산업 및 기관 폐기물을 의미한다. 중분류의 세부항목(YY)은 산업공정 및 사업 활동, 폐기물의 종류에 따라 나뉘며, 마지막 자리(ZZ)는 폐기물 유형에 따른 일련번호를 의미한다. 유럽 폐기물 목록 총 6자리의 코드를 종합하면 폐기물의 종류, 산업, 생성과정 및 공정, 폐기물의 특성 파악이 가능하다.

유럽 폐기물 목록의 대분류 중 물질에 의한 분류는 4개(13~16)에 불과하며 나머지 16개 분류가 산업 및 폐기물 발생 공정에 관한 것으로, 분류가 세분화됨에 따라 서로 다른 공정에서 발생한 동일 물질 간 중복이 발생할 수 있다. 이러한 물질의 중복에 따른 혼선을 최소화하기 위해 대분류에서 유사한 물질에 대한 발생 과정별 분류를 상세히 제시하도록 하고 있다.

표 1.8 유럽 폐기물 목록 대분류

구분	코드	대분류 내용
산업 및 공정	01	광물 탐사, 채광, 채석 및 물리화학적 광물 처리 시 발생하는 폐기물
	02	농업, 원예, 양식, 임업, 수렵 및 어업, 식품 준비 및 가공 시 발생하는 폐기물
	03	목재의 가공 및 판넬과 가구, 펄프, 제지 및 판지의 생산 시 발생하는 폐기물
	04	가죽, 모피 및 직물 산업에서 발생하는 폐기물
	05	석유 정유, 천연가스 정제 및 석탄 열분해 처리 시 발생하는 폐기물
	06	무기 화학물질 처리 시 발생하는 폐기물
	07	유기 화학물질 처리 시 발생하는 폐기물
	08	도장제(페인트, 바니시 및 법랑), 접착제, 밀봉재 및 인쇄용 잉크의 제조, 제제, 공급 및 사용(MFSU) 시 발생하는 폐기물
	09	사진현상 산업에서 발생하는 폐기물
	10	열처리 시 발생하는 폐기물
	11	금속 및 기타 물질의 화학적 표면처리 및 도장, 비철금속 습식제련 시 발생하는 폐기물
	12	금속 및 플라스틱의 형상화 및 물리적/기계적 표면처리 시 발생하는 폐기물
물질	13	폐유 및 액체연료 폐기물(식용유 및 05, 12, 19에 명시된 물질은 제외)
	14	폐유기용제, 폐냉각제 및 폐추진연료(07 및 08 제외)
	15	목록에 별도 명시되지 않은 폐포장재, 폐흡수재, 폐걸레, 폐여과재 및 폐방호복
기타 물질	16	목록에 별도 명시되지 않은 폐기물
산업 및 공정	17	건축/철거 폐기물(오염된 현장에서 채굴한 흙 포함)
	18	인간/동물 병원 및 관련 연구시설에서 발생하는 폐기물(응급처치에서 발생한 경우를 제외하고 부엌 및 식당의 폐기물 제외)
	19	폐기물 처리시설, 부지 외 폐수 처리시설 및 인간 소비용 및 산업용 용수 준비 시 발생하는 폐기물
	20	분리수거된 부스러기를 비롯한 생활폐기물(생활폐기물 및 유사한 상업/산업/공공기관 폐기물)

유럽 폐기물 목록은 6자리 코드 외에 유해성에 따라 절대유해(AH)/절대비유해(AN)/상대유해(MH)/상대비유해(MN) 등 4가지로 분류되고 있으며, 이는 별도로 표기하도록 하고 있다.

유럽에서는 위원회의 유해폐기물 지정에 따라 분류가 추가 또는 삭제되어 현재 유해폐기물 408개(절대유해폐기물 235개, 상대유해폐기물 173개), 일반폐기물 435개로 총 843개의 코드를 갖고 있다.

폐기물 코드는 폐기물 출처에 관한 포괄적인 정보를 포함하고 있는 66개 코드와 폐기물의 발생 및 처리 프로세스에 대한 정보를 제공하는 260개 코드, 폐기물의 물리적 상태에 대한 정보를 제공하는 245개 코드, 폐기물의 주요 성분으로 존재하는 원료 또는 물질에 관한 정보를 제공하는 514개 코드로 나눌 수 있다.

표 1.9 유럽 폐기물 목록의 폐기물 코드

폐기물 분류			유해성			
대분류	중분류	소분류	절대유해	절대비유해	상대유해	상대비유해
20개	111개	843개	235개	257개	173개	178개

② 통계상 분류 - 유럽 폐기물 통계분류(EWC-Stat)

EUROSTAT에서는 통계작성을 목적으로 유럽 폐기물 목록을 대체할 물질기반(substance-oriented) 분류체계인 EWC-Stat(European Waste Classification for Statistics, Regulation 2150/2002/EC Annex Ⅲ)를 만들어 EU 국가들이 폐기물 통계자료와 폐기물질 보고서를 제출할 때 사용하도록 하고 있다.

유럽 폐기물 목록은 폐기물의 배출원, 발생원인, 유해성 등 폐기물 관리를 목적으로 만들어진 것이므로 통계 작성 활용에 적합하지 않은 측면이 존재한다. 따라서 유럽 폐기물 통계분류는 폐기물 통계를 위한 기초 분류로 폐기물의 운송, 폐기물 제한 설정, 폐기물 재활용성에 대한 결정 등과 같이 다양한 목적을 가지고 폐기물 특성을 부호화하는 역할을 하게 된다.

폐기물 통계에 관한 규정(Regulation 2150/2002/EC)은 EU가 회원국의 폐기물 관련 통계생산을 위한 체계를 만들기 위해 마련한 것으로 폐기물의 발생, 처리 및 회수와 관련된 통계작성을 의무화하고 있다. 주로 폐자동차, 포장재 폐기물, 전자폐기물, 폐기물 운송, 배터리, 가정폐기물 및 건축폐기물 재활용 목표 모니터링 등에 대한 자료를 수집하며 자료의 작성에 있어 EWC-Stat 분류를 활용하도록 한다.

폐기물 통계에 관한 규정에서는 보고를 위한 형식을 정의하고 있을 뿐 자료 수집을 위한 세부항목은 제시하지 않아 EU 회원국은 자료 보고에 있어 유럽 폐기물 목록을 사용하거나, 국가 자체분류 기준, EWC-Stat 또는 EWC-Stat를 일부 수정하는 등 다양한 형태로 폐기물 분류를 사용하고 있다.

EWC-Stat는 총 4자리(XX.YY)의 분류로 앞 두 자리(XX) 대분류는 12개(01~13, 04번 없음)로 분류된다. EWC-Stat는 물질에 따른 분류로 분류 간 유해성이나 배출원에 따른 폐기물의 중복이 없어 유럽 폐기물 목록에 비해 간단하게 그 특징을 파악할 수 있으며 통계분류로서의 분류 간 배타성과 명확성을 갖추었다고 할 수 있다. 이처럼 유럽 폐기물 목록의 산업공정별 분류를 물질별 분류로 간소화한 것은 이미 폐기물 통계 자료에 산업분류가 있어 EWC-Stat과의 행렬 테이블을 통해 산업에 따른 배출 물질을 파악할 수 있기 때문이다.

표 1.10 EWC-Stat 대분류

구분	코드	정의
화학 및 의료폐기물 (Chemical and medical wastes)	01	화합물 폐기물
	02	화학제품폐기물
	03	기타화학폐기물
	05	의료 및 생물학적 폐기물
재활용가능 폐기물 (Recyclable wastes)	06	금속폐기물
	07	비금속폐기물
–	08	폐기된 장비
	09	동식물폐기물
	10	혼합 폐기물
	11	오니
광물 및 고형화 폐기물 (Mineral and solidified wastes)	12	광물 폐기물
	13	고형화, 안정화 또는 유리질화 폐기물

EWC-Stat의 대분류는 그 구성 물질에 따라 화학 및 의료폐기물(01~05), 재활용가능 폐기물(06~07), 광물 및 고형화 폐기물(12~13)로 나눌 수 있으며, 그 구분은 〈표 1.10〉와 같다.

Chapter 2

폐자원 관련 법률 및 정책

2.1 국내·외 폐자원 관련 법률 및 정책

1) 국내 폐자원 관련 법률 및 정책

(1) 국내 폐기물 관련 법령의 변천과정

우리나라의 폐기물관리법 체계는 이원화, 일원화, 세분화 단계를 거쳐 발전해 왔다. 폐기물의 문제가 그다지 심각하지 않았던 1980년대 중반 이전에는 생활폐기물은 「오물청소법」, 사업장폐기물은 「환경보전법」에 의하여 이원화된 체제로 관리하였다. 1986년에 「폐기물관리법」이 제정되면서 생활폐기물과 사업장폐기물의 관리체계가 통합되어 일원화되었다. 이후 재활용 활성화 및 폐기물 처리시설의 설치 촉진을 위하여 세분화·전문화되었다.

① 오물청소법 시대('61~'77년)

방어적 위생개념에서 폐기물을 관리하던 시기로 1961년에 제정된 오물청소법에 의해 생활쓰레기를 관리하였다. 도시지역 주민의 보건·위생수준 향상을 위한 청소체계를 확립하기 위해 제정되었으며, 1973년 동 법을 개정하여 공장 및 사업장을 경영하는 자는 조업으로 인하여 생기는 오물을 스스로 처리하도록 규정하였고 사업장에서 발생하는 오물의 처리책임을 사업자에게 부과하여 제도권 내에서 관리를 시작하였다.

② 환경보전법 시대('78~'86년)

적극적인 환경보전의 개념이 도입되었던 시기로 환경문제가 사회적 관심사로 대두되면서 1977년 12월 31일에 환경보전법이 제정되었으며 환경청이 1980년에 발족함으로써 환경문제에 대한 대처가 종전의 소극적 방어적 개념에서 '적극적·환경보전적 개념'으로 전환되었다.

이 시기에는 폐기물은 매립 등에 의해 단순 처리 중심으로 관리되었으며 생활폐기물은 오물청소법으로 관리하고 산업폐기물은 환경보전법으로 관리하는 이원적인 관리체계였다.

③ **폐기물관리법 시대('87~'92년)**

폐기물의 재활용 개념이 도입된 시기로 폐기물관리법이 1986년 12월에 제정되어 1987년 시행되었다. 오물청소법과 환경보전법상 폐기물 관련 규정이 통합되고 종전과 달리 재활용 개념이 도입되어 단순처리에서 진일보한 폐기물관리가 시작되었다. 1991년에는 동 법을 전면 개정하여 폐기물의 발생억제와 재활용에 대한 조항을 신설하였고 일반폐기물과 산업폐기물로 구분하던 폐기물분류체계를 국민의 건강과 위해성 정도를 기준으로 일반폐기물과 특정폐기물로 구분하고 각각 국가와 지방자치단체에 처리책임을 각각 부여하였다.

④ **폐기물 관리체계의 정착시대('93~'02년)**

폐기물의 발생억제와 자원순환 개념이 도입되는 시기로 이를 위해 「자원의 절약과 재활용 촉진에 관한 법률」이 1992년 12월에 제정되어 1993년에 시행되었다. 폐기물의 재활용 촉진을 위해 폐기물관리법에서 재활용 관련 사항을 분리하여 별도의 특별법으로 제정하였다. 폐기물의 발생 억제와 자원의 순환이용을 활성화하고, 제품의 사용종료 후에 발생하던 폐기물 문제에 효과적으로 대응하기 위해 재활용이 어려운 제품이나 유해물질을 담았던 용기 등에 폐기물부담금을 부과하고 재활용이 쉬운 제품이나 용기에는 예치금을 부과하는 폐기물부담금제도와 폐기물예치금제도를 도입하였다. 1995년에 전국적으로 생활폐기물의 배출량에 따라 처리 수수료를 부과하는 쓰레기 종량제를 시행하면서 재활용품을 분리 배출하여 무상으로 수거하는 재활용품 분리수거제도를 시행함으로써 국민에게 폐기물을 줄이고 재활용품을 처리 대상 폐기물과 적극적으로 분리 배출하도록 동기를 부여하는 생활폐기물 관리체계가 확립되었다. 이로써 생산 · 유통 · 소비의 전 과정에 걸쳐 폐기물의 발생을 억제하고 자원의 순환이용을 촉진하여 자원순환사회로 나아가는 제도의 기틀이 마련되었다.

⑤ **감량화 · 재활용 정책 발전시대('03~현재)**

1990년대 후반부터 경제발전으로 인하여 재개발 · 재건축 등 건설공사가 급격히 증가하였으며 이에 따라 건설폐기물 발생량이 급증하여 2003년에 5,300만 톤에 달하였으며 총 폐기물 발생량의 49.3%를 차지하였다. 따라서 건설폐기물을 친환경적으로 처리하여 순환골재를 생산하고 이의 사용을 촉진하기 위해 폐기물관리법에서 건설폐기물의 분리 배출과 처리, 순환골재 품질기준 및 품질인증, 재활용 기준 등에 관한 사항을 분리하여 「건설폐기물의 재활용촉진에 관한 법률」을 2003년 12월 31일에 제정하고 2005년 1월 2일부터 시행하였다.

또한 2016년 5월 29일 국가 및 지방자치단체와 사업자, 국민 등 사회의 모든 구성원의 자원순환사회로 전환을 촉진하기 위한 목적으로 「자원순환기본법」을 제정하였다. 해당 법은 2018년 1월 1일부터 시행되었으며, 이를 통해 모든 사회구성원은 자원을 효율적으로 이용함으로써 폐기물의 발생을 최대한 억제하고, 폐기물이 발생할 경우 폐기물을 최대한 순환이용하거나 인체 및 환경에 미치는 영향이 최소화되도록 적정 처분하도록 하고 있다. 2022년 12월 31일에는 순환경제로의 전환을 뒷받침하기 위하여 기존의 「자원순환기본법」을 「순환경제사회 전환 촉진법」으로 변경, 전부 개정하여 생산 · 소비 · 유통 등 전 과정에서 자원의 효율적 이용과 폐기물 발생 억제, 순환이용 촉진을 도모함으로써 지속 가능한 순환경제사회를 만드는 데 기여하고자 하였다. 「순환경제사회 전환 촉진법」은 2024년 1월 1일부터 시행되었으며, 순환경제특별회계 세입을 확충하여 지방자치단체가

표 2.1 국내 폐기물 정책 패러다임 변화

구분	그간의 정책		새로운 정책방향
정책여건	폐기물로 인한 환경오염 심화		기후변화, 원자재 및 에너지 고갈
목표	쾌적한 생활환경 조성		자원순환사회 구축
추진전략	감량 → 재활용 → 처리	→	효율적 생산 · 소비 → 물질재활용 → 에너지회수 →처리선진화
주요과제	쓰레기 종량제, 생산자책임재활용제도, 처리시설 설치	→	자원순환성평가, 재활용품질인증, 폐자원 등 에너지화, 처리광역화
핵심개념	폐기물		자원(순환/천연)

출처: 환경백서(2022), 환경부

보다 안정적으로 순환 경제 사회 전환 사업을 추진할 수 있도록 하고 있다.

(2) 폐기물관리법의 주요 내용 및 관련 법률

「폐기물관리법」은 폐기물의 발생을 최대한 억제하고 발생한 폐기물을 친환경적으로 처리함으로써 환경보전과 국민생활의 질적 향상에 이바지하는 것을 목적으로 1986년 12월에 제정되었고 여러 번의 개정이 이루어졌다. 〈표 2.2〉에 폐기물관리법의 주요 내용을 정리하였다. 폐기물관리의 특별법에는 「자원의 절약과

표 2.2 폐기물관리법의 구성과 주요 내용

구분	내용
총칙	목적, 용어정의, 적용범위 국가 및 지방자치단체의 책무, 국민의 책무 폐기물의 광역관리, 폐기물의 반입수수료, 폐기물의 투기금지, 폐기물 처리의 기본계획 및 폐기물관리 종합계획 폐기물통계조사, 폐기물공정시험기준
폐기물의 배출과 처리	폐기물의 처리기준, 생활폐기물의 처리 등 생활폐기물 배출자의 처리협조, 협약의 체결, 생활폐기물 배출자의 의무 사업상폐기물의 처리, 사업장폐기물 처리자의 의무, 사업장폐기물의 처리가격 폐기물의 수출입신고, 수입폐기물의 처리 등
폐기물처리업	폐기물처리업, 결격사유, 허가의 취소, 과징금 처분 폐기물처리시설의 설치 · 검사 · 관리 권리 · 의무의 승계
폐기물처리업자의 지도 · 감독 등	기술관리인, 폐기물처리 담당자 등에 대한 교육 장부의 기록과 보존, 보고서제출, 보고 · 검사 등 휴업 · 폐업 등의 신고 방치폐기물처리 폐기물처리공제조합의 설립, 조합의 사업, 분담금, 민법의 준용
보칙과 벌칙	폐기물인계 · 인수 내용 등의 전산처리 폐기물처리 신고 폐기물의 회수조치, 폐기물처리에 대한 조치명령, 대집행 폐기물처리시설의 사후관리, 사후관리이행 보증금 사용종료 또는 폐쇄 후의 토지 이용 제한 등 폐기물처리사업의 조정, 국고조조 등 폐기물처리 실적보고, 행정처분기준, 권한, 업무의 위임 · 위탁 벌칙, 양벌규정, 과태료, 과징금처분

재활용 촉진에 관한 법률」, 「건설폐기물의 재활용 촉진에 관한 법률」, 「전기·전자제품 및 자동차의 자원순환에 관한 법률」, 「폐기물의 국가 간 이동 및 그 처리에 관한 법률」 등이 있다(표 2.3).

표 2.3 폐기물 관련 법률

법률명	주요 내용
폐기물의 국가 간 이동 및 그 처리에 관한 법률 (1992년 1월 제정)	폐기물의 국가 간 수출·입 허가 기준 및 방법 수출입 통제대상 폐기물의 품목 등 수출입 폐기물의 운반·보관 기준 등
자원의 절약과 재활용촉진에 관한 법률 (1992년 12월 제정)	자원의 절약과 폐기물의 발생억제 폐기물의 분리수거 및 재사용·재활용 촉진 자원순환기본계획 수립 및 제품의 자원순환성 평가
폐기물처리시설 설치촉진 및 주변지역지원 등에 관한 법률 (1995년 1월 제정)	폐기물처리시설의 입지설정 및 주변영향 지역 결정, 주변영향지역 지원, 환경상 영향조사·공개 등 산업단지, 택지개발 시 폐기물처리시설 확보 의무
건설폐기물의 재활용촉진에 관한 법률 (2003년 12월 제정)	건설폐기물의 수집·운반·처리 절차 및 방법 순환골재의 품질기준·인증 및 재활용용도 건설폐기물 처리업 허가 등
전기·전자제품 및 자동차의 자원순환에 관한 법률 (2007년 4월 제정)	유해물질 사용제한 대상 및 함유기준 제한 재활용 의무 부여 및 재활용의무이행계획서 승인 폐자동차 제품의 재활용 방법 자동차 재활용업 등록 등

2) 국외 폐자원 관련 법률 및 정책

(1) 일본의 폐기물 관련 법률 및 정책

일본은 폐기물관리를 시대의 변화에 따라 법 제도의 제정·개정 등을 실시하여 지방자치단체, 민간 사업자, 주민 등과 협력하여 적정한 폐기물 처리와 자원의 유효 활용을 추진하여 순환형 사회를 구축해왔다.

일본에서는 1900년 폐기물 처리에 관한 최초의 법률로서 공중위생의 향상을 목적으로 한 「오물청소법」 제정을 시작으로, 1970년 「폐기물처리 및 청소에 관한 법률」, 1991년 「재생자원의 이용촉진에 관한 법률」을 제정하였다.

「오물청소법」에서는 폐기물의 수집·처분을 시정촌의 의무로서 규율하고, 폐기물 처리업자를 행정 관리하에 두어 행정 구조를 마련하였다.

일본은 2000년대 초반 순환형사회를 구축하기 위해 법체계를 완성하였는데, 일본의 법체계가 갖는 특징은 「환경기본법(環境基本法)」 및 「순환형 사회형성 추진 기본법」 아래에 물품의 특성에 따라 개별법을 제정하여 규제하였으며 법체계는 〈그림 2.1〉에 나타내었다.

일본은 생산, 유통, 소비, 폐기에 이르기까지의 물질의 효율적 이용 및 재활용하여 자원소비의 억제, 환경 부하 감소를 통해 순환형 사회형성을 위해 2000년 「순환형 사회형성 추진 기본법」을 제정하고 순환형 사회형성 추진 기본계획을 2003년 3월에 수립하였다. 「순환형 사회형성 추진 기본법」의 주요 목적은 제1조에 명시하고 있으며, 그 내용으로는 '순환형 사회형성 추진 기본계획의 책정 및

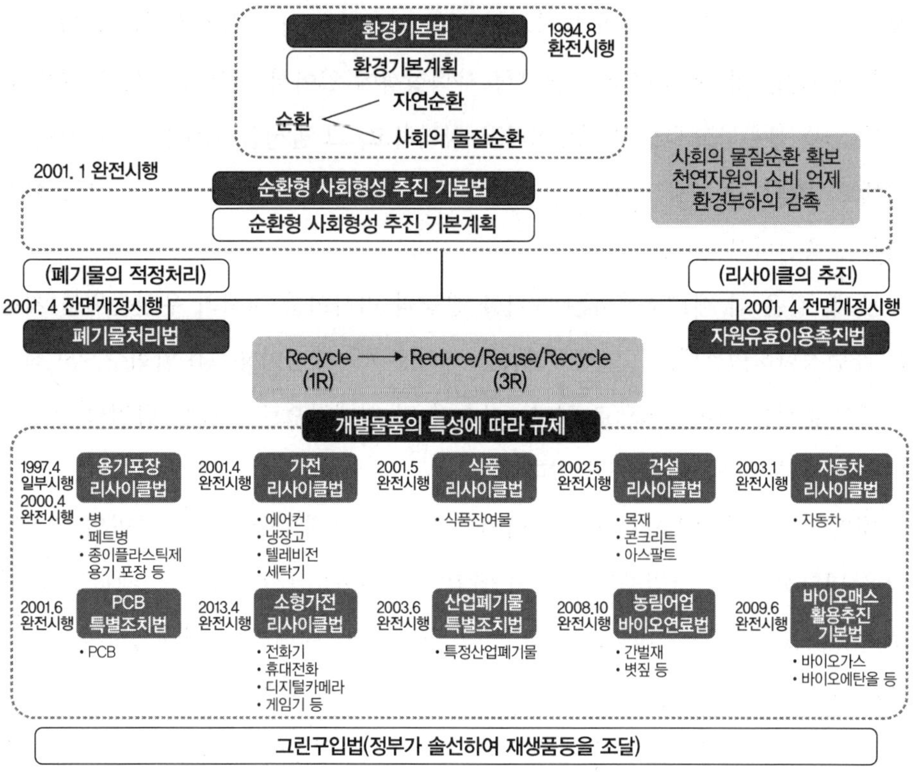

그림 2.1 일본 순환형 사회 구축 관련 법체계

그 외 순환형 사회형성에 관한 시책의 기본이 되는 사항을 정하여 순환형 사회의 형성에 관한 시책을 종합적이고 계획적으로 추진'하는 것으로 하고 있다. 다시 말해 과거 폐기물의 단순 처리위주의 사회체계로는 폐자원에 대한 유효 이용에 한계가 있다고 판단하여 순환형 사회체계 구축을 위해 해당 법을 제정하였다고 볼 수 있다.

「순환형 사회형성 추진 기본법」은 순환형 사회를 구축하기 위한 국민, 사업자, 시정촌, 정부의 역할이 모두 규정된 법률이다. 환경기본법의 기본개념에 따라 폐기물 및 재활용 분야에 관해 순환형 사회형성을 추진하기 위한 기본이념과 기본원칙 등을 담고 있으며, 주요 내용은 아래와 같다.

첫째, 같은 법 제2조에서 형성해야 할 「순환형 사회」의 모습을 제시하고 있는데, 순환형 사회란 ① 폐기물의 발생을 최대한 억제하고, ② 그럼에도 발생하는 폐기물에 대해 '순환적인 이용(재사용, 재생이용, 열회수)'을 하며, ③ '순환적인 이용'이 되지 않는 폐기물에 대해서는 적정한 처리를 확보하는 것으로서, 천연자원의 소비를 억제함으로써 환경의 부하가 최대한 저감되는 사회라고 정의하고 있다.

둘째, 같은 법 제2조에서는 순환형 사회형성에 있어서 대상이 되는 물질을 유가/무가를 불문하고 「폐기물 등」이라고 정의하고, 그 발생을 최대한 억제하며, 그럼에도 발생한 폐기물 중에서 유용한 것을 「순환자원」으로 규정하고, 그 순환적 이용을 촉진하고 있다.

셋째, 같은 법 제17조에서는 폐기물 감량과 리사이클 대책의 우선순위를 처음으로 법정화하였는데, ① 발생억제, ② 재사용, ③ 재생이용, ④ 열회수, ⑤ 적정처분의 순서를 기본원칙으로 하고, 기술적 및 경제적으로 가능한 범위와 우선순위 단계에서 대응하도록 하고 있다.

넷째, 같은 법 제4조 등에서는 국가, 지방공공단체, 사업자 및 국민의 역할분담을 명확히 하고, 사업자와 국민의 역할에 대해서는 각각 제11조, 제12조에 '배출자책임'을 인정하는 내용을 담고 있고, 사업자에 대해서는 '확대생산자책임'에 대한 내용을 담고 있다. 여기서 '확대생산자책임'이란 사업자가 생산 또는 판매한 제품이 사용 및 폐기된 후에도 인수나 재활용 등 일정한 책임을 지도록 한다는 것을 의미한다.

다섯째, 같은 법 제2장에서는 순환형 사회형성을 종합적이고 계획적으로 추진하기 위하여 정부가 「순환형 사회형성 추진 기본계획」을 정하도록 하고 있으며, 순환형 사회형성을 위한 기본이념이나 주요 구성을 규정하는 것을 내용으로 하고, 세부적인 대응방안은 기본계획에 의하여 구체화하도록 하고 있다.

여섯째, 같은 법 제3장에서는 순환형 사회형성을 위한 국가의 시책을 '재생물건의 사용의 촉진', '환경 보전상의 지장방지', '경제적 조치' 등 16항목에 걸쳐서 명시하고 있으며, 특히 폐기물의 발생억제, 순환적 이용 및 처분을 위하여 국가는 폐기물처리의 유료화나 조세 등과 같은 경제적 수단을 도입하는 등의 필요한 조치를 강구하도록 노력한다는 규정을 두고 있다. 이와 관련하여 2018년부터 일본 경제산업성에서는 '순환경제비전연구회'를 두어 순환경제 비전 수립을 위한 논의를 진행하고 있다.

「순환형 사회형성 추진 기본법」 및 「순환형 사회형성 추진 기본계획」에 기초하여 폐기물의 발생억제, 재사용 및 재생이용의 촉진, 안전하고 적정한 처리를 위한 많은 법 제도가 시행 중이다. 구체적으로는 「폐기물의 처리 및 청소에 관한 법률」, 「자원의 유효한 이용 촉진에 관한 법률」, 「용기포장에 관한 분별수집 및 재상품화 촉신 등에 관한 법률」, 「득정가정용기재상품화빕」, 「건설공사에 관한 자재의 재자원화 등에 관한 법률」, 「식품순환자원의 재생이용 등의 촉진에 관한 법률」, 「국가 등에 의한 환경물품 등의 조달의 추진 등에 관한 법률」, 「사용 완료 자동차의 재자원화 등에 관한 법률」, 「폴리염화비페닐폐기물의 적정한 처리 추진에 관한 특별조치법」, 「특정산업폐기물에서 기인한 지장의 제거 등에 관한 특별조치법」, 「에너지 등의 사용의 합리화 및 자원의 유효한 이용에 관한 사업 활동의 촉진에 관한 임시조치법」 등이 있다.

(2) 미국의 폐기물 관련 법률 및 정책

미국 연방의 폐기물처리 및 재활용을 총괄하는 기본법은 「자원보전 및 회수법」(RCRA, Resource Conservation and Recovery Act, the Public Law; 1976)이며, 이 법에서 유해 또는 무해한 고형 폐기물의 적절한 관리, 재활용 및 물질사용 저감을 모두 규율로 정하고 있다.

RCRA에서는 유해폐기물에 대한 “요람에서 무덤까지” 정책을 확립(RCRA: 유해폐기물이 배출시점으로부터 허가받은 폐기시설에서 실제 폐기될 때까지 추적 관리 시스템)하고, EPA가 이를 통제할 권한을 부여하여 물질재활용을 장려하여 물질회수, 적절하게 수행된 재활용, 재사용 및 처리를 통해 유해폐기물의 배출과 토지 매립을 최소화하기 위한 정책 수립하고 있다.

미국의 EPA에서는 2002년 “2020년의 폐기물 및 자원관리에 관한 계획(Beyond RCRA: Waste and Materials Management in the Year 2020, USEPA, October 2002)”을 수립하였으며 본 계획은 3개의 목표와 그 목표를 달성하기 위한 전략으로 구성되어 있다.

계획의 제1 목표는 ‘폐기물 발생의 감소와 자연자원의 효율적이고 지속가능한 사용 장려(Reduce waste and increase the efficient and sustainable use of resources)’로서 인구증가 및 유한한 자원, 자원의 고갈 문제, 자연 자원의 효율적 사용을 통한 지속가능성 확보에 대한 전략을 수립하고 있다. 제1 목표의 제1 목적은 미국에서 발생하는 폐기물의 총량을 그 발생원이나 구성요소와는 관계없이 감소시키는 것에 있으며, 제1 목표의 제2 목적은 제품의 생산 또는 서비스 시에 필요한 자원의 양을 감소시키는 데 있다.

이를 달성하기 위한 도구와 전략(Tools and Strategies)으로 ① 경제적 도구로써 자원의 재사용과 재활용을 하는 노력에 대한 경제적 인센티브 제공, ② 정보 및 기술 분야의 혁신으로써 정보접근법의 개발이나 정부차원의 연구 투자 등의 제공, ③ 새로운 법에 따른 제재로써 특정 폐기물의 폐기 또는 의무 재활용 등의 규제 등을 전략으로 수립하고 있다. 이와 관련하여 오염물질배출 총량제한, 확대생산자책임제도, 환경관리표준 승인 등을 제도화하여 진행하고 있다.

계획의 제2 목표는 “유해화학물질 사용으로부터의 인간과 생태계 노출 예방(Prevent exposures to humans and ecosystems from the use of hazardous chemicals)”이다. 유해화학물질은 원재료로 쓰일 때부터 폐기물로 배출되기까지 전과정을 통해 통제 및 관리하며, 구체적인 관리법인 TSCA(Toxic Substances Control Act)를 통해 관리하도록 하고 있다.

이를 달성하기 위한 도구와 전략(Tools and Strategies)으로 ① 정보 도구로써 소비자가 사용하고 있는 물질들이 갖는 유해성을 충분히 전달하고 그 취급과 관리에 관한 적정한 기준들을 지속적으로 제공하며, ② 경제적 인센티브를 통한 유해화학물질 사용을 배제하고, ③ 기술개발에 대한 정부차원의 지원과 관리를 하도록 한다.

계획의 제3 목표는 "폐기물 및 화학물질의 배출에 대한 환경친화적이고 안전한 관리(Manage wastes and clean up chemical releases in a safe, environmentally sound manner)"이며, 잠재적인 위험성을 가진 물질들을 원천적으로 줄여나가고 대체물질을 선택하여 폐기물과 유해화학물질의 양과 독성을 효과적으로 관리하고자 한다. 어쩔 수 없이 발생되고 관리되어야 하는 폐기물에 대해서는 감량과 회수과정을 거치겠지만 결국 최종처분(매립)되는 양이 있을 것이고 그를 위해 매립지에 관한 설계기준, 관리방법, 모니터링규정 등이 기존 RCRA에 의해 지속적으로 관리되도록 연계하고 있다.

이를 달성하기 위한 도구와 전략(Tools and Strategies)으로 ① 최소한의 재사용 재활용 목표량을 제시하고, ② 공공의 안전을 위해 보다 엄격한 배출기준을 적용하며, ③ 이미 오염된 환경에 관한 정화의무를 부과하고, ④ 해당 전략에 대한 경제적 인센티브를 주는 방안 등을 세시하고 있다.

(3) 유럽의 폐기물 관련 법률 및 정책

유럽에서는 1970년대와 1980년대에 폐기물 분류 및 처리와 관련된 일련의 사건·사고들이 발생하면서 국가적으로 폐기물을 관리하기 위한 지침을 발의하였다. EU의 폐기물관리법 체계는 크게 폐기물구조지침(Waste Framework Directive), 유해폐기물지침(Hazardous Waste Directive)과 폐기물운송법규(Waste Shipment Regulation)로 구성된다.

폐기물정책과 법안의 구조는 ① 폐기물의 정의, 입지 허가, 폐기물 이동(선적) 통제에 관한 기초 법안, ② 매립지와 소각시설 같은 폐기물 시설의 운영기준을 관리하는 법안, ③ 우선 대상 폐기물류에 목표를 둔 지침, ④ 회복 증가(특히 재활용 수준과 이들 폐기물의 유해성을 감소)에 1차적인 목적을 두는 것(예를 들면 폐기단계의 자동차와 같은 것들이 있다) 등으로 구성하고 있다.

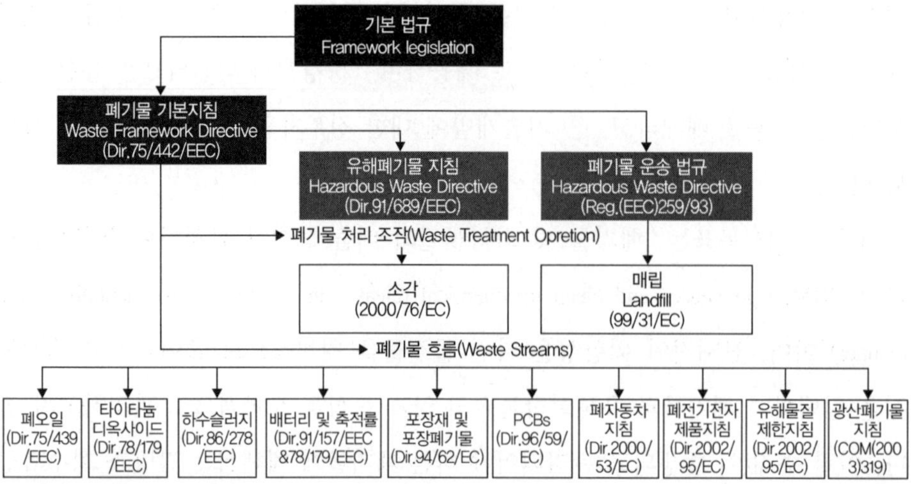

그림 2.2 유럽 폐기물 관련 지침 및 법규

EU의 폐기물 관련 법률 및 정책은 폐기물관리기본지침(Framework Directive on Waste Management, 1975)을 기초로 하고 있으며, 포장폐기물, 하수슬러지, 폐배터리, 매립, 소각, 폐자동차, 폐가전제품 등에 관한 세부 지침들이 있다. 유럽연합의 관련 지침들은 회원국들의 개별법령을 통하여 반영되고 있다(그림 2.2).

해당 지침에서는 폐기물 발생의 예방 및 저감, 유해성의 제거, 물질재활용 또는 재사용, 에너지 회수, 폐기물 관리계획의 수립 등을 회원국의 의무로 규정하고 있으며, 오염원인자 부담원칙을 적용하여 제품의 생산자 혹은 배출자가 비용을 부담하도록 정하고 있다.

2.2 국내 폐자원 관리 주요 제도

우리나라 폐자원 관리 제도는 매우 다양하고 복잡하게 연결되어 있으나, 크게 배출자가 폐기물처리 비용을 부담하는 제도, 생산자가 폐기물처리 비용을 부담하는 제도, 그리고 폐기물 적법처리 인증제도(Allbaro 시스템) 등이 있다. 배출자 부담제도로는 쓰레기 종량제, 생산자 부담제도로는 생산자책임재활용제도(EPR)가 대표적이다. 본 장에서는 대표적인 폐자원 관리 주요 제도에 대해 살펴보고자 한다.

1) 배출자 부담제도

(1) 쓰레기 종량제

① 개요

쓰레기 종량제란 '쓰레기를 버린 만큼 비용을 낸다'라는 배출자 부담원칙을 적용하여 쓰레기 발생을 원천적으로 줄이고 재활용품의 분리배출을 촉진하기 위한 정책으로, 종전 재산세나 건물면적 등을 기준으로 하는 정액부과방식의 쓰레기 수수료 부과체계를 쓰레기 배출량(쓰레기종량제 봉투 사용량)에 비례하는 부과체계로 전환한 것이다.

쓰레기 종량제 이전에는 쓰레기의 실제 배출량과 상관없이 재산세나 건물면적을 기준으로 하여 이미 정해진 쓰레기 수수료를 납부하도록 했다. 쓰레기 양의 적고 많음에 관계없이 일정한 수수료를 지불하는 방식이었으므로 가정에서 쓰레기를 줄일 필요성이 없어 쓰레기 감량 효과는 매우 낮았다. 재활용품의 경우 따로 분리하여 배출하면 별도의 비용 지불없이 시·군에서 수거하므로 소비자는 종량제 봉툿값을 절약하기 위하여 재활용 가능 폐기물은 별도로 분리 배출하는 식으로 종량제 봉투에 담아 배출하는 폐기물은 가능한 한 최소화하는 노력을 하게 되었다.

② 주요 내용

1995년 1월부터 시행된 쓰레기 종량제는 생활폐기물과 사업장 생활계폐기물 중 생활폐기물과 성상이 유사하여 생활폐기물의 기준 및 방법으로 수집·운반·보관·처리할 수 있는 폐기물에 대하여 실시하고 있으며, 시행에 필요한 세부사항은 '쓰레기 수수료 종량제 시행지침(2022년 1월 개정)'을 정하여 운용하고 있다.

시행 초기에는 생활폐기물만을 대상으로 하였으나, 그 이후 사업장폐기물 중 생활폐기물과 성상이 유사한 폐기물(1일 300 kg 이하 배출자)에 대하여도 적용하였다. 쓰레기 종량제에 따른 쓰레기 배출 방법은 각 지방자치단체에서 제작하여 상점(편의점, 마트)에서 판매하는 각 지자체의 쓰레기 규격 봉투에 담아 생활쓰레기를 배출하고 재활용품 등은 자치단체에서 정하는 일시 및 장소에 분리 배출하면 수거해 가는 방식이다.

대형폐기물(폐가구·폐가전제품 등)은 스티커를 구입하고 부착하여 배출하는 등 별도의 수수료 납부 방식을 채택하고, 종량제 봉투에 담기 불가능한 폐기물은 별도의 전용 포대 또는 마대 등에 담아 배출하도록 하였다.

③ 주요 성과

쓰레기 종량제는 1995년 1월 시행되기 시작한 지 1~2달 만에 100%에 육박할 정도의 높은 참여율을 보이면서 국민 사이에 신속히 정착되어 갔다. 제도 시행 결과 쓰레기 총 배출량은 1994년에 5만 8,118톤/일이었던 것이 1998년에는 4만 4,583톤/일로 23% 감소하였고, 재활용품 배출량은 1994년 8,927톤/일에서 1만 5,566톤/일으로 74% 증가하였다.

2005년 평가한 결과 1995년에서 2004년까지 폐기물 발생량이 감소하고 재활용이 증가한 실적을 경제적 편익으로 환산하면 총 8조 400억 원의 효과를 거둔 것으로 평가되었다.

④ 사회적 변화

소비자 측면에서도 변화가 일어났는데, 소비자가 물건을 구매할 때에 리필(refill) 제품 등 쓰레기 발생이 적은 상품을 선호하고 장바구니를 이용하는 등 녹색소비문화가 확산된 것이다. 또한 중고물품의 교환 및 사용이 활성화되고 가전·가구의 재활용을 위한 재활용 센터 및 재활용 매장을 이용하는 근검절약 풍토가 조성되었다.

기업 측면에서도 종이, 캔, 플라스틱 등 재활용이 가능한 폐기물의 수거가 증가하면서 재활용 원료의 공급이 원활해져 재활용 산업체가 증가하고 우수한 기술이 개발되었다. 제조·유통업계 또한 과다포장 억제 및 재활용 가능한 포장 개발 등 쓰레기 감량을 위한 생산 및 판매체제로 전환하는 계기를 마련하였다.

쓰레기 종량제 정착에 따라 생활폐기물 분리수거로 보관 장소 및 적환장의 위생 상태가 청결하게 개선되어 악취 및 해충 발생이 감소하였고, 주민이 쓰레기차에 직접 싣는 방식에서 문 앞에 쓰레기봉투를 적치하면 미화원이 수거하는 방식

그림 2.3 쓰레기 종량제 봉투에 담긴 쓰레기

으로 전환되어 청소 행정에 관한 주민 서비스가 향상되었다.

(2) 음식물류 쓰레기 종량제

① 개요

2010년 관계부처 합동 '음식물쓰레기 줄이기 종합대책'을 세워 단계별, 유통원별 특성에 맞는 실현 가능한 대안들을 발굴하고 이를 뒷받침할 수 있는 제도적 개선을 통해 음식물류 폐기물 발생억제 정책을 수립, 추진하였다. 이러한 측면에서 음식물류 쓰레기 종량제는 배출량에 따라 수거·처리비용을 배출자가 부담하는 원인자 부담원칙을 기본개념으로 함으로써 쓰레기 종량제와 더불어 환경 분야의 대표적인 경제적 유인제도이며, 궁극적으로 음식물쓰레기 발생량을 줄이게 하는 소비형태 및 배출 습관을 변환시키고자 하는 데 그 목적이 있다.

② 주요 내용

음식물류 쓰레기 폐기물 종량제의 방식은 전용봉투, 납부칩(스티커), RFID의 총 3가지로 선정된다. 전용봉투방식은 음식물 전용봉투를 배출자가 구입하여 배출하게 된다. 납부칩·스티커 방식은 배출자가 '납부칩' 등을 구입 후 수거용기에 부착하여 배출해야 한다. RFID 방식은 배출은 전자태그를 통해 정보가 입력된 배출원별 정보를 수집하고 무게를 측정하여 수수료를 부과하는 방법이다.

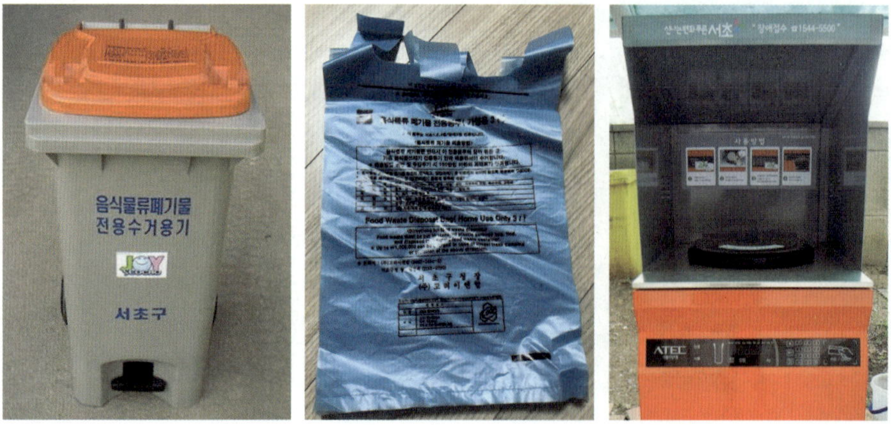

그림 2.4 음식물류 쓰레기 종량제 (왼쪽부터) 수거용기, 전용 봉투, RFID 방식

2) 생산자 부담제도

(1) 생산자책임재활용제도(EPR, Extended Producer Responsibility)

① 개요

생산자책임재활용제도(EPR)는 제품의 생산자들로 하여금 제품의 설계, 제조, 유통·소비 및 폐기 전 과정에 걸쳐 환경친화적인 경제활동을 유도함으로써 폐기물의 감량(Reduction), 재이용(Reuse), 재활용(Recycling)을 촉진하고 '자원순환형 경제·사회체계'를 도모하려는 제도이다.

폐기물 관리 과정에서 생산자의 책임을 강화하기 위해 2002년 「자원의 절약과 재활용촉진에 관한 법률」을 전면 개정하여, 1992년부터 시행된 '폐기물예치금제도'를 폐지하고 '생산자책임재활용제도'를 도입·시행하였다. 폐지된 폐기물예치금제도와 생산자책임재활용제도에 대한 비교는 〈표 2.4〉에 정리하였다.

생산자책임재활용제도는 제품 생산자들에게 제품의 설계 및 제조, 유통·소비 및 폐기 등 전 과정에 걸쳐 폐기물의 감량, 재이용 및 재활용을 촉진시켜 자원순환형 경제·사회체계를 도모코자 하는 제도이다. 독일에서 세계 최초로 도입하였고 현재 프랑스, 영국, 헝가리 등 유럽 15개 국가와 일본, 호주, 대만 등 아시아 4개국가, 기타 멕시코, 브라질 등 남미국가들이 도입·시행하고 있는 제도이다.

표 2.4 폐기물예치금제도와 생산자책임재활용제도의 차이점

폐기물예치금제도	생산자책임재활용제도
제품 출고량 100%에 대하여 예치금 부과	재활용 여건을 고려하여 출고량의 일정 부분에 재활용 의무를 부여
간접적 재활용 의무(소극적 비용부담) 제품·포장재의 제조업자가 일정 금액을 예치한 후 재활용 실적에 따라 예치금을 반환	직접적 재활용 의무(적극적 생산자 책임) 제품·포장재의 제조업자에게 재활용 의무량을 부과
많은 부담으로 재활용률 제고 미흡 출고량 전체 예치금 부과로 사업자의 부담이 높음 예치금 요율이 낮아 재활용 유인 효과 낮음	최소 부담으로 재활용률 제고 가능 달성 가능한 재활용 의무량 부과로 생산자의 부담 경감 및 재활용률 제고 가능
재활용 산업 육성효과 미비 미반환 예치금의 국고환수가 약 55%로 미흡	재활용 산업 육성효과 극대 생산자가 재활용 업체에 직접지원함으로써 재활용 산업 육성효과 기대

출처: 한국의 폐기물 자원관리 및 활용정책(2016), 기획재정부

② 주요 내용

생산자책임재활용제도 대상 품목은 크게 제품과 포장재로 구분되며, 세부 품목은 〈표 2.5〉에 나타냈다. 2008년 「전기·전자제품 및 자동차의 자원순환에 관한 법률」이 시행되면서 EPR 품목 중 전기·전자제품의 항목들이 관리대상으로 포함되었고, 이에 따라 사용규제가 강화되었다.

우리나라가 주책임자 방식을 채택한 이유는 생산자책임재활용제도의 생산자를 유통 판매업자, 포장 재제조업자, 제품제조업자, 원료업자로 폭넓게 규정하고 있으나, 생산자의 책임을 획일적으로 구분하는 것이 현실적으로 어렵기 때문이다.

주책임자 방식에서 재활용 의무를 가지고 있는 생산자는 생산품의 종류에 따라 달라지는데 윤활유, 타이어, 전지 등 일반제품을 제조하는 경우 생산자는 제조업자와 수입업자가 된다. 전제품을 제조하는 경우 생산자는 제조·수입업자 및 판매업자가 되며, 합성수지재질의 포장재, 유리병, 금속캔, 종이팩 등 포장재의 경우 생산자는 제품의 제조자 및 수입업자가 된다.

재활용의무량 산정은 환경부장관이 연마다 산정·고시하고 재활용부과금의 재

표 2.5 생산자책임재활용제도의 재활용 의무대상 품목

구분		EPR 대상 제품 및 포장재
제품	전지류	가. 수은전지 나. 산화은전지 다. 니켈 · 카드뮴전지 라. 리튬1차전지 마. 망간전지 · 알칼리망간전지 바. 니켈수소전지
	타이어	가. 자동차관리법 제2조 제1호의 규정에 의한 자동차에 사용되는 타이어 나. 군수품관리법에 의한 차량에 사용되는 타이어 다. 건설기계관리법 제2조 제1항 제1호의 규정에 의한 건설기계에 사용되는 타이어 라. 농업기계화촉진법 제2조 제1호의 규정에 의한 농업기계에 사용되는 타이어
	윤활유	가. 자동차관리법 제2조 제1호에 따른 자동차에 사용되는 윤활유 나. 군수품관리법에 의한 차량에 사용되는 윤활유 다. 건설기계관리법 제2조 제1항 제1호의 규정에 의한 건설기계에 사용되는 윤활유 라. 농업기계화촉진법 제2조 제1호의 규정에 의한 농업기계에 사용되는 윤활유 마. 선박법 제2조의 규정에 의한 한국선박(외항선박을 제외)에 사용되는 윤활유 바. 어선법 제2조 제1항의 규정에 의한 어선(원양어선을 제외)에 사용되는 윤활유
	형광등	수은이 들어 있는 형광등 제조용 반제품인 램프를 포함
	양식용 부자	수산물 양식용 부자
	곤포 사일리지용 필름	곤포 사일리지용 필름
	합성수지 재질의 김발장	합성수지 재질의 김발장
	필름류 제품	가. 완충 포장이나 단열 효과를 내기 위해 사용하는 공기가 들어가는 필름류 나. 세탁업에서 모피제품, 의복 및 그 밖의 직물제품 등을 보호하기 위해 사용하는 필름류 다. 플라스틱 봉지·봉투(폐기물 종량제 봉투 제외) 라. 1회용 비닐장갑 마. 식품 포장용 랩 필름

	합성수지재질의 제품	가. 산업용 필름 나. 교체용 정수기 필터 다. 안전망 라. 어망 마. 로프 바. 폴리에틸렌 관 사. 폴리염화비닐(PVC)제품 아. 폴리프로필렌 재질의 생활용품 자. 파렛트 차. 플라스틱 운반상자 카. 창틀·문틀 타. 바닥재 파. 건축용 단열재 하. 전력·통신선 거. 자동차 유지관리용부품
포장재	음식료품류, 농·수·축산물, 세제류, 화장품류, 의약품 및 의약외품, 부탄가스 제품, 살충살균제, 의복류, 종이제품, 고무장갑, 부동액 브레이크액 및 윤활유 등의 포장재	가. 종이팩(합성수지 또는 알루미늄박이 부착된 종이팩에 한함) 나. 유리병 다. 금속캔 라. 합성수지재질의 포장재(용기류, 필름·시트형 포장재 및 트레이 포함) ※ 부동액·브레이크 및 제6호에 따른 윤활유(합성수지재질의 포장재로 한정) ※ 상기품목 이외의 제품(합성수지재질의 포장재로 한정)
	전기기기류 등의 포장재	필름 · 시트형 포장재 및 발포합성수지 완충재
	1회용 봉투 쇼핑백	합성수지 재질의 1회용 봉투 · 쇼핑백(종량제 봉투 제외)

출처: 생산자책임재활용제도(2023), keco.or.kr(한국환경공단)

활용 미이행률에 따라 차등하여 부과한다. 환경부장관이 EPR 대상 재활용의무율을 산정·고시할 때는 의무생산자의 재활용여건(재활용실적, 분리수거량, 출고량)을 종합적으로 고려하여 산정한다. 의무율이 산정되면, 생산자별 지상점유율(Market Share)에 비례하여 개발 생산자의 재활용의무량을 산정한다. 다만, 2014년부터는 전기·전자제품의 재활용목표관제가 도입되어 제품군별 기준(의무이행 전년도 출고량, 인구수, 연도별 재활용목표량 등)에 따라 재활용의무량을 선정한다.

만약 재활용의무 생산자가 재활용의무량을 달성하지 못할 경우 재활용부과금

표 2.6 생산자책임재활용제도 주체별 역할

주체	역할
소비자	• 재활용품의 분리배출 철저
재활용 의무 생산자	• 회수·재활용 의무 이행(자원재활용법 제16조)
재활용 사업 공제조합	• 재활용의무 공동 이행을 위한 분담금 관리(자원재활용법 제27조 의거 인가법인)
지방자치단체	• 분리수거 업무 철저(제도위반자 과태료 부과)
한국환경공단	• 생산자별 출고량, 회수·재활용 의무이행계획서 접수·승인 • 회수·재활용의무이행 실적보고서 접수 및 실적확인 • 재활용부과금 부과 등 제도집행에 관한 사항 • 재활용 현장 확인·조사
환경부	• 법령 제·개정 등 전반적인 제도 운영 • 매년 품목별 재활용의무율 산정 고시 • 재활용사업공제조합 설립인가 및 지자체, 한국환경공단 지원·관리 • 주체 간의 갈등 조정 및 해소

출처: iepr.or.kr(2023), 한국환경공단

이 부과되며, 재활용부과금은 재활용 미이행률(품목별 재활용비용의 130% 이하)에 따라 차등 부과된다. 생산자가 재활용 목표량을 초과했을 경우 초과 실적량을 의무이행실적(2년간)으로 사용할 수 있어, 경제여건 변화에 따른 생산자의 리스크를 최소화할 수 있도록 한 제도로 볼 수 있다.

(2) 폐기물부담금제도

① 개요

폐기물부담금제도는 폐기물의 발생을 억제하고 자원의 낭비를 방지하기 위하여 유해물질을 함유하여 재활용이 어려운 제품·재료·용기에 일정액의 부담금을 부과하여 시장에서 제품의 수요와 공급을 하는 제도이다. 즉 부담금의 대상이 되는 제품의 제조업자 또는 수입업자로 하여금 생산단계에서부터 폐기물의 발생을 억제하고 제품의 재질을 개선토록 유도하는 것이다.

폐기물부담금제도는 원인자부담원칙에 따라 기업이 제조·유통단계에서 스스로 폐기물을 줄이고, 효율적인 회수·처리를 유도하여 환경비용을 절감하는 데 기여하고 있다.

폐기물부담금은 정부의 환경개선특별회계의 세입으로 재활용 가능 자원의 구입·비축, 폐기물의 재활용을 위한 사업, 폐기물처리시설의 설치 및 지원, 폐기물의 효율적 재활용과 감량화를 위한 연구 및 기술개발, 지방자치단체에 대한 폐기물 회수와 재활용 비용 지원 및 기타 대통령령이 정하는 용도 등에 사용된다.

② 주요 내용

「자원의 절약과 재활용촉진에 관한 법률」 시행령이 2007년 3월 개정됨에 따라 2008년 1월부터 부담금 부과요율이 상향조정되고, 플라스틱 대상 품목의 최종제품 전환, 수입 또한 제조와 동일하게 종량세로 부과방식이 변경된다.

폐기물부담금제도 부과대상은 유독물(금속캔, 유리병, 플라스틱용기), 살충제(유리병, 플라스틱 용기), 껌, 부동액, 담배(전자담배 포함), 1회용 기저귀의 도·소매업자 또는 제조·수입업자이며, 플라스틱을 재료로 사용한 제품으로서 〈표 2.7〉에 따른 업종의 제조업을 경영하는 자 또는 도·소매 업자가 제조하거나 수입한 제품에 해당한다(단, 합성수지 섬유제품은 제외).

표 2.7 폐기물부담금 품목별 부과요율 및 금액

품목구분	종류 및 규격	요율 및 금액 기준
살충제, 유독물 제품	가. 플라스틱 용기 500 mL 이하 500 mL 초과 나. 유리병 500 mL 이하 500 mL 초과 다. 금속캔 500 mL 이하 500 mL 초과	가. 플라스틱 용기 24.9원 30.7원 니. 유리병 56.2원 84.3원 다. 금속캔 53.9원 78.2원
부동액	부동액	L당 189.8원
껌	껌	판매가의 1.8% (수입의 경우 수입가의 1.8%)
1회용 기저귀	1회용 기저귀	개당 5.5원

담배	담배 (판매가격 200원 이하인 담배와 「지방세법」 제53조, 제54조 및 제63조에 따라 담배소비세를 면제하거나 환급하는 담배는 제외한다)	20개비당 24.4원 (전자담배의 경우 20카트리지)
고흡수성수지 아이스팩	고흡수성수지(Super Absorbent Polymer)가 냉매로 들어있는 아이스팩	전체 중량 kg당 313원
플라스틱 제품	건축용 (플라스틱 관 및 건축용 단열재를 포함한다)	합성수지 투입 kg당 75원
	일반용 (플라스틱을 재료로 사용하여 제조된 그 밖의 플라스틱제품 또는 그 수입품)	합성수지 투입 kg당 150원

출처: 폐기물부담금제도(2023), keco.or.kr(한국환경공단)

③ 폐기물부담금 부과 및 납부 업무 흐름도

폐기물부담금을 내야 하는 제조·수입업자는 환경부령으로 정하는 바에 따라 전년도 제품·재료·용기의 출고·수입 실적에 관한 자료를 매년 3월 31일까지 한국환경공단으로 제출하여야 하며, 제출받은 실적에 따라 폐기물부담금의 「시행령제12조②항 별표2」 산출기준에 의거하여 부과한다.

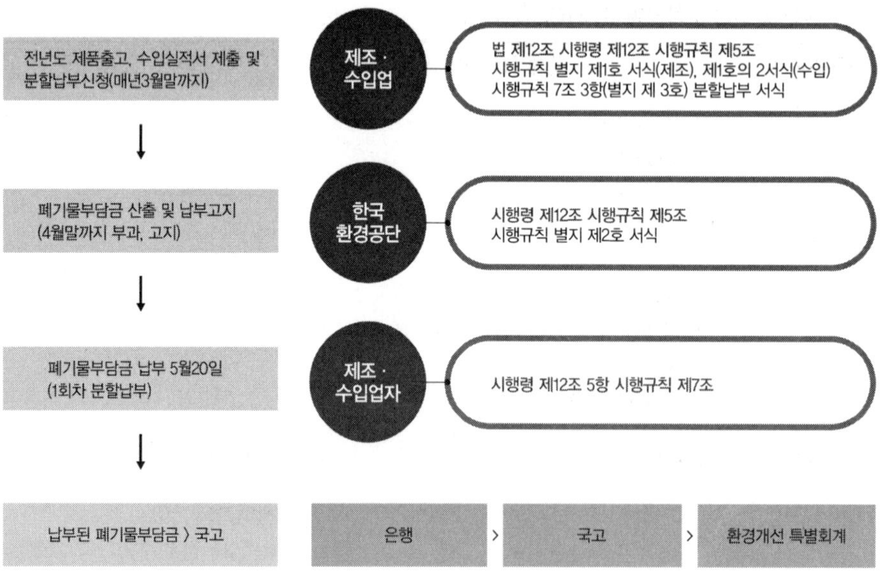

그림 2.5 폐기물부담금 업무흐름도

출처: 폐기물부담금제도(2023), keco.or.kr(한국환경공단)

3) 폐기물 적법처리 인증제도(Allbaro 시스템)

폐기물 적법처리 인증제도는 폐기물의 배출에서부터 운반, 최종처리까지의 전 과정을 인터넷을 통해 실시간으로 투명하게 관리하는 시스템으로 폐기물의 발생 억제(폐기물 감량), 재활용(순환골재유통정보), 적정처리(정법처리 및 RFID 시스템)를 통한 폐기물의 전 생애적 관리를 하나로 통합한 IT기반 폐기물 종합관리 시스템이다.

과거에는 폐기물의 발생부터 최종처분까지 처리경로를 확인하기 위해 폐기물 인계서를 수기 작성하여 배출자, 운반자, 처리자 및 행정관청 등이 각각 보관하고 있었으나, 종이 인계서의 관리 확인 및 검토에 따른 복잡한 행정절차와 과다한 업무량, 비용 소모 등의 문제점으로 큰 실효를 거두지 못하였다. 따라서 사업자와 행정기관 모두에게 편의를 주고 특히 폐기물의 전 주기를 인터넷상으로 실시간 자동 관리할 수 있는 전산 시스템이 개발되었으며, 이를 Allbaro 시스템으로 명명하였다. Allbaro 시스템이란 모든(All) 폐기물을 적법하고 효율적으로 처리하는 가장 이상적인 척도·기준(Barometer)이 되는 폐기물 종합관리시스템을 의미한다.

Allbaro 시스템은 폐기물 관련 올바로인허가, RFID/ARS/인터넷/EDI 등 최첨단 빙법을 이용한 폐기물 인계 정보관리, 폐기물 배출·운반·처리의 연간 실적보고, 폐기물 감량 정보 제공 및 감량 실적 보고, 순환골재유통지원 정보제공 및 폐기물 정보제공 등 크게 6가지 기능으로 구성되어 있다(그림 2.7).

그림 2.6 Allbaro 시스템의 연혁

출처: Allbaro 홈페이지(www.allbaro.or.kr)

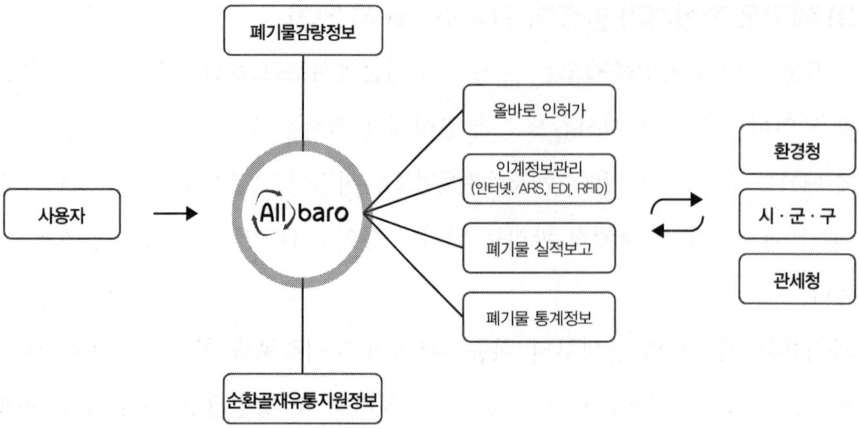

그림 2.7 Allbaro 시스템의 구성

출처: Allbaro 홈페이지(www.allbaro.or.kr)

Chapter 3

폐자원의 특징

3.1 폐자원의 물리 · 화학적 특성 분석

3.2 폐자원의 분석법

3.3 폐자원의 발열량 분석

3.1 폐자원의 물리·화학적 특성 분석

효율적인 폐자원 관리를 위해서는 폐자원의 특성을 파악하는 것이 중요하다. 폐자원의 관리 및 처리를 위해서는 많은 학문분야, 즉 화학 및 물리학과 같은 기초과학부터 환경에 관한 역학적인 지식까지 다양한 분야의 지식이 필요하다.

1) 폐자원의 물리적 분석

폐기물의 성상은 지역의 생활습관, 소득정도, 문화, 계절, 날씨 등에 따라서 다양하게 나타난다. 일반적으로 폐기물의 성상분석으로서 대표적인 것은 폐기물의 수분, 가연분, 회분 등의 3가지 인자로서 가연분 중의 휘발분, 고정탄소 측정

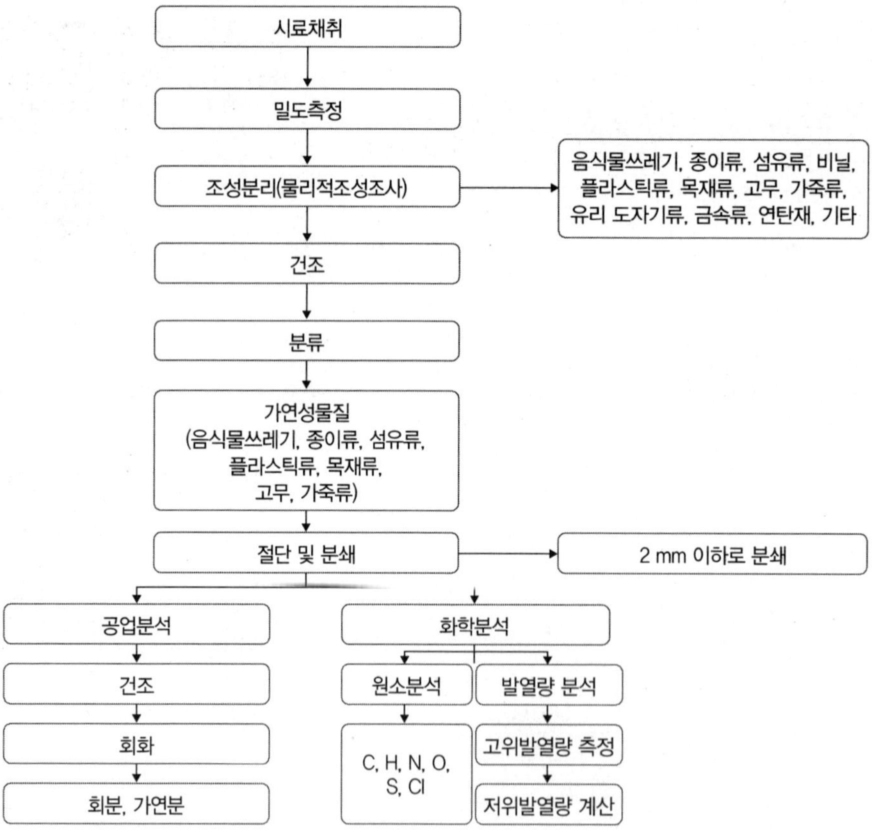

그림 3.1 폐기물의 성상조사 및 분석 공정도

이 포함된다. 폐기물의 성상분석절차는 〈그림 3.1〉과 같다. 시료 채취 후에는 먼저 밀도를 측정하고, 조성을 분리하여 물리적 조성을 조사한다. 이때는 음식물쓰레기, 종이류, 섬유류, 비닐, 플라스틱류, 목재류, 고무, 가죽류, 유리, 도자기류, 금속류 연탄재(우리나라의 경우 대표적인 비가연성 성분으로 별도로 분별하여 측정함)로 10종류의 조성으로 수선별을 실시한다. 이후 건조 및 분류를 통하여 불연성 물질(유리, 도자기류, 금속류, 연탄재 기타)을 제거하고 가연성 물질을 절단 및 분쇄하여 공업 분석 및 화학분석을 실시한다. 폐자원의 물리적 분석 방법은 2014년 개정 고시된 "고형연료 제품 품질 시험·분석 방법"을 참고하였다.

(1) 폐기물의 겉보기 밀도

용기는 원통형을 사용하도록 하며, 충격에 강한 매끄러운 표면의 소재를 사용한 것으로 한다. 취급의 용이함을 위해 손잡이가 있는 것을 사용할 수도 있다. 높이–지름 비율은 1.25에서 1.50 범위의 것을 사용하도록 한다. 또한 형태와 용량의 변화를 방지하기 위해 방수 및 내변형성이 있어야 한다. 최대입도 120 mm 이하의 모든 시료는 대용량 용기에서 분석할 수 있다. 최대입도가 12 mm 이하의 시료는 소용량 용기를 사용할 수 있다.

분석 순서는 다음과 같다.

㉮ 건조된 빈 용기에 다짐성을 높이기 위해 200~300 mm 정도의 높이에서 시료를 채운다. 용기 내에서 쌓인 시료가 원뿔 모양으로 최대 높이에 이를 때

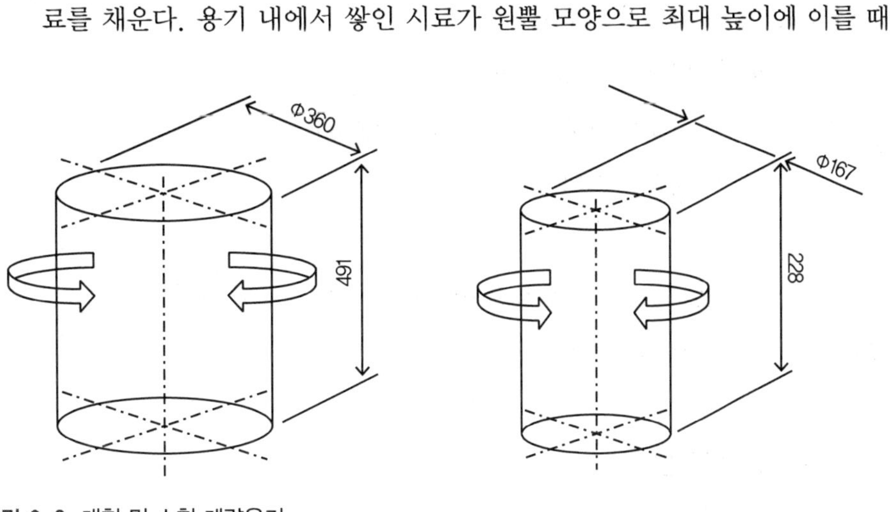

그림 3.2 대형 및 소형 계량용기

까지 시료를 채운다.

㉯ 채워진 용기를 150 mm의 높이에서 나무판으로 자유 낙하시켜 충격을 가한다. 이때 나무판은 단단한 바닥에 수평으로 놓여 있어야 하며 나무판과 바닥은 완전히 밀착하고 있어야 한다. 충격을 가하기 전 나무판 위 낙하지점에 있는 이물질을 제거한다. 용기는 수직으로 떨어뜨리도록 하며 더 이상 부피변화가 없을 때까지 4~5회 낙하를 반복한다.

㉰ 이후 빈 공간을 다시 채운다. 용기 가장자리 주변에 붙어 있는 시료를 정리하고, 만약 입자가 큰 시료가 있는 경우 손으로 직접 입자를 제거한다.

㉱ 큰 입자를 제거하면서 정리해둔 표면에 구멍이 생긴 경우 이를 다시 채우고 이 과정을 반복한다.

㉲ 실험이 완료된 용기의 무게를 측정한다.

㉳ 사용한 시료를 사용하지 않은 시료와 합한 다음 이 절차를 2번 더 반복 측정하고 총 3회 측정치의 평균값을 얻도록 한다.

시료의 겉보기 밀도 ρ_{ar}는 다음 식에 따라 산출한다.

$$\rho_{ar} = \frac{m_2 - m_1}{V} \qquad \text{(식 3.1)}$$

여기서, ρ_{ar} = 겉보기 밀도(kg/m^3)

m_1 = 빈 용기의 중량(kg)

m_2 = 시료를 담고 있는 용기의 중량(kg)

V = 계량 용기의 용량(m^3)

각 측정 결과는 소수점 둘째 자릿수까지 나타내며, 개별 측정값의 평균값을 산출하여 소수점 첫째 자릿수까지 표기한다.

(2) 폐기물의 공업분석

폐기물의 공업분석은 수분, 회분, 휘발분을 정량하고 고정탄소를 산출하는 것을 말한다.

① 수분함량

수분 함유율(함수율)은 시료를 105±2℃에서 항량에 도달할 때까지 건조하고 무게를 달아 증발접시의 무게차로부터 수분의 양(%)을 0.1%까지 측정한다. 건조 대기온도는 시간당 3~5배 사이로 변할 수 있어야 하고, 105±2℃로 제어가 가능하여야 한다. 풍속은 시료가 트레이나 증발접시에서 떨어지지 않을 정도의 강도를 유지해야 한다. 분석 절차는 다음과 같다.

㉮ 트레이 또는 증발접시를 미리 105±2℃에서 1시간 건조시킨 다음 즉시 무게를 단다.

㉯ 이후, 파쇄하지 않은 시료 적당량(0.5~2 kg)을 취하여 트레이 또는 증발접시와 시료의 무게를 정확히 단다.

㉰ 105±2℃의 온도에서 건조기 안에서 항량이 될 때까지 건조시킨 다음 즉시 무게를 정확히 단다. 이때 주의해야 할 점은 일반적으로 건조 시간은 휘발성 물질까지 불필요하게 손실되는 것을 방지하기 위해 24시간을 초과하지 않는다는 것이다. 폐기물은 흡습성이 있기 때문에 건조 가열이 끝난 직후 수분 흡수를 피하기 위해 10초에서 15초 이내에 내열소재 받침을 저울에 올려두고 무게를 측정한다.

㉱ 수분함량은 동일한 측정으로 얻은 값들의 3회 평균을 결과값으로 한다.

트레이 또는 증발접시의 무게로부터 다음 식에 따라 시료의 수분을 계산하고, 소수점 이하 첫째 자릿수까지 표기한다.

$$\text{수분(\%)} = \frac{(M_2 - M_1) - (M_3 - M_1)}{(M_2 - M_1)} \times 100 \qquad \text{(식 3.2)}$$

여기서, M_1 = 건조된 빈 트레이 또는 증발접시의 무게(g)

M_2 = 트레이 또는 증발접시와 시료의 무게(g)

M_3 = 트레이 또는 증발접시와 건조 후 시료의 무게(g)

② 회분

시료에 질산암모늄용액(25%)을 넣고 가열하여 탄화시킨 다음 550±10℃의 전기로 안에서 강열한 다음 데시케이터에서 식힌 후 무게를 달아 증발접시의 무게차로부터 회분의 양(%)을 구한다. 분석절차는 다음과 같다.

㉮ 먼저 도가니 또는 접시를 미리 550±10℃에서 30분간 강열하고 데시케이터 안에서 식힌 후 사용하기 직전에 무게를 단다.

㉯ 건조된 분석용 시료 적당량(20 g 이상)을 취하여 도가니 또는 접시와 시료의 무게를 정확히 단다.

㉰ 그 후, 질산암모늄용액(25%)을 넣어 시료를 적시고 가열로의 온도를 250±10℃까지 약 50분간 승온 5℃/분하고 60분간 온도를 유지하여 휘발성분들이 날아갈 수 있도록 한다.

㉱ 가열로의 온도를 60분간 550±10℃까지 5℃/분 올린 후 이 온도를 최소 120분간 유지시켜 강열한다.

㉲ 도가니를 가열로에서 꺼내어 두꺼운 철판에서 약 10분간 식도록 둔 후 실리카겔이 담겨있는 데시케이터 안에 넣어 주위온도까지 온도가 떨어지면 무게를 정확히 단다.

만약 시료의 완전연소가 불확실한 경우(예: 육안 검사 시 그을음 보임) 물이나 질산암모늄 용액 몇 방울을 시료에 떨어뜨린 후 550±10℃까지 가열하여 일정량이 되도록 한다.

㉳ 이를 3회 반복 측정으로 얻은 값들의 평균을 결과값으로 한다.

시료와 도가니 또는 접시의 무게로부터 다음 식에 따라 건조된 시료의 회분함량(%)을 계산하고, 소수점 이하 첫째 자릿수까지 표기한다.

$$\text{회분 함량}(\%) = \frac{(M_3 - M_1)}{(M_2 - M_1)} \times 100 \qquad \text{(식 3.3)}$$

여기서, M_1 = 도가니 또는 접시의 무게

M_2 = 연소 전의 도가니 또는 접시와 시료의 무게

M_3 = 연소 후의 도가니 또는 접시와 시료의 무게

③ 휘발분

시료를 산소와의 접촉을 최대한 피하기 위해 도가니의 뚜껑을 닫은 상태에서 950℃, 7분 강열하고 데시케이터에서 식힌 후 무게를 달아 증발접시의 무게차로부터 휘발분의 양(%)을 구한다. 휘발성 물질의 분율은 수분에 의한 질량 손실을 감한 후, 시험 시료의 질량 손실로부터 계산된다. 분석 절차는 다음과 같다.

㉮ 우선 도가니와 덮개를 미리 950±5℃에서 7분간 유지하고 꺼내어 데시케이터 안에서 식힌 후 사용하기 직전에 무게를 단다.

㉯ 건조된 분석용 시료 적당량(20 g 이상)을 취하여 도가니 또는 접시와 시료의 무게를 정확히 단다.

㉰ 가열로의 온도를 950±5℃까지 승온하고 시료를 넣은 도가니와 덮개를 가열로에 넣고, 7분간 유지한다.

㉱ 도가니를 가열로에서 꺼내어 두꺼운 철판에서 약 10분간 식도록 둔 후 실리카겔이 담겨있는 데시케이터 안에 넣어 주위온도까지 온도가 떨어지면 무게를 정확히 단다.

㉲ 3회 반복 측정으로 얻은 값들의 평균을 결과값으로 한다.

시료와 도가니 또는 접시의 무게로부터 다음 식에 따라 건조된 시료의 휘발분 함량(%)을 계산하고, 소수점 이하 첫째 자릿수까지 표기한다.

$$\text{휘발분 함량(\%)} = \frac{(M_2 - M_3)}{(M_2 - M_1)} \times 100 \qquad \text{(식 3.4)}$$

여기서, M_1 = 도가니와 덮개의 무게

M_2 = 도가니와 덮개 및 열처리 전 시료의 무게

M_3 = 도가니와 덮개 및 열처리 후 시료의 무게

④ 고정탄소

시료가 들어있는 도가니의 뚜껑을 덮고 강열하여, 수분 및 휘발성 고형물이 증

발된 후 남는 물질로서 회재를 제외한 연소될 수 있는 탄소성분으로 구성되어 있다. 즉, 아래와 같은 식으로 구할 수 있다.

$$고정탄소\ 함량(\%) = 100 - (수분\ 함량 + 회분\ 함량 + 휘발분\ 함량)(\%) \quad (식\ 3.5)$$

2) 폐기물의 화학적 분석

우선 폐기물 중 원소분석기를 이용하여 탄소(C), 수소(H), 질소(N)를 측정하는 법을 먼저 설명한다. 원소 분석기는 시료의 완전산화에 기초하고 있으며, 모든 유기 물질을 연소산물로 전환시키게 된다. 연소에 배출되는 가스는 환원로를 통과하며 운반기체(헬륨)에 따라 크로마토그래프 컬럼을 지나면서 분리된 후 가스분석장치에서 성분을 감지한다(예: 열전도성 검출기 - TCD, Thermal Conductivity Detector). 조건에 따라 다양한 장치 구성이 가능하다.

분석 절차는 우선 가열로(Furnace)와 분석기를 안정시킨 후, 기준물질을 선정하고 제조사의 안내에 따라 질소, 수소, 탄소의 농도 측정을 위한 장치교정을 실시한다. 시료분석과 동일한 절차에 따라 진행한다. 교정에 사용한 표준물질 외 다른 원료를 사용하여 교정결과를 검증한다. 측정값과 표준값의 차이가 적용한 시

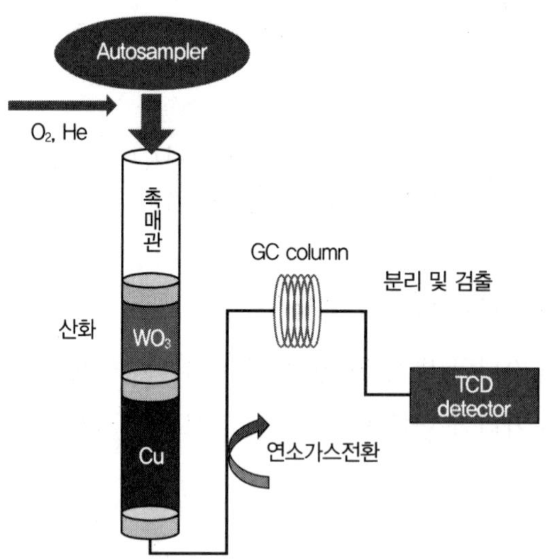

그림 3.3 C,H,N,S 분석 장비의 원리
출처: 한국고분자시험연구소

표 3.1 교정 표준물질

이 름	화학식	C %	H %	N %
아세트아닐리드	C_8H_9NO	71.1	6.7	10.4
아트로핀	$C_{17}H_{23}NO_3$	70.6	8.0	4.8
벤조산	$C_7H_6O_2$	68.8	5.0	0.0
시스틴	$C_6H_{12}N_2O_4S_2$	30.0	5.0	11.7
다이페닐아민	$C_{12}H_{11}N$	85.2	6.5	8.3
EDTA	$C_{10}H_{16}N_2O_8$	41.1	5.5	9.6
페닐알라닌	$C_9H_{11}NO_2$	65.4	6.7	8.5
설파닐아미드	$C_6H_8N_2O_2S$	41.8	4.7	16.3
설파닐산	$C_6H_7HO_3S$	41.6	4.1	8.1
BBOT	$C_{26}H_{26}N_2O_2S$	72.5	6.1	6.5
TRIS	$C_4H_{11}NO_3$	39.7	9.1	11.6

험방법에 대한 정밀도 범위 이내에 있는 경우 측정값을 수용한다. 그렇지 않은 경우 교정 절차를 다시 진행한다.

시료 무게를 0.1 mg까지 정확히 측정한 후 실험 장치로 옮긴다. 기기의 사용방법에 따라 분석을 진행하고 3번 반복 실시한 평균값을 제출한다.

탄소 (C) 함량,
$$C_d = C_{ad} \times \frac{100}{100 - M_{ad}} \quad \text{(식 3.6)}$$

질소 (N) 함량,
$$N_d = N_{ad} \times \frac{100}{100 - M_{ad}} \quad \text{(식 3.7)}$$

수소 (H) 함량,
$$H_d = H_{ad} - \frac{M_{ad}}{8,937} \times \frac{100}{100 - M_{ad}} \quad \text{(식 3.8)}$$

여기서, d = 건시료 기준

ad = 측정한 값

M_{ad} = 분석된 일반 분석 시료의 수분 함량

그 외에 특히 폐자원의 특성상 염소나 황과 같은 원소성분 또한 중요하며, 봄

베에서 시료를 연소시켜 발생된 가스를 흡수액에 흡수하여 이온크로마토그래피로 분석한다. 시험 장치는 연소관과 산소봄베법 등이 있으며, 연소관 공기법에서는 시험기가 시료의 1차 열분해부와 2차 연소부로 구성되며 연소공기 정화용 임핀저와 염화수소 흡수임핀저로 구성된다. 연소관공기법 시험기의 보기를 〈그림 3.4〉에 나타내었다. 한편 산소봄베법의 시험기는 KS M 2027의 9.3(봄베식무게법 시험기)에서 규정하는 시험기를 사용하며, 보기를 〈그림 3.5〉에 나타내었다.

먼저, 연소관공기법은 950~1100℃로 가열한 석영제연소관 중에 공기를 불어넣어서 시료를 연소시키고 생성된 가스를 물에 흡수시켜 분석용 시료용액으로 한다. 장치를 〈그림 3.5〉와 같이 배열하여 조립하고 공기세정용 임핀저에 정제수를 200 mL 넣고, 흡수용 임핀저는 정제수를 배열된 순서대로 각각 100 mL, 200 mL, 100 mL씩 흡수병에 넣는다. 2차 연소부의 온도를 950~1100℃가 되도록 한다. 수분 응축을 방지하기 위하여 석영관과 흡수용 임핀저 사이를 120℃ 이상을 유지시키고, 시료 약 1 g을 0.1 mg 자릿수까지 무게를 측정하고 보트에 넣는다. 연소관 마개를 열어서 시료를 담은 보트를 1차 열분해부의 중앙에 밀어 넣고 연소관 마개를 닫는다. 2차 연소부의 온도가 950~1100℃인 것을 확인한 후 진공펌프를 작동시켜 공기유량이 2 L/min이 되도록 유량계를 조정한다. 1차 열분해부

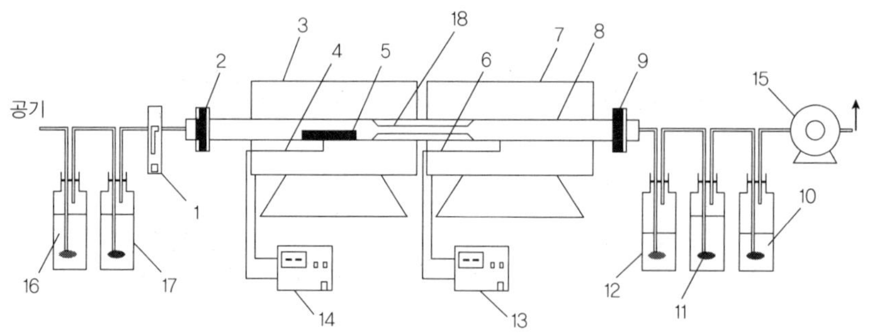

1. 유량계
2. 석영관과 공기관 연결 마개 장치
3. 전기가열선 및 케이스
4. 1차 열분해부 열전대
5. 세라믹 재질 시료접시
6. 2차 연소실용 열전대
7. 전기가열선 및 케이스
8. 석영관(내경 25 mm, 가열부 각각 700 mm 이상)
9. 석영관과 공기관 연결장치
10. 흡수액
11. 유리여과판
12. 흡수용임핀저
13. 2차 연소실 온도조절기
14. 1차 열분해실 온도조절기
15. 진공펌프
16. 공기 세정용 초순수 임핀저
17. 공병
18. 축소관

그림 3.4 연소관공기법 시험기

가열스위치를 켜서 200~500℃ 구간에서는 5 ℃/min로, 900℃까지 10 ℃/min 속도로 승온시킨다. 흡수관의 유리여과판에 타르가 생기면 승온속도를 낮게 조절해서 타르가 생기지 않도록 한다. 연소 생성가스 온도가 900℃가 될 때까지 흡수액에 계속 흡수시킨다. 연소가 끝나면 진공펌프를 끄고 연소관과 흡수용 임핀저 세트를 차례로 분리한다. 500 mL 회수병에 흡수용 임핀저 액을 모으고 임핀저 연결관, 흡수관을 정제수로 세척하여 시료용액으로 한다. 바탕시험용액은 시료를 보트에 넣지 않고 앞의 단계를 동일하게 조작한다.

산소봄베법의 경우, 시료를 정제수를 넣은 산소 봄베(Bombe) 속에서 발열량 시험할 때와 같은 방법으로 연소하고 발생된 가스를 물에 흡수시켜 분석용 시료용액으로 한다. 먼저 봄베에 정제수 10 mL를 넣고, 시료 약 1 g을 시료접시에 0.1 mg 단위까지 측정하여 봄베에 장입한다. 뚜껑을 완전히 밀폐하고 압축산소를 서서히 압입하여 봄베 내 압력이 3.0~3.5 MPa (30~35 kgf/cm^2)에 도달하면 압입을 멈추고 기밀을 확인한다. 연소가 끝나면 최소 10분간 실내온도와 동일하게 맞추도록 한다. 봄베를 개봉하여 연소상태를 조사하고 미연소 시료 또는 그을음이 확인되는 경우는 시료를 폐기하고 봄베를 세척한 후 재시험한다. 흡수용액을 100

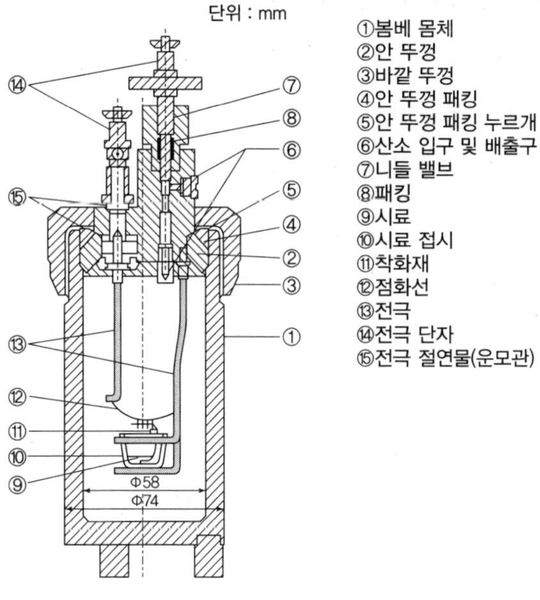

그림 3.5 봄베식 무게법 시험기

mL 병에 회수하고 정제수로 채워 분석용 시료용액으로 한다. 바탕시험용액은 시료를 넣지 않고 앞서 설명한 실험법을 수행하여 얻는다.

염소의 총 함량은 건조중량 %로 표시하며 아래와 같이 산출한다.

$$\text{염소(질량 \%)}\, W = \frac{(C - C_0) \times V}{m} \times 100 \qquad \text{(식 3.9)}$$

여기서, C = 용액에 포함된 염소농도 (mg/L)

C_0 = 공시료에 포함된 염소농도 (mg/L)

V = 용액의 볼륨 (L)

m = 시험에 사용한 시료양 (mg)

황의 총 함량은 건조중량 %로 표시하며 아래와 같이 산출한다.

$$\text{황(질량 \%)}\, W_s = \frac{(C - C_0) \times V}{m} \times 0.3338 \times 100 \qquad \text{(식 3.10)}$$

여기서, C = 용액에 포함된 황 농도 (mg/L)

C_0 = 공시료에 포함된 황 농도 (mg/L)

V = 용액의 볼륨 (L)

m = 시험에 사용한 시료양 (mg)

황과 황산염의 화학량적인 비율은 0.3338이다.

염소 및 황의 함량은 3회 시험치의 평균값을 소수점 이하 둘째 자릿수까지 표시한다.

2022년 12월에 발간된 제6차(2021~2022년) 전국폐기물통계조사 결과에 따르면, 생활폐기물 및 사업장폐기물의 원소분석 평균 결과는 다음 〈표 3.2〉, 〈표 3.3〉과 같다.

표 3.2 생활폐기물의 평균 원소 분석 결과 (단위: %)

구분	C	H	O	N	S	Cl
음식물류	45.51	6.61	37.13	2.16	0.15	0.95
종이류	41.09	5.73	45.23	0.53	0.05	0.07
나무류	47.32	6.22	45.34	0.66	0.03	0.11
고무류	70.63	9.00	6.36	1.87	0.63	0.72
섬유류	51.05	6.23	38.02	1.13	0.08	0.88
플라스틱류	72.13	10.42	10.04	1.03	0.02	0.57
가연성 기타	51.48	7.41	37.42	0.87	0.05	0.18
평균	54.17	7.38	31.36	1.18	0.14	0.50

표 3.3 사업장폐기물의 평균 원소 분석 결과 (단위: %)

구분	C	H	O	N	S	Cl
배출시설계	30.61	3.92	21.27	1.16	0.36	0.61
지정폐기물	36.90	5.92	19.80	1.04	0.28	0.34
건설폐기물	33.62	4.33	19.33	1.92	0.07	5.79

3.2 폐자원의 분석법

폐자원의 분석은 폐기물 공정 시험 기준에 자세하게 기술되어 있으며, 총 87 항목으로 가장 최근 버전은 국립환경과학원고시 제2021-95호(2021.12.17.)이다. 각 구분과 항목을 〈표 3.4〉에 나타내었다.

표 3.4 폐기물 공정 시험 기준(총 87종)

번호	분야	ES No	제 목
1	총칙	ES 06000.b	총칙
2	QA/QC	ES 06001	정도보증/정도관리
3		ES 06002.b	지정폐기물에 함유된 유해물질의 기준, 표시한계 및 결과표시
4	일반시험기준	ES 06130.c	시료의 채취
5		ES 06150.d	시료의 준비
6		ES 06151.1	상향류 투수방식의 유출시험
7		ES 06171	시약 및 용액
8		ES 06172	완충용액
9		ES 06173	표준용액
10		ES 06174	규정용액
11	일반항목	ES 06301.1c	강열감량 및 유기물 함량-중량법
12		ES 06302.1a	기름성분-중량법
13		ES 06303.1a	수분 및 고형물-중량법
14		ES 06304.1	수소이온농도-유리전극법
15		ES 06305.1	석면-편광현미경법
16		ES 06305.2	석면-X선 회절기법
17		ES 06351.1	시안-자외선/가시선 분광법
18		ES 06351.2	시안-이온전극법
19		ES 06351.3	시안-연속흐름법
20	금속류(용출)	ES 06400	금속류
21		ES 06400.1	금속류-원자흡수분광광도법
22		ES 06400.2	금속류-유도결합플라스마-원자발광분광법
23		ES 06401.0	구리
24		ES 06401.1	구리-원자흡수분광광도법
25		ES 06401.2	구리-유도결합플라스마-원자발광분광법
26		ES 06401.3	구리-자외선/가시선 분광법
27		ES 06402.0a	납
28		ES 06402.1	납-원자흡수분광광도법
29		ES 06402.2	납-유도결합플라스마-원자발광분광법
30		ES 06402.3	납-자외선/가시선 분광법
31		ES 06403.0	비소
32		ES 06403.1a	비소-수소화물생성-원자흡수분광광도법

33		ES 06403.2a	비소-유도결합플라스마-원자발광분광법
34		ES 06403.3	비소-자외선/가시선 분광법
35		ES 06404.0	수은
36		ES 06404.1a	수은-환원기화-원자흡수분광광도법
37		ES 06404.2	수은-자외선/가시선 분광법
38		ES 06405.0	카드뮴
39		ES 06405.1	카드뮴-원자흡수분광광도법
40		ES 06405.2	카드뮴-유도결합플라스마-원자발광분광법
41		ES 06405.3	카드뮴-자외선/가시선 분광법
42		ES 06406.0	크롬
43		ES 06406.1	크롬-원자흡수분광광도법
44		ES 06406.2	크롬-유도결합플라스마 원자발광분광법
45		ES 06406.3b	크롬-자외선/가시선 분광법
46		ES 06407.0	6가크롬
47		ES 06407.1	6가크롬-원자흡수분광광도법
48		ES 06407.2	6가크롬-유도결합플라스마-원자발광분광법
49		ES 06407.3a	6가크롬-자외선/가시선 분광법
50	유기물질	ES 06501.1b	유기인-기체크로마토그래피
51		ES 06501.2a	유기인-기체크로마토그래프-질량분석법
52		ES 06502.1b	폴리클로리네이티드비페닐(PCBs)-기체크로마토그래피
53		ES 06502.2b	폴리클로리네이티드비페닐(PCBs)-기체크로마토그래프-질량분석법
54		ES 06502.3b	폴리클로리네이티드비페닐(PCBs)-기체크로마토그래피(절연유분석법)
55		ES 06503.1	다환방향족탄화수소(PAHs)-기체크로마토그래피-질량분석법
56	휘발성유기화합물	ES 06601.1	할로겐화 유기물질-기체크로마토그래피-질량분석법
57		ES 06601.2	할로겐화 유기물질-기체크로마토그래피
58		ES 06602.1a	휘발성 저급염소화 탄화수소류-기체크로마토그래피
59		ES 06602.2	휘발성 저급염소화 탄화수소류-퍼지 · 트랩-기체크로마토그래피-질량분석법
60		ES 06602.3	휘발성 저급염소화 탄화수소류-헤드스페이스-기체크로마토그래피-질량분석법
61	의료폐기물	ES 06701.1a	감염성미생물-아포균 검사법
62		ES 06701.2a	감염성미생물-세균배양 검사법
63		ES 06701.3a	감염성미생물-멸균테이프 검사법

64	유해특성 (재활용환경성평가)	ES 06801.1a	폭발성 시험방법
65		ES 06802.1	태그 밀폐식 인화점 시험방법
66		ES 06802.2	펜스키-마텐스 밀폐식 인화점 시험방법
67		ES 06802.3	클리브랜드 개방식 인화점 시험방법
68		ES 06802.4	연소속도 시험방법
69		ES 06803.1	부식성 시험방법
70		ES 06804.1	금수성-물과의 반응성 시험방법
71		ES 06805.1	산화성 시험방법-고상
72		ES 06805.2	산화성 시험방법-액상, 반고상
73		ES 06806.1	자연발화성-공기접촉에 의한 자연발화성 시험방법
74	금속함량 (수출입폐기물)	ES 06900.0a	금속함량
75		ES 06900.1	금속함량-원자흡수분광광도법
76		ES 06900.2	금속함량-유도결합플라스마-원자발광분광법
77		ES 06901.1	금속함량-비소-수소화물생성법-원자흡수분광광도법
78		ES 06901.2	금속함량-비소-유도결합플라스마-원자발광분광법
79		ES 06902.1	금속함량-카드뮴-원자흡수분광광도법
80		ES 06902.2	금속함량-카드뮴-유도결합플라스마-원자발광분광법
81		ES 06903.1	금속함량-납-원자흡수분광광도법
82		ES 06903.2	금속함량-납-유도결합플라스마-원자발광분광법
83		ES 06904.1	금속함량-구리-원자흡수분광광도법
84		ES 06904.2	금속함량-구리-유도결합플라스마-원자발광분광법
85		ES 06905.1	금속함량-크로뮴-원자흡수분광광도법
86		ES 06905.2	금속함량-크로뮴-유도결합플라스마-원자발광분광법
87		ES 06906.1	금속함량-수은-열적분해 아말감-원자흡수분광광도법

시료의 채취와 관련해서, 채취도구는 시료의 채취 과정 또는 보관 중에 침식되거나 녹이 나는 재질의 것을 사용해서는 안 되며 시료 용기는 시료를 변질시키거나 흡착하지 않은 것이어야 하고 기밀하고 누수나 흡습성이 없어야 한다. 시료 용기는 무색 경질의 유리병, 폴리에틸렌 병 또는 폴리에틸렌 백을 사용한다. 다만, 노말헥산 추출물질, 유기인, 폴리클로리네이티드비페닐(PCBs) 및 휘발성 저급 염소화 탄화수소류 실험을 위한 시료의 채취 시에는 갈색경질의 유리병을 사

용하여야 한다. 시료에 다른 물질의 혼입이나 성분의 손실을 방지하기 위하여 밀봉할 수 있는 마개를 사용하며, 코르크 마개를 사용하여서는 안 된다. 다만, 고무나 코르크 마개에 파라핀지, 유지 또는 셀로판지를 씌워 사용할 수도 있다. 시료 용기에는 폐기물의 명칭, 대상 폐기물의 양, 채취 장소, 채취 시간 및 일기, 시료 번호, 채취 책임자 이름, 시료의 양, 채취 방법, 기타 참고자료(보관상태 등)를 기재한다.

폐기물의 성상을 파악하기 위해서는 최소 계절별로 1회 이상(연 4회)의 측정이 이루어져야 한다. 시료를 채취하기 전 폐기물을 잘 혼합하여야 하고, 혼합이 불가능할 경우에는 전체 성질을 대표할 수 있도록 서로 다른 곳에서 채취하여야 한다. 대표적인 시료의 분할 채취방법은 다음과 같다.

① 구획법

- 모인 대시료(시료의 양이 많을 경우를 대시료로 한다)를 네모꼴로 엷게 균일한 두께로 편다.
- 이것을 가로 4등분, 세로 5등분하여 20개의 덩어리로 나눈다.
- 20개의 각 부분에서 균등량을 취하여 혼합하여 하나의 시료로 한다.

② 교호삽법

- 분쇄한 대시료를 단단하고 깨끗한 평면 위에 원추형으로 쌓는다.
- 쌓은 원추를 장소를 바꾸어 다시 쌓는다.
- 원추에서 일정량을 취하여 정방형으로 도포하고 계속해서 일정량을 취하여

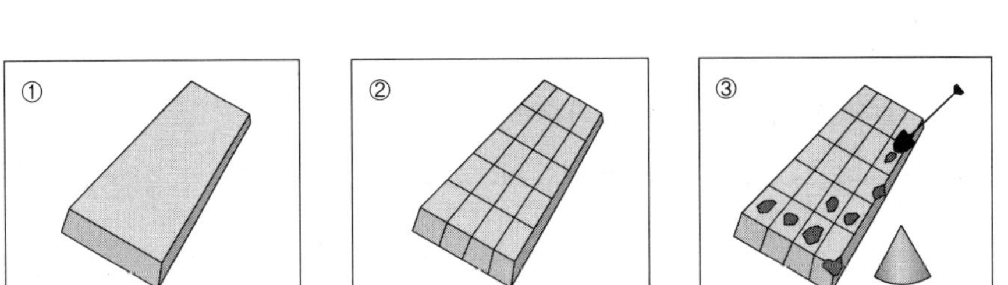

그림 3.6 구획법 개요도

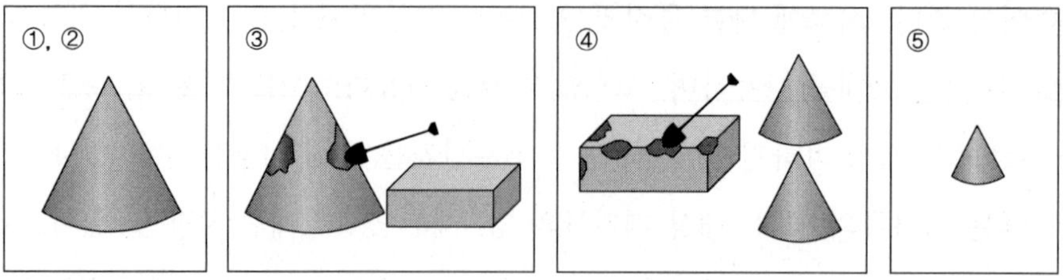

그림 3.7 교호삽법 개요도

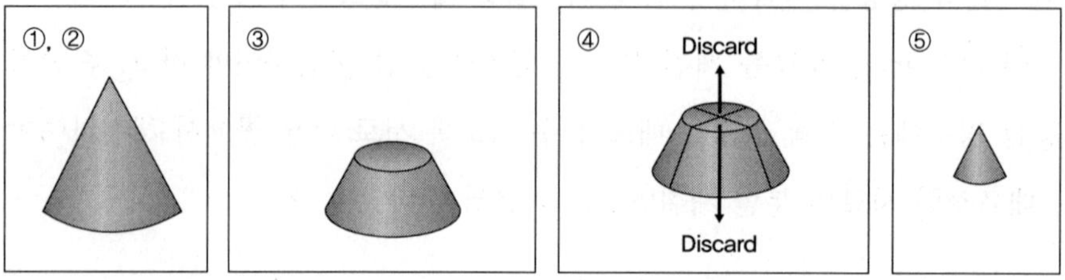

그림 3.8 원추4분법 개요도

그 위에 입체로 쌓는다.
- 육면체의 측면을 교대로 돌면서 균등량을 취하여 두 개의 원추를 쌓는다.
- 하나의 원추는 버리고 나머지 원추를 앞의 조작을 반복하여 적당한 크기까지 줄인다.

③ 원추 4분법

- 분쇄한 대시료를 단단하고 깨끗한 평면 위에 원추형으로 쌓아 올린다.
- 원추를 장소를 바꾸어 다시 쌓는다.
- 원추의 꼭지를 수직으로 눌러서 평평하게 만들고 이것을 부채꼴로 4등분을 한다.
- 마주보는 두 부분을 취하고 반은 버린다.
- 반으로 줄은 시료를 앞의 조작을 반복하여 적당한 크기까지 줄인다.

시료의 양은 1회에 100 g 이상으로 채취한다. 다만, 소각재의 경우에는 1회에 500 g 이상으로 채취한다. 각 분석 시료의 대표성 확보를 위한 현장 시료의 수는

〈표 3.5〉에 따른다. 다만, 폐기물의 생성 또는 처리되는 공정이 적정하게 관리되고 있으며 성상이 일정한 경우에는 〈표 3.5〉에 관계없이 필요한 개수의 현장 시료를 채취할 수 있다. 또한 같은 종류의 폐기물이 계속 배출되는 경우에는 집적되어 있는 폐기물의 양에 관계없이 〈표 3.5〉에 따라 당일 배출분에서 현장 시료를 채취할 수 있다. 폐기물이 적재되어 있는 운반차량에서 현장 시료를 채취할 경우에는 〈표 3.5〉에 관계없이 적재 폐기물의 성상이 균일하다고 판단되는 깊이에서 현장 시료를 채취한다. 5톤 미만의 차량에 폐기물이 적재되어 있는 경우에는 적재 폐기물을 평면상에서 6등분한 후 각 등분마다 현장 시료를 채취한다. 반면, 5톤 이상의 차량에 폐기물이 적재되어 있는 경우에는 적재 폐기물을 평면상에서 9등분한 후 각 등분마다 현장 시료를 채취한다.

분석용 또는 수분 측정용 시료의 양이 많을 경우에는 실험에 들어가기 전에 시료의 조성을 균일화하기 위하여 시료의 분할 채취 방법에 따라 균일화한다. 일반적으로 소각 잔재, 슬러지 또는 입자상 물질은 그대로 작은 돌멩이 등의 이물질을 제거하고, 이외의 폐기물 중 입경이 5 mm 미만인 것은 그대로, 입경이 5 mm 이상인 것을 분쇄하여 체로 거른 후 입경이 0.5~5 mm로 한다.

표 3.5 대상 폐기물의 양과 현장 시료의 최소 수

대상 폐기물의 양(단위: ton)			현장 시료의 최소 수
	~	1 미만	6
1 이상	~	5 미만	10
5 이상	~	30 미만	14
30 이상	~	100 미만	20
100 이상	~	500 미만	30
500 이상	~	1,000 미만	36
1,000 이상	~	5,000 미만	50
5,000 이상	~		60

주 1 대상 폐기물의 대표성을 위해 채취한 표 1의 시료를 전부 모아 1개의 대시료로 하여 앞서 설명한 시료의 분할 채취 방법에 따라 하나의 분석용 시료로 만든다.

3.3 폐자원의 발열량 분석

산소를 압입한 일정 용량의 봄베 내에서 시료를 연소시켜 연소 전, 후 물의 온도 차이로부터 발열량을 구한다.

1) 고위 발열량과 저위 발열량의 차이

고위 발열량(HHV, Higher Heating Value)은 단위질량의 시료가 완전연소될 때 발생하는 물의 증발 잠열을 포함한 열량으로, 단위는 보통 kcal/kg를 사용한다. 반면, 저위 발열량(LHV, Lower Heating Value)은 단위질량의 시료 중에서 존재하는 물 및 연소 중에 생성하는 물의 증발잠열을 고위발열량에서 뺀 열량으로서, 단위는 보통 kcal/kg를 사용한다. 일반적으로 산업계에서 소각로 설계 기준이나, 화격자 면적, 연소실의 용적, 냉각기의 용적 등을 결정할 때에는 저위 발열량을 기준으로 하므로 저위 발열량을 참발열량이라고도 한다.

한국에너지공단에 따르면 천연가스, 석탄화력발전소의 경우에는 컨덴서로 증기를 냉각하는 과정이 있어 열손실을 최대한 회수하기 때문에 고위발열량을 사용하고, 엔진이나 수증기가 외부로 배출되기 때문에 저위발열량을 사용한다. 〈그림 3.9〉와 같이 석탄의 경우 수소함량이 작기 때문에 고위발열량과 저위발열량의

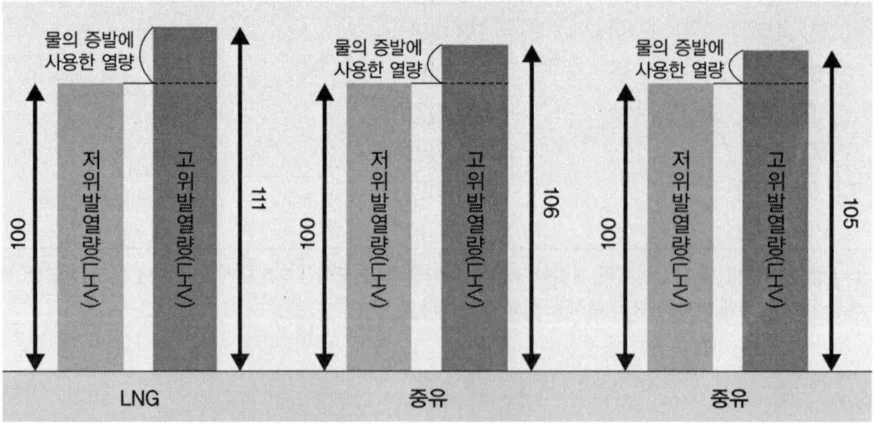

그림 3.9 연료의 종류에 따른 발열량 차이

출처: 한국에너지공단

차이가 작고, 천연가스의 경우 수소함량이 크기 때문에 차이가 큰 편이다. 고위발열량이 저위발열량보다 항상 크므로 저위발열량으로 발전효율을 계산하면 고위발열량으로 발전효율을 계산한 값보다 크며, 석유환산톤(TOE)을 계산할 때는 고위발열량으로, 이산화탄소 배출량을 계산할 때에는 저위 발열량을 사용하므로 이용목적에 맞게 사용하는 것이 중요하다.

2) 발열량 분석 방법

〈그림 3.10〉과 같이 열량계는 연소 봄베, 열량계 내통, 뚜껑, 교반기, 물, 온도 센서, 점화 또는 온도 측정이나 제어 회로에 포함된 열량계 내통으로 이어지는 커넥터로 구성되어 있다. 측정 시 연소 봄베는 항온기 속에 들어간다. 항온기 온도 제어 방식에 따라서 열량계의 작동원리가 달라지며 온도상승보정 산출 방법도 달라진다. 액체를 사용하지 않는 시스템의 경우 열량계 내통, 교반기, 물은 금속 가로막으로 대체된다. 시스템에 따라 연소 봄베 그 자체가 열량계인 경우도 있다.

자동화되어 있는 연소 열량계의 경우 결과 평가에 있어서 기존 방식의 열량계보다 정확도가 떨어지는 경우도 있다. 그러나 교정 조건, 교정 및 연료실험 간 호환성, 봄베크기와 시료의 비율, 산소압, 봄베 액체, 측량 기준 온도, 결과의 반복성 등과 관련된 기본 요건을 준수하는 경우 자동 열량계 역시 본 시험방법 범위에 해당된다. 측정 작업에서 사용한 특정 변수는 분명하게 명시하는 것이 필수적

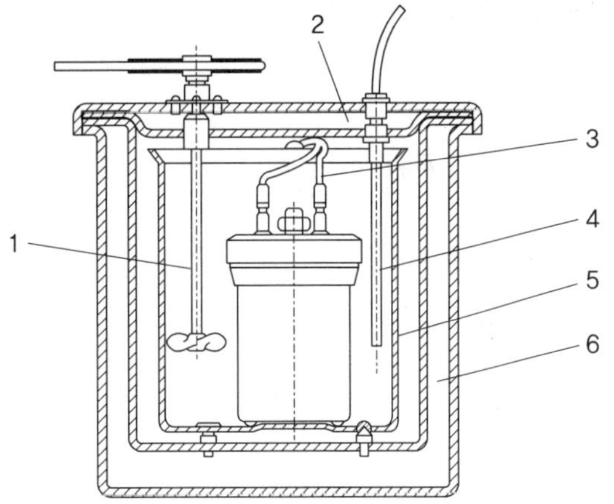

1.교반기, 2.항온기 뚜껑, 3.점화선, 4.온도계, 5.열량계 내통, 6.항온기

그림 3.10 열량계

이다. 실험실 조건(온도 변화, 환기 등)이 측정 정밀도에 영향을 미칠 수 있기 때문에 반드시 제조사 안내에 따라 열량계를 배치하도록 한다. 발열량 측정 절차는 먼저 동일한 조건에서 교정 기준 물질(벤조산)의 연소와 고형연료제품 시료를 연소시키는 두 가지 실험으로 진행한다. 건조된 시료를 사용하도록 한다. 우선, 시료 약 1 g을 연소접시에서 0.1 mg까지 계량한다.

퓨즈를 점화선에 연결하고 연소접시를 지지대에 올린 후 시료와 접촉 시킨다. 정해진 양의 정제수를 봄베에 주입한다. 정제수 양은 교정 및 측정 작업 모두 정확하게 유지하도록 한다. 연소 봄베를 조립하고 내부 공기를 내보내는 작업 없이 3.0±0.2 MPa의 압력으로 산소를 천천히 주입하거나 30초간 봄베에 산소를 주입하면서 씻어 낸 후 천천히 벨브를 닫은 다음 3.0±0.2 MPa의 압력으로 봄베를 채운다. 동일한 절차를 교정 및 측정 작업 시에도 모두 적용한다. 봄베가 3.3 MPa 이상의 압력으로 산소가 주입된 경우 시험을 취소하고 처음부터 다시 진행한다. 열량계 내통에 정해진 양의 정제수를 채운다. 열량계 내통 물의 양은 전체 실험에서 0.5 g 내 범위에서 동일하게 유지하도록 한다. 열량계 내통의 외부 표면은 항온기에 넣기 전 물기 없이 깨끗한 상태로 둔다. 정량의 물이 들어 있는 열량계 내통을 항온기에 설치한 후 연소 봄베를 위치시키고 상단까지 물이 차오르면 가스 누출이 없는지 확인한다. 점화 회로를 연소 봄베에 연결시킨 후 기기 안내서에 따라 가동시킨다.

고위발열량의 결과계산은 다음과 같다.

$$Q_{v,gr}(J/g) = \frac{d-e}{m_0} \qquad \text{(식 3.11)}$$

여기에서 d: 열량계의 지시값(J)

e: 발열 보정(J)

m_0: 시료무게 (g)

포장지를 사용하여 시료를 담은 경우, 미리 1 g당 포장지의 발열량을 구하고 이 시험에서 사용한 포장지 무게를 곱한 값을 발열보정(e)으로 한다.

저위발열량으로 환산은 다음 식에 의해 1 J/g 자리까지 산출하고 20 J/g의 단위로 끝맺음한다. 각각 단위계별 계산식은 아래와 같다.

$$Q_{v,\neq t}(J/g) = Q_{v,gr}(J/g) - 2512 \times \frac{(9h+w)}{100} \qquad \text{(식 3.12)}$$

$$Q_{v,\neq t}(cal/g) = Q_{v,gr}(cal/g) - 600 \times \frac{(9h+w)}{100} \qquad \text{(식 3.13)}$$

여기에서 $Q_{v,net}$: 저위발열량

h: 수소의 함유량(%)

w: 시료 수분의 함유량(%)

단, 환산식에서 사용하는 고위발열량, 수분 및 수소는 동일 조건이어야 한다.

습시료를 사용하여 건조된 상태로 환산이 필요한 경우에 환산은 열량계에서 구한 고위발열량을 사용하고 다음 식에 의한다.

$$Q_{v,gr} = [\text{식}(3.11)] \times \frac{100}{100 - M_s}$$

여기에서 $Q_{v,gr}$: 고위발열량(J/g)

M_s: 시료의 수분 함유량(%)

표 3.6 생활폐기물의 평균 발열량 분석 결과 (단위: kcal/kg)

구분	저위	고위	건조
음식물류	1,321.88	1,802.53	4,409.70
종이류	2,782.42	3,136.11	3,720.56
나무류	3,450.57	3,825.79	4,462.93
고무류	6,895.00	7,366.25	7,820.63
섬유류	2,999.70	3,396.08	4,579.46
플라스틱류	7,472.78	8,044.53	8,845.39
가연성 기타	3,256.50	3,709.97	5,221.36
평균	4,025.55	4,468.75	5,580.00

표 3.7 사업장폐기물의 평균 발열량 분석 결과 (단위: kcal/kg)

구분	저위발열량	고위발열량
배출시설계	3,244	3,717
지정폐기물	5,225	5,867
건설폐기물	3,129	3,375

발열량은 총 3회 시험하여 평균값으로 나타내고, 결과값은 10 kcal/kg의 단위로 끝맺음하여 표시하도록 한다.

2022년 12월에 발간된, 제6차(2021~2022년) 전국폐기물통계조사 결과에 따르면, 생활폐기물 및 사업장폐기물의 발열량 측정 평균 결과는 다음과 같다.

3) 발열량 추정방법

① Dulong의 식

Dulong의 식은 다음과 같다.

$$H_h = 8,100C + 34,250(H - \frac{O}{8}) + 2,250S \quad \text{(kcal/kg)} \qquad \text{(식 3.14)}$$

$$\begin{aligned} H_l &= 8,100C + 34,250(H - \frac{O}{8}) + 2,250S - 600(9H + W) \\ &= H_h - 600(9H + W) \end{aligned} \qquad \text{(식 3.15)}$$

여기서 C, H, O, S, W는 탄소 수소, 산소, 황, 수분의 분율을 의미한다.

H분을 (H−O/8)로 한 것은 O/8분은 이미 H_2O로서 연료 속의 결합 수분으로 되어 연소에 사용되지 않는다고 가정하기 때문이다. 목재나 폐기물과 같은 셀룰로오스의 질의 연료에서는 발열량이 낮게 추정되는 경향이 있다.

② Steuer의 식

$$\begin{aligned} H_l &= 8,100(C - 3\times\frac{O}{8}) + 5,600(3\times\frac{O}{8}) + 34,500(H - \frac{O}{16}) \\ &\quad + 2,500S - 600(9H + W) \quad \text{(kcal/kg)} \end{aligned} \qquad \text{(식 3.16)}$$

O의 절반이 H_2O의 형, 나머지 절반이 CO_2의 형이라고 가정한 경우이다.

③ Scheurer−Kestner의 식

$$H_l = 8,100\left(C - 3 \times \frac{O}{4}\right) + 34,250H + 2,250S + 5,700 \times 3 \times \frac{O}{4} - 600(9H + W) \quad \text{(kcal/kg)} \qquad \text{(식 3.17)}$$

O의 모든 것이 CO_2의 형이라고 가정한 경우이다.

Chapter 4

폐자원의 발생 및 예측

4.1 발생원별 발생 특성

폐기물 발생은 계절, 인구, 지형적 위치, 폐기물 수집 빈도 등 여러 가지 인자에 따라 다양한 특징을 보인다. 그러므로 특정 기간에 특정 장소의 폐기물 발생량을 나타내는 것은 의미가 없으며, 시간이나 지역 특성에 따른 발생량을 파악하는 것이 중요하다. 폐기물 발생은 사회경제적, 인구 통계학적, 기술적, 문화적, 정책 관련 요인에 의해 영향을 받는다.

① 사회경제적 영향

- **생활 수준** 일반적으로 폐기물 발생은 소득 수준이 높을수록 증가하는 경향을 보인다. 소득 수준의 증가는 소비력 상승과 연관되며 이러한 결과로 폐기물 발생에 영향을 준다.
- **소비 형태** 소비의 형태는 폐기물의 발생량에 직접적인 영향을 주는 요소이다. 소비 중심 경제에서는 소비 비중이 크므로 폐기물 발생이 증가하는 경향을 보인다.
- **경제 구조** 지역 혹은 국가의 산업구조에 따라 폐기물 발생 특성이 다르다. 예를 들어 서비스산업 중심, 혹은 중공업 중심 경제냐에 따라 폐기물 발생량과 종류가 달라진다.

② 인구학적 특성에 따른 영향

- **인구성장** 인구 증가는 소비의 증가로 이어져 폐기물 발생량에 직접적인 영향을 준다.
- **도시화** 도시지역의 폐기물 발생량은 지방에 비하여 높은 경향을 보인다. 도시화로 인해 인구밀도가 증가하고, 활발한 상업활동이 이루어지며, 생활 방식도 지방과 차이가 있기 때문이다.
- **가구의 크기** 소가구의 원단위 폐기물 발생은 대가구보다 큰 경향을 보인다. 이러한 특징은 소가구에서 자원의 이용 효율성이 낮아지는 특징에 기

한다. 최근 국내에서도 가구의 크기 감소와 가구 수의 증가 경향을 보인다. 이러한 가구의 특성 변화는 폐기물 발생량에 영향을 줄 수 있다.

③ 기술적 요인

- **제품의 설계** 제품의 생산단계에서 내구성 떨어지는 설계 및 노후화가 빠른 제품일수록 폐기물로 빠르게 배출된다.
- **포장재 특성** 제품의 일회성 포장 용기나 과포장 등은 폐기물 발생량에 직접적인 영향을 주는 중요한 요인이다.

④ 문화적 및 행동적 요인

- **생활습성** 폐기물의 배출량은 생활습성에 영향을 받는다. 일회용품 사용이 관대한 소비-폐기 중심 생활습성에서는 폐기물 발생량이 많다. 대조적으로 다회용이 생활화되거나 절약이 강조되는 문화에서는 폐기물 발생량이 상대적으로 적다.
- **식문화** 식생활 습성도 폐기물의 발생에 영향을 주는 주요한 요인이다. 포장 · 배달 음식이 활성화된 식문화에서는 폐기물 발생량이 증가한다. 이와 대조적으로 포장되지 않은 식재료 사용 문화나 가공 음식 소비가 낮은 문화에서는 폐기물 발생량이 상대적으로 낮다.
- **인식과 교육** 시민사회에 폐기물 감량에 대한 인식이 높을수록 폐기물 발생량이 감소하고 재활용 비율이 증가하는 특성을 보인다.

⑤ 정책과 규제 요인

- **폐기물 관리 정책** 국가나 지자체의 효율적인 폐기물 감량 정책에 따라 폐기물 발생량이 감소할 수 있다.
- **폐기물 부과금 제도** 폐기물 배출자에 대한 부과금 제도는 폐기물 배출 회피를 유도하여 발생량에 영향을 준다.
- **포장에 대한 규제** 일회용품의 규제, 포장 크기에 대한 규제는 포장 폐기물 발생을 억제한다.

- **대민 홍보 및 교육** 적극적인 정부 주도의 폐기물 감량 캠페인, 홍보, 교육은 폐기물 배출에 대한 인식 및 행위 개선으로 이어져 폐기물 발생에 영향을 준다.

⑥ 기타 요인

- **관광산업** 관광은 폐기물 발생량을 증가시키는 경향이 있다. 특히, 휴가철과 같이 일시적으로 많은 인구가 특정 지역에 유입되면 그 지역의 폐기물 발생량이 증가하는 특징을 보인다.
- **대규모 행사** 대규모 행사나 페스티벌과 같은 참여자 수가 많은 행사는 일시적인 폐기물의 증가를 유발한다.
- **자연재해** 태풍, 홍수, 지진과 같은 자연재해는 많은 양의 폐기물 발생을 유발한다.
- **전염병 발생** 전염병 발생 등 시민의 생활환경에 큰 영향을 미치며 폐기물의 발생 특성도 달라진다. 그 예로 코로나19 발병은 비대면 문화의 확산으로 이어졌고 국내 폐기물의 발생량과 성상에 큰 영향을 미쳤다.
- **계절적 요인** 계절별로 소비 물품이 달라지고, 식재료도 영향을 받기 때문에 생활폐기물의 경우 계절별로 발생하는 폐기물의 성상과 발생량이 차이가 있다.

4.2 폐기물 발생량 조사 방법

폐기물 발생량을 조사하는 것은 관리체계의 설계 및 조작에서 매우 중요한 일이다. 생활폐기물의 발생량은 인구밀도 및 지역의 특성에 따라 많은 차이를 보이기 때문에, 총발생량보다는 주로 원단위발생량(kg/인 · 일)으로 표기한다. 사업장폐기물은 폐기물의 발생량이 원료와 제품 생산공정에 따라 차이가 크게 발생한다. 업종별 및 제품별 원단위 발생량을 비교할 필요가 있는데, 이를 위해 톤/매출액, 톤/종업원수, 톤/사업장면적 등의 방법으로 산출할 수 있다. 폐기물 발생량을 조사하는 방법은 다음과 같다.

① **적재차량 계수분석법**(load-count analysis)

일정 기간 특정 지역의 폐기물 수거 · 운반 차량의 수를 조사하여, 조사된 차량의 수와 측정된 폐기물 겉보기 비중을 보정하여 질량으로 환산하는 방법이다. 조사 장소는 중간 적하장이나 중계처리장이 적합하고, 폐기물의 밀도나 압축 정도를 정확히 측정하는 것이 중요하다.

② **직접계근법**(direct weighing method or output analysis)

일정 기간 특정 지역의 폐기물 수거 · 운반 차량을 중간 적하장이나 중계처리장에서 직접 계량하는 방법이다. 입구에서 폐기물이 적재된 차량과 출구에서 폐기물을 적하한 차량을 각각 계근하여 폐기물량을 산출한다.

비교적 정확한 폐기물 발생량을 파악할 수 있다는 장점이 있지만, 적재 차량 계수분석법에 비하여 작업량이 많아질 수 있다.

③ **물질수지법**(material balance method)

폐기물의 관리체계의 시스템 경계를 설정하고 이 시스템으로 유입되는 모든 폐기물의 양과 유출되는 폐기물에 대하여 물질수지를 세워 폐기물 발생량을 추정한다. 이 방법은 조사하고자 하는 시스템의 경계를 정확하게 설정해야 하며 상세한 데이터가 있는 경우에만 가능하다. 주로 산업폐기물 발생량을 추산할 때 이용된다.

④ **원자재의 사용량으로 추정하는 방법**(input analysis)

특정 지역 내 원자재의 수요에 대한 충분한 자료를 토대로 추정하는 방법으로, 주로 국가와 같은 대규모 지역에서 많이 이용된다.

$$W\left[\frac{\text{톤}}{\text{년}}\right] = \text{원단위발생량}\left[\frac{\text{톤}_{\text{폐기물}}}{\text{톤}_{\text{원료}}}\right] \times \text{연간 원료사용량}\left[\frac{\text{톤}_{\text{원료}}}{\text{년}}\right] \qquad (\text{식 } 4.1)$$

⑤ **주민의 수입이나 매상고 등에 의한 방법**(secondary data)

대상 지역의 인구밀도, 가구당 세대수, 세대당 인구수, 세대당 수입 정도나 매상고 등과 같은 자료와 폐기물과의 상관관계를 통계적으로 결정하여 그 생산량을 간접적으로 추정하는 방법이다.

$$W\left[\frac{\text{톤}}{\text{년}}\right]=\text{1인1일당 폐기물 발생량}\left[\frac{kg_{\text{폐기물}}}{\text{인}\cdot\text{일}}\right]\times$$
$$\text{인구수}[\text{인}]\times\left[\frac{365\text{일}}{\text{년}}\right]\left[\frac{\text{톤}}{1000kg}\right] \qquad \text{(식 4.2)}$$

⑥ **기타 통계조사**

- **표본조사** 조사 기간이 짧고 경비가 적게 소요되나, 조사상의 오차가 큰 것이 단점이다.
- **전수조사** 오차가 적어 행적시책의 이용도가 높고 표본치의 보정이 가능하나, 조사 기간이 길고 경비가 많이 소요되는 것이 단점이다.

4.3 국내 폐기물의 발생 특성

1) 생활계폐기물의 발생 특성

생활계폐기물은 가정에서 발생하는 폐기물로서 상기에 서술한 요인에 의해서 폐기물 발생량에 영향을 받는다. 또한 그 외에도 발생량은 수거 빈도, 수거 방식에 영향을 받는다. 국내 폐기물의 발생량은 매년 전년도 통계를 자원순환정보시스템을 통해 공개하고 있다. 국내 생활계폐기물은 가정에서 배출되는 생활폐기물과 사업장에서 배출되는 생활계폐기물인 비배출시설계 폐기물의 합으로 통계를 작성하고 있다. 국내 생활계폐기물 발생량의 예를 〈그림 4.1〉에 나타내었다. 2012년에 비하여 2021년 생활계폐기물 발생량은 27% 증가하였으며 매년 소폭 증가하는 추세이다. 생활계폐기물 중에서 사업장비배출계 폐기물의 증가 폭은 생활폐기물의 증가 추세보다 빠른 속도로 증가하고 있으며 2016년과 비교하여 2021년에 발생량은 96% 증가한 것으로 나타나 생활계폐기물 증가의 중요한 요인으로 나타나고 있다. 생활계폐기물 중 사업장비배출계 폐기물은 2016년에 15%를 차지하였으나 2021년에는 26%로 증가하였다.

생활계폐기물의 원단위 발생량은 〈그림 4.2〉에 나타낸 것처럼 연도별 증가 추세를 보인다. 원단위 생활폐기물 발생량은 0.95~1.18 kg/인/일로 소폭 증가 추세를 보인다. 이러한 경향은 인구, 주거 형태(공동주택, 단독주택 등), 가구 크기(대가족, 1인 가구 등), 경제 수준, 소비 형태, 도시화 정도의 변화 등에 의해 영향을 받는다. 생활폐기물 원단위 발생량은 전국 평균은 1.18 kg/인/일(2021년)이며 지역의 특성에 따라 지역별로 차가 있다. 예로 방문자수가 거주인구에 비해 비중이 큰 제주특별자치도의 원단위 발생량은 1.87 kg/인/일(2021년)로 전국 평균에 비하여 높고, 부산광역시(0.87 kg/인/일)에 비교하면 2배 이상 차이가 난다(그림 4.3).

〈표 4.1〉과 〈표 4.2〉에 나타낸 것처럼 국내에서는 종량제 방식 등 혼합 배출, 재활용가능자원 분리배출, 음식물류폐기물 분리배출로 구분하여 자료를 제공하고 있다. 혼합 배출은 전체 생활계폐기물 발생의 48.6%를 차지하며, 재활용가능자원 및 음식물류 폐기물이 각각 24.6%와 26.7%를 차지한다(2021년 현재). 2016~2021년도의 사업장비배출계폐기물 성상의 변화를 보면 혼합 배출은 감소했지만, 재활용자원 분리배출은 증가했다(표 4.2).

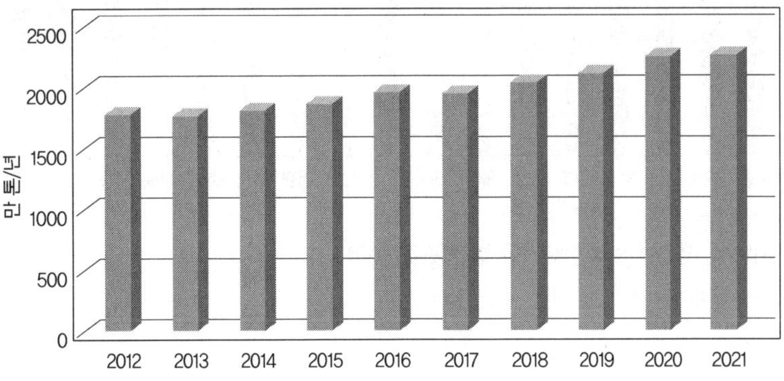

그림 4.1 연도별 생활계폐기물의 발생량 변화

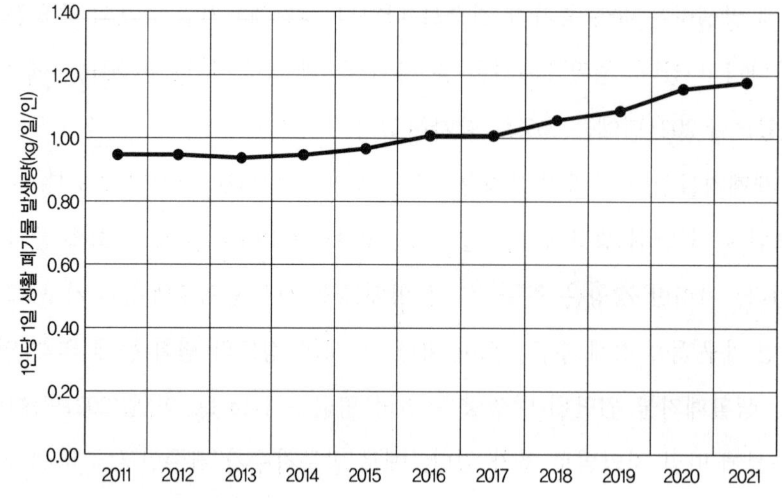

그림 4.2 연도별 1인당 1일 생활폐기물의 발생량 변화

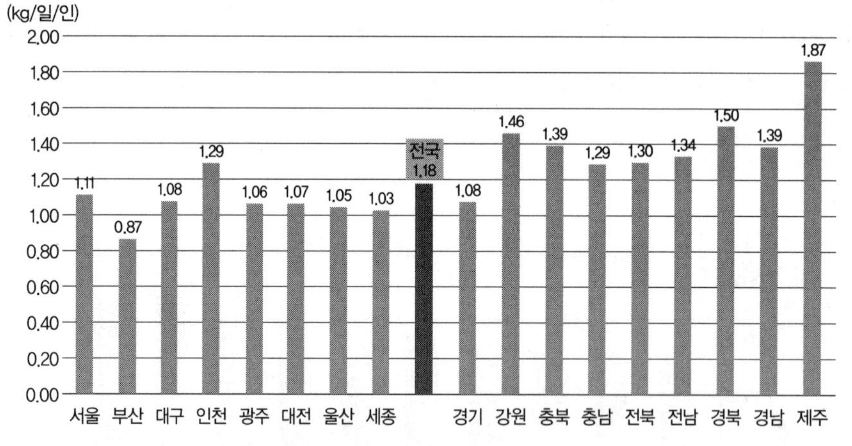

그림 4.3 지역별 1인당 1일 생활폐기물 발생량(2021년)

출처: 2021년 전국 폐기물 발생 및 처리 현황, 환경부

표 4.1 생활폐기물의 연도별 성상 변화 (단위: 만톤/년)

구분		'16	'17	'18	'19	'20	'21
총계		1,659	1,643	1,706	1,676	1,730	1,675
종량제방식 등 혼합배출	소계	712	718	743	765	804	815
	폐지류	196	182	182	178	183	187
	폐합성수지류	119	129	137	161	171	175
	폐유리류	16	18	23	22	23	24
	폐금속류	14	14	16	16	16	18
	기타	367	374	385	388	412	411
재활용 가능자원 분리배출	소계	453	436	476	431	459	413
	폐지류	155	142	142	127	139	126
	폐합성수지류	81	88	97	95	116	116
	기타	217	206	237	208	204	171
음식물류 폐기물 분리배출	소계	494	489	488	480	467	448

출처: 2021년 전국 폐기물 발생 및 처리 현황, 환경부

표 4.2 사업장비배출시설계폐기물의 연도별 성상 변화 (단위: 만톤/년)

구분		'16	'17	'18	'19	'20	'21
총계		303	310	339	440	524	594
혼합배출	소계	199	182	190	312	48	67
	폐지류	10	8	7	4	3	19
	폐합성수지류	38	38	41	110	19	14
	폐유리류	5	4	4	1	0.3	2
	폐금속류	1	1	2	1	0.2	1
	기타	145	131	136	195	25	31
재활용 가능자원 분리배출	소계	73	91	108	85	427	487
	폐지류	13	10	14	2	1	4
	폐합성수지류	27	42	48	36	136	163
	기타	33	40	46	48	291	319
음식물류 폐기물 분리배출	소계	31	36	41	43	49	40

출처: 2021년 전국 폐기물 발생 및 처리 현황, 환경부

2) 사업장폐기물의 발생 특성

'사업장폐기물'은 공업배치 및 공장설립에 관한 법률 제2조 제1호의 규정에 따른 공장으로서 대기환경보전법 · 수질환경보전법 또는 소음·진동규제법의 규정에 따라 배출시설을 설치·운영하는 사업장, 그 외에 지정폐기물을 배출하는 사업장, 폐기물을 1일 평균 300 kg 이상 배출하는 사업장, 일련의 공사·작업 등으로 인하여 폐기물을 5톤 이상 배출하는 사업장에서 발생하는 폐기물을 말한다. 사업장폐기물은 배출시설계사업장 폐기물, 건설폐기물, 의료폐기물을 포함한 지정폐기물로 구분하고 있다. 지정폐기물이란 사업장폐기물 중 폐유·폐산 등 주변환경을 오염시킬 수 있는 유해한 물질로서 대통령령이 정하는 폐기물을 말한다.

산업 활동(원료의 추출, 제조 생산공정, 폐자원 재활용 및 처리)에서 발생하는 폐기물은 산업폐기물로 명명될 수 있으며 발생 특성에 영향을 줄 수 있는 요인은 아래와 같다.

① **산업의 형태** 제품의 종류와 생산공정에 따라 폐기물의 발생량과 성상은 다양하다. 서비스업에 비하여 중공업 분야의 제조업이나 광업은 폐기물이 대량으로 발생하는 특징이 있다.

② **생산공정** 제품의 생산방법과 생산 기술은 폐기물 발생에 큰 영향을 미친다. 비효율적인 생산공정, 낙후된 공정, 폐기물 감량화도가 낮은 공정에서는 많은 양의 폐기물이 발생한다.

③ **투입 원료** 원료의 특성 또한 폐기물 발생에 중요한 요인이다. 원료의 사용과정에서 많은 양의 부산물이 생성되면 다량의 폐기물이 발생한다.

④ **생산 규모** 생산의 규모는 폐기물 발생량의 직접적인 요인으로 생산 규모가 클수록 폐기물 발생이 증가하는 특징을 보인다.

⑤ **제품의 다양성** 광범위한 종류의 제품을 생산하는 산업일수록 폐기물 발생량이 증가하는 특징을 보인다. 생산 제품의 변경에 따른 공정의 변화 및 세척 등에 따른 결과이다.

⑥ **효율과 관리** 효율적인 생산관리를 수행함으로써 인벤토리 제어, 효율적인 제조, 폐기물 감량화 전략 등은 폐기물 발생량에 큰 영향을 준다.

⑦ **기술과 혁신** 청정기술의 사용과 관행의 혁신을 통해 폐기물 발생을 줄이

고 폐기물관리를 개선할 수 있다.

⑧ **관련 법 규정과 규정 준수** 엄격한 환경규제는 산업계가 청정기술을 채택하게 하고 폐기물 발생을 줄여 처벌(과금)을 피하도록 동기부여를 한다.

⑨ **폐기물관리 기반** 폐기물의 처리 및 재활용 기반 시설의 가용성이 높을수록 산업체에서 발생하는 폐기물이 감소한다.

⑩ **종사자 훈련** 종사자에 대한 적절한 폐기물관리 및 저감 교육을 통해 생산 현장의 폐기물 발생량을 줄일 수 있다.

⑪ **효율적 원자재 관리** 효율적 원자재 관리를 함으로써 원자재 낭비를 줄여 폐기물 발생을 줄일 수 있다.

⑫ **소비자 요구** 지속 가능하고 친환경적인 제품에 대한 소비자의 선호도가 높을수록 산업체에 친환경 공정을 채택하도록 동기를 부여한다.

⑬ **경제적 상황** 경제 상황은 폐기물 발생량에 영향을 미친다. 예를 들어 경기 침체기에는 산업 활동이 부진으로 폐기물 발생이 줄어들 수 있다.

⑭ **정부의 인센티브** 폐기물 감량에 대한 정부의 인센티브는 산업계가 청정기술을 채택하도록 장려할 수 있다.

3) 국내 사업장폐기물 발생량

국내 사업장 배출시설계 폐기물 발생량은 지속적으로 증가 추세에 있으며 2011년에 5,035만 톤/년에서 2021년 8,490만 톤/년으로 증가하였다(그림 4.4). 배출시설계 폐기물의 성상은 크게 가연성과 불연성으로 구분하며, 불연성 비율이 전체의 75% 정도로 대부분을 차지하고 있다. 가연성 폐기물 발생량 중에서는 유기성오니류와 폐합성고분자의 비율이 높은 편이며, 불연성 성분의 발생량에서는 광재 및 연소재가 높은 비율을 차지한다(표 4.3).

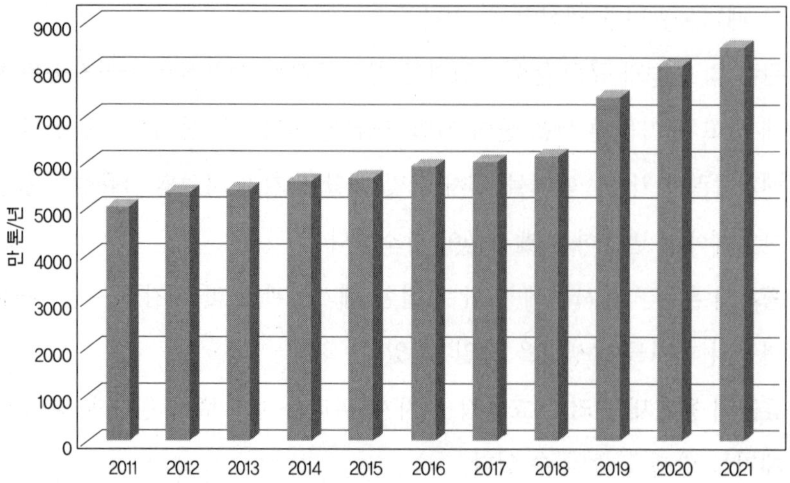

그림 4.4 연도별 사업장 배출시설계 폐기물의 발생량

출처: 2021년 전국 폐기물 발생 및 처리 현황, 환경부

표 4.3 사업장배출시설계폐기물의 연도별 성상변화 (단위: 만톤/년)

구 분		'16	'17	'18	'19	'20	'21
총계		5,918	6,018	6,122	7,396	8,087	8,490
가연성	소계	1,420	1,465	1,484	1,725	2,031	2,189
	폐지, 폐목재류	92	105	122	133	159	184
	폐합성 고분자화합물*	438	476	497	587	601	696
	유기성오니류	618	618	563	571	686	712
	기타**	273	266	302	433	584	597
불연성	소계	4,497	4,553	4,638	5,671	6,056	6,301
	광재류	1,669	1,626	1,683	2,230	3,039	3,030
	연소재류***	1,362	1,433	1,438	1,517	1,380	1,482
	폐금속류	88	94	76	96	116	158
	무기성오니류	648	699	691	909	858	840
	기타****	731	701	750	919	663	791

* 폐합성고분자화합물: 폐섬유류, 폐합성수지류, 폐합성고무류의 합

** 가연성 기타: 폐전기전자제품류, 동식물성 잔재물, 폐식용유, 그 외 가연성 기타류를 포함

*** 연소재류: 연소잔재물, 소각재, 분진류의 합

**** 불연성 기타: 폐주물사 및 폐사, 폐석재 · 폐콘크리트류, 폐석고 및 폐석회, 폐촉매, 폐흡착제 및 폐흡수제, 유리 · 도자기편류, 그 외 불연성 기타류를 포함

출처: 2021년 전국 폐기물 발생 및 처리 현황, 환경부

4) 건설폐기물 발생량

건설폐기물의 연도별 발생량 추세는 지속해서 증가하고 있으며 2011년에 6,804만 톤/년에서 2021년 8,381만 톤/년으로 증가하였다(그림 4.5). 건설폐기물의 성상은 가연성과 불연성으로 구분하였을 때 불연성 비율이 전체의 87~90% 정도를 차지하고 있다. 가연성 폐기물에서는 폐목재와 폐합성수지 비율이 높고, 불연성 중에는 폐콘크리트와 폐아스팔트콘크리트가 주를 이루고 있다.

표 4.4 건설폐기물의 연도별 성상변화 (단위: 만톤/년)

<table>
<tr><th colspan="3">구분</th><th>'16</th><th>'17</th><th>'18</th><th>'19</th><th>'20</th><th>'21</th></tr>
<tr><td colspan="3">총계*</td><td>7,280</td><td>7,164</td><td>7,554</td><td>8,070</td><td>8,644</td><td>8,381</td></tr>
<tr><td rowspan="4">가연성</td><td colspan="2">소계</td><td>82</td><td>95</td><td>97</td><td>91</td><td>102</td><td>89</td></tr>
<tr><td colspan="2">폐목재</td><td>29</td><td>29</td><td>29</td><td>31</td><td>42</td><td>35</td></tr>
<tr><td colspan="2">폐합성수지</td><td>52</td><td>66</td><td>67</td><td>59</td><td>59</td><td>53</td></tr>
<tr><td colspan="2">기타</td><td>0.4</td><td>0.4</td><td>1</td><td>1</td><td>1</td><td>1</td></tr>
<tr><td rowspan="7">불연성</td><td colspan="2">소계</td><td>6,387</td><td>6,259</td><td>6,598</td><td>7,080</td><td>7,681</td><td>7,548</td></tr>
<tr><td rowspan="4">건설폐재류</td><td>폐콘크리트</td><td>4,675</td><td>4,499</td><td>4,783</td><td>5,030</td><td>5,394</td><td>5,449</td></tr>
<tr><td>폐아스팔트 콘크리드</td><td>1,285</td><td>1,309</td><td>1,378</td><td>1,502</td><td>1,584</td><td>1,378</td></tr>
<tr><td>건설폐토석</td><td>236</td><td>273</td><td>259</td><td>306</td><td>409</td><td>470</td></tr>
<tr><td>기타</td><td>117</td><td>111</td><td>130</td><td>199</td><td>209</td><td>149</td></tr>
<tr><td colspan="2">건설오니</td><td>70</td><td>67</td><td>46</td><td>41</td><td>84</td><td>100</td></tr>
<tr><td colspan="2">기타</td><td>3</td><td>2</td><td>2</td><td>1</td><td>1</td><td>2</td></tr>
<tr><td colspan="3">혼합건설폐기물</td><td>808</td><td>806</td><td>858</td><td>897</td><td>860</td><td>743</td></tr>
<tr><td colspan="3">기타</td><td>3</td><td>3</td><td>1</td><td>2</td><td>2</td><td>2</td></tr>
</table>

* 가연성 건설폐기물 기타: 폐섬유, 폐벽지
불연성 건설폐기물 기타: 폐금속류, 폐유리, 폐타일 및 폐도자기
건설폐재류 기타: 폐벽돌, 폐블럭, 폐기와

출처: 2021년 전국 폐기물 발생 및 처리 현황, 환경부

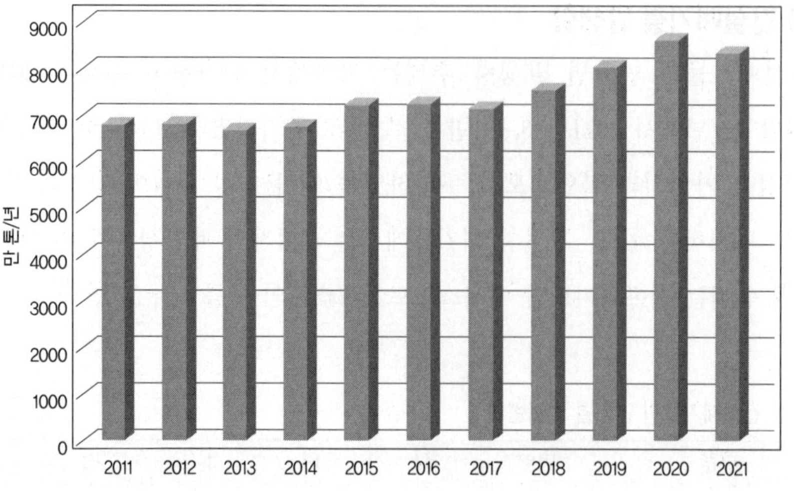

그림 4.5 연도별 건설폐기물 발생량 변화

5) 지정폐기물

국내 폐기물관리법의 폐기물의 분류에서 의료폐기물이 지정폐기물에 포함되어 있다. 지정폐기물의 연도별 발생량은 2011년에 366만 톤/년에서 2021년 598만 톤/년으로 증가 추이를 보인다(그림 4.6). 지정폐기물의 성상은 폐유기용제, 폐산, 기타 순으로 비중이 크며, 의료폐기물은 전체 지정폐기물의 3.8~4.6% 가량을 차지하고

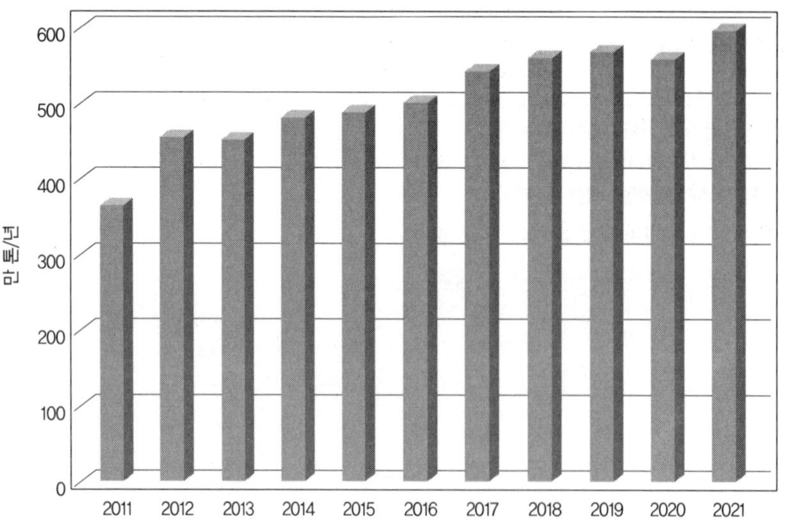

그림 4.6 연도별 지정폐기물 발생량 변화

있다(표 4.5). 국내 의료폐기물 발생량은 전체 사업장폐기물의 0.1%에 불과하지만 2011년 13만 톤/년에서 2021년 22만 톤/년으로 증가 추세를 보인다(그림 4.7).

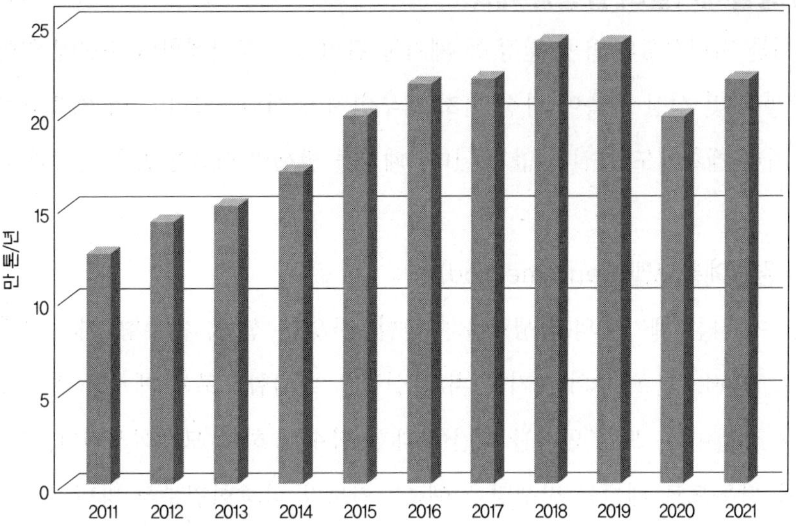

그림 4.7 연도별 의료폐기물 발생량 변화

표 4.5 연도별 지정폐기물의 성상변화 (단위: 만톤/년)

구분		'16	'17	'18	'19	'20	'21
총계		503	544	562	568	561	598
사업장지정 폐기물	소계	481	522	538	544	541	576
	폐산	79	87	100	105	103	118
	폐 알 칼 리	7	12	9	11	11	14
	폐유	103	107	113	117	119	127
	폐 유 기 용 제	106	113	118	121	121	134
	폐합성 고분자화합물	2	2	2	2	2	2
	분진	62	67	58	54	52	54
	오니류	44	50	47	42	39	36
	기타*	79	85	90	92	95	91
의료 폐기물		22	22	24	24	20	22

* 기타는 광재, 소각재, 수은폐기물, 안정화 또는 고형화 처리물, 천연방사성제품폐기물, 폐내화물 및 도자기조각, 폐농약, 폐석면, 폐유독물, 폐주물사 및 폐사, 폐촉매, 폐페인트 및 폐락카, 폐흡착제 및 폐흡수제, 할로겐족유기용제, PCB 함유 폐기물을 포함

출처: 2021년 전국 폐기물 발생 및 처리 현황, 환경부

4.4 폐기물 발생량의 예측방법

1) 생활폐기물의 발생량 예측

폐기물 처리시설의 용량 결정 등 폐기물 관리 중 · 장기계획의 수립에 있어 폐기물 발생량 및 성상 예측이 가장 먼저 이루어져야 한다. 그리고 이 예측량이 정확해야 처리 계획에도 차질이 없게 된다. 폐기물 발생량 예측방법은 다음과 같다.

(1) 경향예측모델(trend method)

시간에 따른 폐기물의 발생량을 예측할 수 있는 선형, 지수형, 대수형태의 수식으로, 최저 5년 이상의 폐기물 처리 실적을 대입함으로써 폐기물 발생량을 예측하는 장법이다. 모든 인자를 시간에 대한 함수로 하여 모델화시킨다. 경향예측모델을 단독으로 폐기물 발생량을 예측하기보다 다중회귀분석 방법과 비교자료로 주로 사용된다.

$$X = f(t) \qquad \text{(식 4.3)}$$

(2) 다중회귀 모델(multiple regression model)

폐기물의 발생량이나 성상은 지역 특성이 반영되기 때문에, 다양한 특성에 대해 각각의 인자마다 효과를 파악하기보다는 전체 인자의 효과를 총괄적으로 파악하는 것이 간편하다. 복잡한 시스템 분석에 유용하게 이용된다. 다중회귀 모델에서는 폐기물발생량을 추정하기 위하여 미래의 인구성장, 경제성장, 도시화, 생활방식의 변화 등 다양한 요인을 고려할 수 있다. 다중회귀 모델은 (식 4.4)를 사용하여 폐기물 발생량을 예측할 수 있다.

$$Y = \beta_0 + \beta_1 X_1 + \beta_2 X_2 + \dots + \beta_p X_p + \epsilon \qquad \text{(식 4.4)}$$

Y: 폐기물 발생량(률)

Xn: n번째 종속변수

β_0: 상수

β_n: n번째 종속변수의 회귀계수

ε: 오차항

(3) 동적모사(dynamic simulation) 모델

동적모사 모델은 시간에 따른 폐기물의 발생량과 자연적 특성, 사회적 특성, 경제적 특성 등 모든 인자를 시간에 따른 함수로 나타낸 후, 표시된 각 영향인자들 간의 상관관계를 수식화하는 방법이다. 이 방법은 경향예측 모델과 다중회귀 모델의 단점을 보완하여 만든 모델이다.

2) 사업장폐기물의 발생량 산정 및 예측

(1) 산업 배출공정도를 이용한 측정

사업장폐기물의 조사는 사업장 주요 공정을 보여주는 공정도를 이용한 물질수지법으로 산출할 수 있다. 〈그림 4.8〉은 플라스틱 제품의 성형 및 도금 공정의

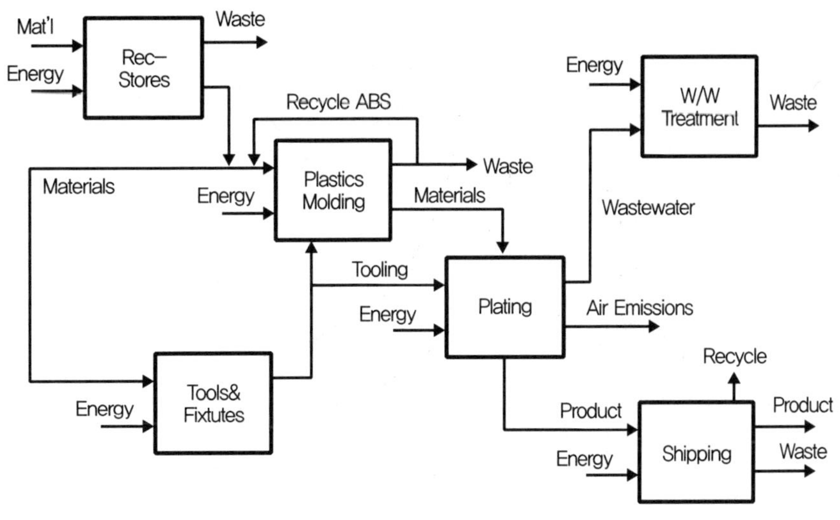

그림 4.8 플라스틱 성형 및 도금 공정 공정도의 예

공정도를 보여준다. 각 공정의 투입물(원료, 물 및 에너지)과 산출물(생산품, 폐수 및 폐기물)을 항목별로 산출하여 합산하여 원료의 총투입량과 폐기물의 총배출량을 계산할 수 있다. 세부 항목에는 투입 원료, 폐수 발생량, 대기오염 물질 발생량, 폐기물 발생량 및 재활용량, 제품 생산량 등을 기록한다. 모든 단위공정에서 발생하는 폐기물량의 합(재활용량은 제외)은 예시된 사업장에서 발생하는 폐기물의 총량이 된다.

(2) 사업장폐기물 발생량 예측

전술한 바와 같이 사업장폐기물의 발생특성은 다양한 요인의 영향을 받기 때문에 산업체에서 발생하는 폐기물량을 예측하기는 매우 어렵다. 사업장폐기물 배출량 예측을 위해 단순한 조건을 가정하고 폐기물량을 추정하는 방법을 사용할 수 있다. W. 레온티에프(Wassily Leontief)의 투입산출분석(Input-Output Analysis)에 기초하여 간단한 가정을 통해 추정할 수 있다. 사업장 폐기물량(W)의 예측을 위해 아래의 두 가정을 설정한다.

① 어떤 산업체에 적용된 기술은 단일 기술이며 향후 기술혁신 등의 변화가 없는 것으로 가정(생산계수 일정의 가정)

② 각 산업의 사업장폐기물량(W)은 생산액(O)에 비례(규모에 관한 생산량 가정)

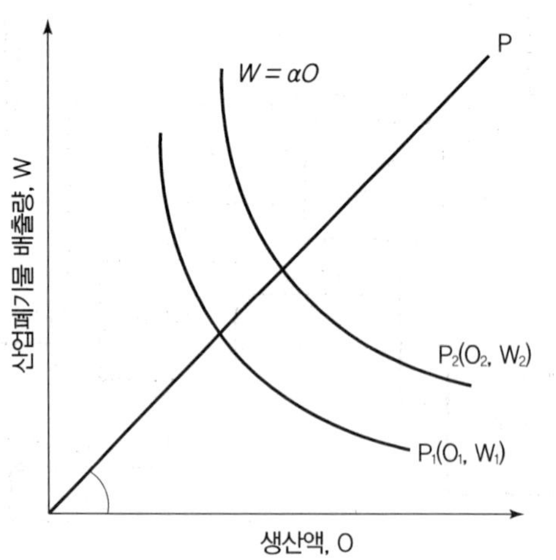

그림 4.9 사업장폐기물 배출량과 생산액

위 두 가정하에 사업장폐기물량(W)은 생산액은 〈그림 4.9〉와 같이 나타낼 수 있다. 〈그림 4.9〉에서 원점을 통과하는 직선 0P는 어떤 산업의 사업장폐기물 배출량이다.

첫 번째 가정에서 나타냈듯 생산계수일정의 가정에 의해 직선 0P의 기울기(θ)는 일정하다. 여기에서 tanθ는 직선 0P의 방향계수가 되며 첫 번째 가정에 의해 값은 일정하다.

$$\frac{W_1}{O_1} = \frac{W_2}{O_2} = \dots = \theta = \tan\theta \quad \text{(식 4.5)}$$

사업장폐기물(W)이 생산액(O)에 비례하여 배출된다는 가정 ②는 특정폐기물 배출량함수 W−f(O)가 원점을 통과하는 직석 0P라는 것, 즉 W=αO를 의미한다. 여기에서 α는 어떤 산업의 원단위가 된다. 사업장폐기물 통계조사는 전체 조사가 어려우므로 무작위추출표본조사에 의해 추정한다. 추정은 앞의 두 개의 가정에 의한 산업폐기물 원단위 α와 제품출하액(O)을 이용하여 추정 공식에 의해 계산된다.

$$W = \alpha C \quad \text{(식 4.5)}$$

(3) 건설폐기물의 발생량 추정

건설폐기물 발생량의 추정은 공사 환경에 따라 다양하다. 건설공사 현장에 지장건축물이 있는 경우 지장건축물 해체 공사에 의해 건설폐기물이 발생하며, 신축공사 시에도 건설폐기물이 발생한다. 또한 공사지의 수목의 훼손 등에 의해 임목폐기물이 발생할 수 있다.

① 신축공사에 의한 폐기물 발생량 산정

신축공사에 따른 건설폐기물 발생량은 발생원단위를 적용하여 추정할 수 있다. 건축물의 신축공사 시 원단위 발생량은 건설공사 표준품셈(국토교통부한국건설기술연구원)에서 제공하는 자료를 사용할 수 있다. 건축물 시축 공사 시 발생되는 건설폐기물 발생원단위 예는 〈표 4.6〉과 같다. 발생원단위에 시설물 구분별

사업면적을 곱하면 건축물별의 신규 건축에 따른 건설폐기물 발생량을 추정할 수 있으며, 모든 건축물의 폐기물 발생량을 합하면 신축공사에 따른 총폐기물 발생량이 산정된다.

표 4.6 건축물 신축 공사 시 발생하는 건설폐기물 발생원단위 (단위: 톤/m^2)

구분		폐 콘크리트류	폐 금속류	폐 보드류	폐 목재류	폐합성 수지류	혼합 폐기물	**총 계**
주거용	단독주택	0.03200	–	0.00051	0.00300	0.00174	0.00653	0.04378
	아파트	0.03561	–	0.00066	0.00416	0.00233	0.00874	0.05150
비 주거용	철근 콘크리트조	0.04888	–	0.00117	0.00141	0.00445	0.00664	0.06255
	철골조	0.02920	–	0.00117	0.00071	0.00167	0.00353	0.36280
	철골철근 콘크리트조	0.04087	–	0.00117	0.00128	0.00167	0.00418	0.04917

출처: 건설공사 표준품셈, 2023, 국토교통부 · 한국건설기술연구원

② 지장건축물 해체 공사에 의한 폐기물 발생량 산정

건축물 해제의 경우 설계도서에 의해 폐기물 발생량 산출이 가능하다. 다만, 설계도서 이용이 가능하지 않으면 문헌에 보고된 해체 공사 시 발생되는 건설폐기물 발생원 단위를 이용할 수 있다. 건축물 해체 공사 시 발생되는 건설폐기물의 발생원 단위 예는 〈표 4.7〉에 나타내었다.

표 4.7 건축물 해체 공사 시 발생하는 건설폐기물 발생원 단위 (단위: 톤/m^2)

구분	건축물 유형	설계 원단위	실측원 단위		제안 원단위	콘크리트류	금속 및 철재류	혼합 폐기물
			해체 전	해체 후				
창고 화장실	목조	0.107	0.470	–	0.470	–	–	–
	연와벽돌조	0.343	0.679	0.723	0.723	0.682	0.000	0.041
	철근콘크리트조	0.594	–	–	0.594	–	–	–
	철골조	0.347	0.364	–	0.364	–	–	–
	기타	0.347	0.590	0.134	0.134	0.000	0.001	0.133

출처: 부천상동지구 발생폐기물 재활용처리 방안에 관한 연구, 2000, 한국건설기술연구원

③ 훼손 수목에 따른 임목폐기물 발생량 산정

건설공사로 인한 조경식재지 혹은 자연 수목의 훼손에 따른 임목폐기물의 발생량 산정은 문헌에 제시된 수종별 수목 지상부(식 4.7) 및 지하부(뿌리부분)의 중량산정법을 이용하여 산정할 수 있다.

수목 지상부의 중량

$$W_1 = f_1 \times \pi \times (d/2)^2 \times H \times w_0 \times (1+P) \qquad \text{(식 4.7)}$$

여기서,

W_1:수목의 지상부 중량(kg)

f_1: 수간의 형상계수(0.5 적용)

d: 흉고직경(m)

H: 수고(m)

w_0: 수간의 단위체적당 생체중량(kg/m^3)

P: 지엽의 다소에 따른 할증율

수목 지하부(뿌리분)의 중량

$$W_2 = k \times V \times f_2 \qquad \text{(식 4.8)}$$

여기서,

W_2 :수목의 지하부 중량(kg)

k: 뿌리분의 단위당 중량(1,300kg/m^3 적용)

V: 뿌리분 체적(m^3, $V = 4.0 \times r^3$)

r: 뿌리분의 반경

f_2: 뿌리분 중 실제로 뿌리가 차지하는 비율을 고려한 계수

표 4.8 수간의 단위체적당 생체질량의 예

수 종	생체중량(kg/m^3)
가시나무류, 감탕나무, 상수리나무, 소귀나무, 호랑가시나무, 졸참나무	1,340 이상
느티나무, 목련, 참느릅나무, 사스레피나무, 쪽동백, 빗쭉이나무	1,300~1,340
단풍나무, 은행나무, 산벚나무, 굴거리나무, 일본잎깔나무, 향나무	1,250~1,300
소나무, 편백, 플라타너스, 칠엽수, 아까시, 은사시, 오리나무	1,210~1,250
가문비나무, 녹나무, 삼나무, 왜금송, 일본목련	1,170~1,210
굴피나무, 화백	1,170 이하

출처: 조경식재 설계론, 1993

Chapter 5

폐자원의 수집 및 운반

일반적으로 폐기물의 발생에서부터 최종처분까지 폐자원의 관리에 관련된 활동은 '폐기물 발생 → 폐기물 수집 → 폐기물 운반 및 수송 → 처리 및 회수 → 처분'의 과정으로 진행된다. 앞 장에서 설명한 바와 같이 폐자원의 발생은 계절, 인구수, 지형적 위치, 폐기물 수집 빈도 등 여러 가지 인자에 따라 다르게 나타나며, 이렇게 발생한 폐기물은 재이용, 재활용, 소각, 에너지회수 및 최종처분을 위해 수집, 운반의 과정을 거치게 된다.

발생한 폐기물의 통합적 관리 비용 중 대부분이 수집 · 수거 및 운반 단계에서 소요되므로, 효과적인 폐기물의 수거 및 운반계획을 세우는 것이 최적의 폐기물 관리를 위해 매우 중요한 단계이다.

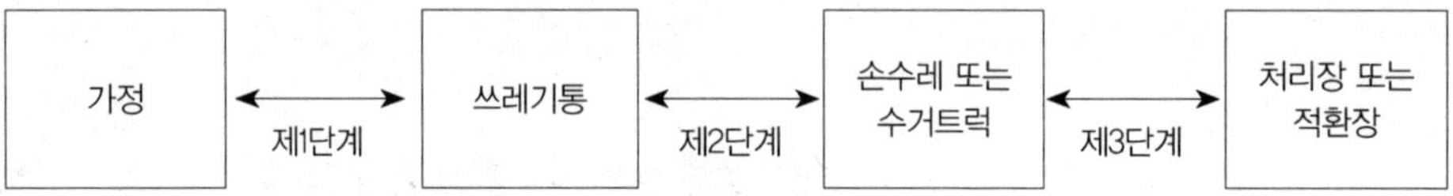

그림 5.1 폐기물의 개략적 수거단계

5.1 국내 폐기물 수집 · 운반

우리나라는 아파트와 같은 대형 공동주택이 주거 형태로 많이 존재하는 편이나, 이를 제외하면 골목과 경사진 곳에 주택이 많이 분포하고 있어 폐기물을 수거하는 데 어려움이 있다. 현재 우리나라는 「폐기물관리법」 제14조(생활폐기물의 처리 등)에 의해 생활폐기물의 수집 및 운반을 지방자치단체와 계약한 자에게 대행하도록 하고 있으며, 동법 시행령 제7조(폐기물의 처리기준 등) 및 시행규칙 제9조(폐기물 수집 · 운업자 등의 운반기준)에 따라 작업하도록 법으로 명시하고 있다.

특히, 폐기물의 수집과 운반과 관련해서는 다음 3가지를 기본으로 하고 있다.

- 폐기물의 종류와 성질 · 상태별로 재활용 가능성 여부, 가연성이나 불연성 여부 등에 따라 구분하여 수집 · 운반 · 보관할 것
- 수집 · 운반 · 보관의 과정에서 폐기물이 흩날리거나 누출되지 아니하도록

하고, 침출수(沈出水)가 유출되지 아니하도록 하며, 침출수가 생기는 경우에는 환경부령으로 정하는 바에 따라 처리할 것

- 해당 폐기물을 적정하게 처분, 재활용 또는 보관할 수 있는 장소 외의 장소로 운반하지 아니할 것

「폐기물관리법」 시행규칙 별표 5(폐기물의 처리에 관한 구체적 기준 및 방법)에는 생활폐기물, 음식물류 폐기물, 사업장일반폐기물, 지정폐기물 및 의료폐기물에 대한 수집·운반 기준을 다음과 같이 상세히 제시하고 있다.

생활폐기물의 수집·운반

1) 고체상태의 생활폐기물은 압축·압착차량이나 암롤차량 등으로써 적재함이 밀폐된 차량(이하 "밀폐형 차량"이라 한다)으로 수집·운반하여야 한다.
2) 1)에도 불구하고 다음의 경우에는 적재함에 금속, 플라스틱 또는 폐기물의 유출 또는 악취가 누출되는 것을 방지할 수 있는 재질로써 환경부장관이 정하여 고시하는 재질로 된 밀폐형 덮개를 설치한 차량(이하 "밀폐형 덮개 설치차량"이라 한다)으로 수집·운반할 수 있다.
   가) 폐전기전자제품류, 폐가구류 등 일정한 형태를 갖춘 폐기물을 원형 그대로 수집·운반하는 경우
   나) 제66조 제3항 각 호, 같은 조 제6항 제1호부터 제4호까지, 제6호부터 제8호까지 및 제10호의 폐기물을 수집·운반하는 경우. 다만, 적재량이 2톤 이하인 경우에는 폐기물이 흩날리거나 유출되지 않도록 적재함에 합성수지 등으로 제작된 포장으로 덮개를 설치한 최대적재량 2톤 이하의 차량으로 수집·운반할 수 있다.
   다) 수집·운반 과정에서 흩날릴 우려가 없고, 침출수가 발생되지 않는 폐목재류, 폐합성수지류, 폐합성고무류 등 덩어리 형태의 폐기물을 집게 등 기계식으로 폐기물을 적재함에 실을 수 있는 장치가 부착된 차량으로 수집·운반하는 경우

라) 폐기물 종량제(從量制) 봉투로 배출된 폐기물을 최대적재량 1톤 이하의 차량으로 수집·운반하는 경우

3) 1) 및 2)에도 불구하고 고체상태의 폐기물(폐기물 종량제 봉투로 배출된 폐기물은 제외한다)을 밀폐된 용기에 담거나 합성수지 등으로 밀폐된 상태로 포장하여 수집·운반하는 경우에는 적재함에 합성수지 등으로 제작된 포장으로 덮개를 설치한 차량으로 수집·운반할 수 있다.

4) 액체상태(수분 함량이 85%를 초과하는 것을 말한다)의 생활폐기물은 탱크로리로 수집·운반하여야 한다. 다만, 밀폐된 전용 수거용기에 담아 수집·운반하는 경우에는 폐기물이 유출되거나 악취가 누출되지 않도록 적재함에 합성수지 등으로 제작된 포장으로 덮개를 설치하고, 침출수나 액상의 물질이 유출 또는 누출되지 않도록 방지턱 등을 설치한 차량으로 수집·운반할 수 있다.

5) 천연방사성제품생활폐기물은 제4호 가목 3)부터 6)까지 및 8)에 따른 방법으로 수집·운반해야 한다.

음식물류 폐기물의 수집 · 운반

1) 음식물류 폐기물을 재활용하기 위하여 수집·운반하는 경우에는 악취가 나거나 오수가 흘러나오는 것을 방지하기 위하여 적재함이 밀폐된 전용 운반차량으로 수집·운반하거나 밀폐된 전용 수거용기에 담아 운반하여야 한다.

2) 음식물류 폐기물은 탱크로리로 수집·운반하여야 한다. 다만, 밀폐된 전용 수거용기에 담아 수집·운반하는 경우에는 폐기물의 유출 또는 악취가 누출되지 않도록 적재함에 합성수지 등으로 제작된 포장으로 덮개를 설치하고, 침출수나 액상의 물질이 유출 또는 누출되지 않도록 방지턱 등을 설치한 차량으로 수집·운반할 수 있다.

3) 음식물류 폐기물의 전용 운반차량 및 전용 수거용기는 씻거나 소독하여 청결을 유지하여야 한다.

4) 외국에서 들어오는 선박·항공기에서 발생하는 음식물류 폐기물은 방역을 위

하여 소독을 철저히 하여야 한다.

사업장일반폐기물의 수집·운반

1) 사업장배출시설계 폐기물은 사업장배출시설계 폐기물 수집·운반업자가 수집·운반하고, 사업장비배출시설계 폐기물은 사업장비배출시설계 폐기물 수집·운반업자가 수집·운반해야 한다.
2) 사업장비배출시설계 폐기물로서 생활폐기물과 성질과 상태가 비슷하여 생활폐기물의 기준 및 방법으로 수집·운반할 수 있는 폐기물은 특별자치시, 특별자치도, 시·군·구의 조례로 정하는 바에 따라 생활폐기물 수집·운반업자가 수집·운반할 수 있다.
3) 액체상태의 사업장일반폐기물은 누출의 우려가 없는 전용의 탱크·용기·파이프 또는 이와 비슷한 설비를 사용하여야 한다.
4) 사업장일반폐기물은 다음의 구분에 따른 차량으로 수집·운반하여야 한다.

가) 고상의 사업장일반폐기물을 수집·운반하는 경우

(1) 고상의 사업장일반폐기물은 밀폐형 차량으로 수집·운반하여야 한다.

(2) (1)에도 불구하고 다음의 어느 하나에 해당하는 경우에는 밀폐형 덮개 설치차량으로 수집·운반할 수 있다.

(가) 전기·전자제품, 가구, 사무용 기자재 및 냉·난방기 등 일정한 형태를 갖춘 폐기물(기름성분이나 내부에 포함된 물질이 유출 또는 누출되지 않는 것에 한정한다)을 원형 그대로 수집·운반하는 경우

(나) 폐지·고철·폐목재류(페인트나 기름 또는 방부제 등으로 오염되지 아니한 순수한 목재류만 해당한다)나 폐내화물, 폐타이어, 광재류 등 침출수 발생이나 부패의 우려가 없고, 덩어리 형태로 되어 있어 흩날릴 우려가 없는 폐기물을 수집·운반하는 경우

(다) 수집·운반 등의 과정에서 흩날릴 우려가 없고, 침출수가 발생되지 않는 폐목재류, 폐합성수지, 폐합성고무 등 덩어리 형태의 폐기물을

집게 등 기계식으로 폐기물을 적재함에 실을 수 있는 장치가 부착된 차량으로 수집·운반하는 경우

(3) (1) 또는 (2)에도 불구하고 밀폐된 용기에 담거나 합성수지 등으로 밀폐된 상태로 포장하여 수집·운반하는 경우에는 적재함에 합성수지 등으로 제작된 포장으로 덮개를 설치한 차량으로 수집·운반할 수 있다.

(4) (1)부터 (3)까지에도 불구하고 폐전주 등 해당 폐기물의 길이가 차량 적재함의 최대길이를 초과하여 밀폐형 차량 또는 밀폐형 덮개 설치차량으로 수집·운반하는 것이 곤란하다고 관할 시·도지사가 인정하는 폐기물의 경우에는 적재된 폐기물을 합성수지 등으로 제작된 포장으로 덮은 차량으로 수집·운반할 수 있다. 이 경우 폐기물이 수집·운반과정에서 유출되거나 흩날리지 않도록 해당 폐기물을 합성수지 등을 이용하여 밀폐된 상태로 포장하고 고정하는 등 필요한 조치를 하여야 한다.

나) 액상의 사업장일반폐기물을 수집·운반하는 경우

액상의 사업장일반폐기물은 탱크로리로 수집·운반하여야 한다. 다만, 밀폐된 전용의 수거용기에 담아 수집·운반하는 경우에는 폐기물의 유출 또는 악취가 누출되지 않도록 합성수지 등으로 제작된 포장으로 덮개를 설치하고, 침출수나 액상의 물질이 유출 또는 누출되지 않도록 방지턱 등을 설치한 차량으로 수집·운반할 수 있다.

5) 폐기물을 수집·운반하는 과정에서 일부 또는 전부를 해체하거나 의도적으로 파손하지 않아야 하며, 파손·낙하·붕괴 등이 일어나지 아니하도록 필요한 조치를 하여야 한다.

6) 별표 3에 따른 의료기관 및 시험·검사기관 등에서 발생한 일회용 기저귀(같은 표 제14호에 따른 노인요양시설에서 발생한 일회용 기저귀는 제외한다. 이하 "의료기관 일회용기저귀"라 한다)의 경우 섭씨 4도 이하의 냉장 적재함이 설치된 차량으로 수집·운반해야 하며, 수집·운반 중에는 적재함의 내부 온도를 섭씨 4도 이하로 유지해야 한다. 다만, 적재함을 열고 차량에 폐기물을 싣거나 내릴 때에는 제외한다.

7) 의료기관 일회용 기저귀의 경우 비닐로 개별 밀폐 포장한 후, 환경부장관이

고시하는 전용 봉투에 담아 다른 사업장일반폐기물과는 분리하여 수집·운반해야 한다.

8) 전기자동차 폐배터리는 배터리 단자, 연결케이블 등을 절연처리한 후 불연성·비전도성 재질의 파렛트(pallet)에 개별 포장하거나 밀폐된 운반 상자에 담아서 다른 종류의 폐기물과 분리하여 수집·운반해야 한다.

지정폐기물의 수집·운반

1) 분진·폐농약·폐석면 중 작은 알갱이 상태의 것은 흩날리지 아니하도록 폴리에틸렌이나 그 밖에 이와 비슷한 재질의 포대(흩날릴 우려가 있는 폐석면의 경우는 습도 조절 등의 조치 후 견고한 용기에 밀봉하거나 고밀도 내수성재질의 포대로 2중포장한 것을 말한다)에 담아 수집·운반하여야 한다. 이 경우 폐석면을 수집·운반하는 차량은 4)의 표시 외에 적재함 양측에 가로 100센티미터 이상, 세로 50센티미터 이상의 크기로 흰색 바탕에 붉은색 글자로 폐석면 운반차량을 표시하거나 표지를 부착하여야 한다.

2) 액체상태의 지정폐기물을 수집·운반하는 경우에는 흘러 나올 우려가 없는 전용의 탱크·용기·파이프 또는 이와 비슷한 설비를 사용하고, 혼합이나 유동으로 생기는 위험이 없도록 하여야 한다.

3) 지정폐기물은 다음의 차량으로 수집·운반하여야 한다.

   가) 고상의 지정폐기물은 밀폐형 차량으로 수집·운반하여야 한다. 다만, 밀폐된 전용 수거용기에 담아 수집·운반하는 경우에는 금속, 플라스틱 또는 비산·누출·악취를 방지할 수 있는 재질로서 환경부장관이 정하여 고시하는 재질로 제작된 밀폐형 덮개를 설치하고, 침출수 등의 유출이나 누출을 방지할 수 있는 방지턱 등을 설치한 차량으로 수집·운반할 수 있다.

   나) 액상의 폐기물은 탱크로리로 운반하여야 한다. 다만, 밀폐된 전용 수거용기에 담아 수집·운반하는 경우에는 금속, 플라스틱 또는 비산·누출·악취를 방지할 수 있는 재질로서 환경부장관이 정하여 고시하는 재질로 제작된 밀폐형 덮개를 설치하고, 침출수나 액상의 물질이 유출 또는 누출되지 않

도록 방지턱 등을 설치한 차량으로 수집·운반할 수 있다.

다) 가) 또는 나)에도 불구하고 폐변압기 등 해당 폐기물의 길이가 차량 적재함의 최대길이를 초과하여 밀폐형 차량 또는 밀폐형 덮개 설치차량으로 수집·운반하는 것이 곤란하다고 관할 시·도지사나 지방환경관서의 장이 인정하는 폐기물의 경우에는 적재된 폐기물을 합성수지 등으로 제작된 포장으로 덮은 차량으로 수집·운반할 수 있다. 이 경우 폐기물이 수집·운반과정에서 유출되거나 흩날리지 않도록 해당 폐기물을 합성수지 등을 이용하여 밀폐된 상태로 포장하고 고정하는 등 필요한 조치를 하여야 한다.

4) 지정폐기물 수집·운반차량의 차체는 노란색으로 색칠하여야 한다. 다만, 임시로 사용하는 운반차량인 경우에는 그러하지 아니하다.

5) 지정폐기물의 수집·운반차량 적재함의 양쪽 옆면에는 지정폐기물 수집·운반차량, 회사명 및 전화번호를 잘 알아 볼 수 있도록 붙이거나 표기하여야 한다. 이 경우 그 크기는 가로 100센티미터 이상, 세로 50센티미터 이상으로 하고, 검은색 글자로 하여 붙이거나 표기하되, 폐기물 수집 · 운반증을 발급하는 기관의 장이 인정하면 차량의 크기에 따라 붙이거나 표기하는 크기를 조정할 수 있다. 임시로 사용하는 운반차량의 경우에도 또한 같다.

6) 「도서개발촉진법」 제2조에 따른 도서 중 방파제나 다리 등으로 육지와 연결되지 아니한 도서지역(이하 "도서지역"이라 한다)에서 선박을 이용하여 지정폐기물을 수집·운반하는 경우에는 같은 선박에 지정폐기물 외의 폐기물을 함께 실을 수 있다. 이 경우 폐기물이 서로 혼합되지 아니하도록 구분하여 실어야 한다.

7) 수은폐기물은 다른 종류의 폐기물과 혼합해 운반해서는 안 되며, 그 종류별로 다음의 구분에 따라 수집·운반해야 한다.

가) 수은함유폐기물은 폴리에틸렌 등 고밀도 내수성 재질로 이중 포장한 후 밀봉하고, 용기의 바닥 및 벽면 등에 파손을 방지할 수 있는 완충재를 삽입해 운반해야 한다.

나) 수은구성폐기물은 국립환경과학원장이 고시하는 기준에 적합한 전용용기(이하 "수은전용용기"라 한다)에 넣어 운반해야 한다.

다) 수은함유폐기물 처리잔재물은 폴리 에틸렌 등 고밀도 내수성 재질로 이중

포장한 후 수집 · 운반해야 한다.

8) 천연방사성제품폐기물은 다음의 방법으로 수집 · 운반해야 한다.

가) 폐기물 중에서 천연방사성핵종을 포함한 부분을 분리할 수 있는 경우에는 이를 분리하여 수집할 수 있다.

나) 수집 · 운반 시 작업자는 방진마스크를 착용해야 한다.

다) 폐기물이 비산, 유출 또는 방출되지 않도록 폴리에틸렌, 그 밖에 이와 유사한 재질을 사용하여 포장한 상태로 수집해야 한다.

라) 폐기물을 수집 · 운반하기 전에 포장한 상태에서 사람이 쉽게 볼 수 있는 위치에 아래와 같은 표지를 부착하여 다른 폐기물과 혼합되지 않도록 해야 한다. 이 경우 표지의 규격은 가로 15센티미터 이상, 세로 10센티미터 이상으로 한다.

천연방사성제품폐기물	
폐기물의 종류	
수거일자	
배출자명	
운반자명	
처리자명	

5.2 일반적인 폐기물의 수집 및 수거

일반적으로 폐기물의 수집은 각 가정 또는 사업장에서 폐기물을 배출하는 방식으로 다음과 같이 용기, 자루, 상자 또는 컨테이너에 배출하여 모으는 것을 의미한다. 반면 폐기물의 수거는 수집된 폐기물을 적환장 또는 처리장으로 운반하기 위해 차량으로 모으는 것을 의미하며, 그 방식에 따라 문전 수거, 타종 수거, 대형쓰레기통 수거, 가로길 연석 수거 등으로 분류할 수 있다.

1) 폐기물의 수집방식

① **용기 수집방식** 뚜껑이 달린 용기에 모인 폐기물을 수집차에 직접 적재하는 방식이다.

② **자루 수집방식** 비닐봉투에 담겨진 폐기물을 수집차에 직접 적재하는 방식으로 중소도시에 적절한 방식이다.

③ **상자형 수집방식** 수십 세대 단위로 대형 상자를 적당한 장소에 장치하고 집적된 상자 자체를 수송하는 방식으로 집단 주택단지에서 주로 사용한다.

④ **컨테이너 수집방식** 아파트 등 고층 건물 최하층에 설치된 컨테이너에 폐기물을 낙하시켜서 컨테이너형 상자로 수집하는 방식이다.

2) 폐기물의 수거방식

① **문전 수거** 각 가정에 수거 인부가 방문하여 폐기물을 수거한 다음 컨테이너에 하역 후 청소차량으로 처리장까지 운반하는 형태로, 폐기물 1톤을 수거하는 데 인부 1인이 소요하는 시간을 의미하는 MHT(man · hour/ton)가 2.3으로 가장 높아 수거효율이 매우 떨어지는 수거 형태를 말한다.

② **타종 수거** 폐기물을 수거하는 시간에 타종을 하여 수거차량에 미화원의 도움으로 배출자가 직접 하역하는 형태로, MHT가 0.84로 수거효율이 가장 높다.

③ **대형쓰레기통 수거** 아파트 단지 등에 설치되어 있는 대형 쓰레기통에 폐기물을 밀집시킨 후 수거인부가 이를 수거해 가는 형태로, MHT가 1.1로 수거효율이 비교적 높은 편이다.

④ **가로길 연석 수거(Curb Service)** 정해진 수거 일에 맞추어 쓰레기 저장 용기를 지정된 모퉁이 및 가로길 연석 등에 적치하면 수거차량이 용기를 비우고 빈 용기는 배출자가 다시 찾아가는 수거 형태이다.

3) 폐기물의 수거 방법

폐기물의 수거 작업에 영향을 주는 요소는 수거 지역의 폐기물 발생량, 쓰레기통의 위치와 모양, 수거 인부수, 수거 지역과 처리장과의 거리 등을 들 수 있다. 폐기물 관리의 비용을 따져보았을 때 폐기물의 수거 시 가장 높은 비용이 소요되는 부분이므로, 효율적인 수거 계획 및 방법을 찾는 것은 매우 중요한 사항이다.

수거노선설정요령

- 언덕지역인 경우 내려가면서 수거한다.
- U자 회전과 반복운행은 피하여 수거한다.
- 출발점은 차고와 가까운 곳으로 한다.
- 교통량이 많은 길은 출퇴근 시간을 피해서 수거한다.
- 시계방향으로 수거한다.
- 많은 양이 발생하는 곳은 가장 먼저 수거한다.
- 한 번 간 길은 가능한 한 가지 않는다.

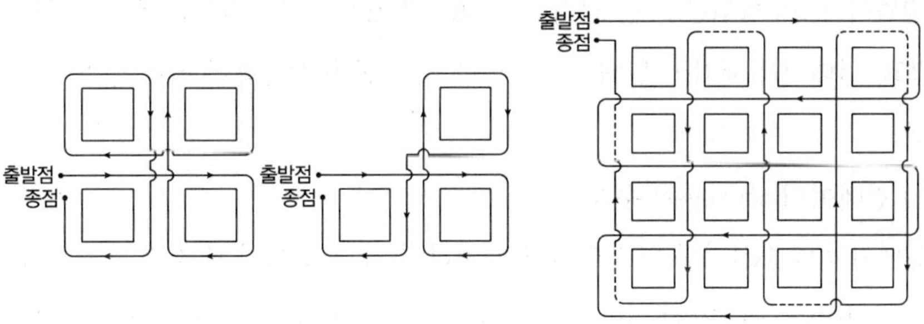

그림 5.2 일반적인 수거노선(예)

수거효율을 결정하기 위한 자료

- MHT(man · hour/ton): 폐기물 1톤을 수거하는 데 인부 1인이 소요하는 시간으로, 값이 작을수록 수거 효율이 좋다.
- SDT(services/day/truck): 수거트럭 1대당 1일 수거 가옥 수
- SMH(services/man/hour): 수거인부 1인당 1시간 수거 가옥 수
- TDT(ton/day/truck): 수거트럭 1대당 1일 수거량
- TMH(ton/man/hour): 수거인부 1인당 1시간 수거량

5.3 일반적인 폐기물의 수송(운반)

1) 폐기물의 수송방식

① 모노레일(monorail) 수송

폐기물을 중계지로부터 최종 처리처분장까지 수송할 때, 지하 혹은 지상에서 모노레일을 이용하여 폐기물을 운반하는 방법이다. 무인 · 자동화가 가능한 방법이지만, 반송용 노선이 별도로 필요하고 시설비가 많이 든다.

② 컨테이너(container) 수송

컨테이너 수집차에 의해 폐기물을 수집 · 운반한 후, 컨테이너 중간기지에서 적환하거나 하적해 철도나 대형 컨테이너 차량을 이용하여 최종 처분장까지 운반하는 방법이다. 이 방법은 중간 기지의 부지(넓고 청결 유지가 가능한 부지)를 구하기가 어렵고, 컨테이너 세척 · 세적을 위해 많은 양의 물을 사용해야 하는 단점이 있다.

③ 컨베이어(conveyer) 수송

컨베이어 수송설비를 하수도처럼 배치하여 각 가정에서 배출한 폐기물을 처분하는 방법이다. 이 방법은 구조, 전력비, 시설비, 내구성, 미생물 부착 등의 문제가 있으며 유지비가 비싸다.

④ 파이프라인(pipe line) 수송

자동화, 무공해화, 안전화, 신속이동 등의 장점이 있지만, 한번 투입된 폐기물의 회수가 어려우며 대형 폐기물의 수송이 어렵고 장거리 수송이 곤란하다는 단점이 있다.

2) 적환장(transfer station)

적환은 소형 차량으로 폐기물을 수거하여 대형차량에 전환한 후, 장거리를 수송하는 운반시스템이다. 이는 최종처리장이 대형화하여 폐기물의 운반 거리가

연장되고, 교통체증을 감소시키며, 효율적인 수송과 수송비용을 감소시킬 수 있다.

적환장의 설치는 다음과 같은 조건에서 필요성을 나타낸다.

① 처분지가 수집장소로부터 16 km 이상 멀리 떨어져 있을 경우

② 작은 용량의 수집차량(15 m^3)을 사용할 경우

③ 불법 투기와 다량의 비산 폐기물이 발생할 경우

④ 저밀도 주거지역이 존재할 경우

⑤ 상업지역에서 폐기물 수집 시 소형 용기를 많이 사용할 경우

⑥ 슬러지 수송이나 공기수송 방식을 사용할 경우

적환장은 소형 수거를 대형 수송으로 연결해 주는 곳이어서 중계처리장이라고도 한다. 적환장의 형식에는 소형 수송차량에서 대형 수송차량으로 적재할 때 사용하는 방법에 따라 구분된다.

① **직접 투하방식**(direct discharge transfer station)

소형차에서 대형차로 직접 투하하여 싣는 방법으로 주택가와 거리가 먼 교외지역에 설치 가능한 중계방식이다. 보통 적환장을 2층 배열로 건설하여 수거차량이 운반차량에 폐기물을 적재하기 용이하게 한다.

② **저장 투하방식**(storage discharge transfer station)

폐기물을 지장파트에 저장하여 불도저-압축기로 중계처리하는 방식으로 대도시의 대용량 폐기물 처리에 적합하다. 이 방식은 폐기물을 압축하므로 적재용량을 크게 할 수 있으며 수집차량의 대기시간을 단축시킬 수 있는 반면, 폐기물의 수분함량이 높으면 침출수가 발생하여 수송차량에 적재할 때 폐기물이 노출되는 단점이 있다.

③ **직접·저장 결합방식**(direct and storage charge transfer station)

직접 투하방식과 저장 투하방식을 함께 이용하는 방식으로, 단일 목적시설이라기보다는 재활용품의 회수율을 증대시키고자 할 때 적합한 방식이다.

또한 적환장의 위치를 선정하기 위해서는 아래와 같은 여러 가지 상황이 고려되어야 한다.

① **적정 수집면적 및 위치** 수거대상 지역의 무게 중심에 가까운 곳

② **도로상환** 주요 간선도로에 근접되어 있으며, 보조 수송로가 있어 도로와의 연결이 쉬운 곳

③ **경제성** 수집 시간 및 수송 시간, 작업 조작에 따른 경제성 분석

④ **중계시스템의 설정** 크레인식 / 호퍼식 / 컨테이너식 등 수송시스템 결정 및 운반기자재의 분류(컨테이너, 파이프라인, 선박, 철도, 차량 등)

⑤ **환경성** 적환장의 운영에 있어 민원의 우려가 적고 환경적 영향이 최소화될 수 있는 곳

⑥ **기타** 지반의 안정성, 전기 공급, 물 공급 등

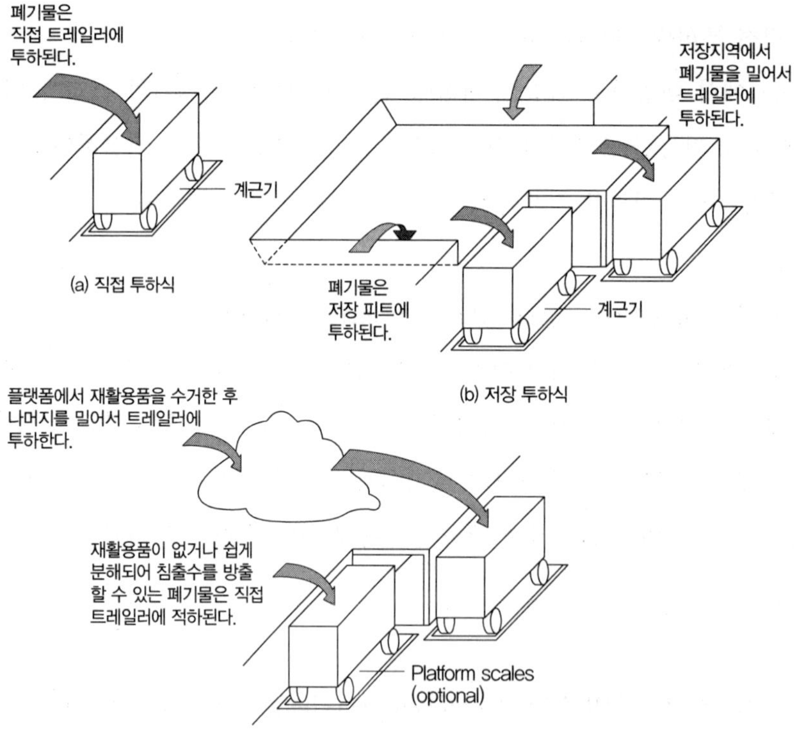

그림 5.3 적환장의 형식

출처: 신폐기물처리(2021), 윤석표

5.4 폐자원의 압축 및 파쇄

1) 압축(compaction)

(1) 개요

압축은 폐기물의 부피 감소가 주된 목적이며, 이를 통해 폐기물의 수송비용을 절감하고 매립으로 최종 처분할 경우 매립지의 유효 면적을 증가시키는 장점이 있다.

종이나 플라스틱, 비닐 등과 같이 결속력이 없는 재질의 폐기물은 압축 후 다시 팽창하는 것을 방지하기 위해 압축결속기(포장기, Baler)를 이용하여 끈이나 철사 등으로 고정하는 작업이 함께 이루어지기도 한다.

그림 5.4 압축 전 알루미늄 캔(좌), 압축 후 알루미늄 캔(우)

그림 5.5 압축 전 폐비닐(좌), 압축 후 결속된 폐비닐(우)

(2) 압축의 효과

압축 공정을 통해 아래와 같은 효과를 기대할 수 있으며, 폐기물의 경제적인 압축밀도는 1,000 kg/m^{3}으로 알려져 있다.

① 일반적인 폐기물의 부피를 약 1/10까지 감소시킬 수 있으며, 젖은 폐기물의 경우 수분함량에 따라 1~35%의 중량 감소를 기대할 수 있다.

② 폐기물의 밀도를 약 5배 가량 증가시킬 수 있다. → 운송 용이, 운송비의 절감, 폐기물의 날림 방지, 교통체증 완화 등

③ 압축을 통해 부피를 감소시켜 매립할 경우 유효 매립면적을 증대시킬 수 있다. → 매립 안정성 증대, 복토 소요량 감소 등

④ 단, 타르가 함유된 폐기물이나 수분이 다량 함유된 슬러지 등은 압축 공정으로 취급하기 곤란하다.

(3) 압축기의 형태

① 고정식 압축기(stationary compactors)

폐기물을 호처로부터 투입/충진시키면 가동 피스톤이 강철된 적재함에 폐기물을 밀어넣어 압축하는 방식이다.

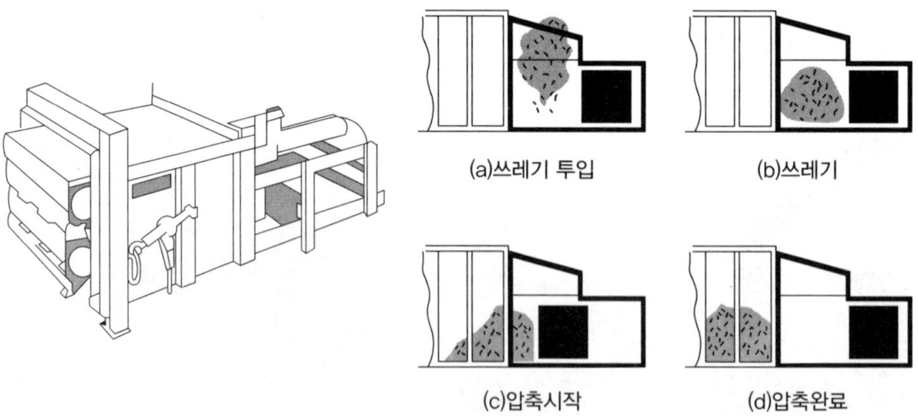

그림 5.6 고정식압축기의 전체구조(좌), 작동과정(우) 모식도
출처: 신폐기물처리(2021), 윤석표

② 백 압축기(bag compactors)

플라스틱이나 종이로 된 용기 안에 폐기물을 넣어 압축하는 방식이다.

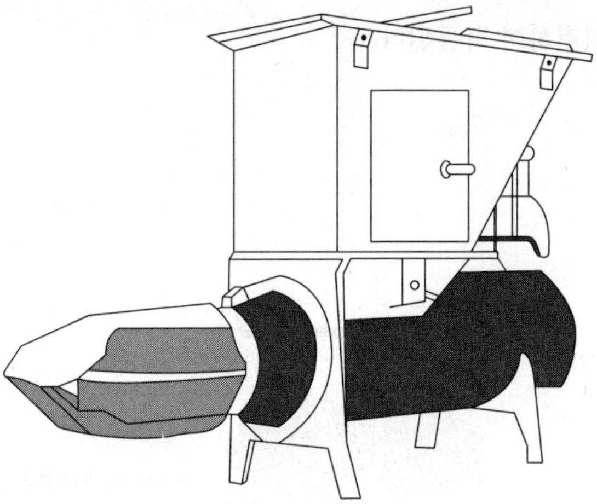

그림 5.7 백 압축기의 낱개 구조 모식도
출처: 신폐기물처리(2021), 윤석표

③ 수직식 또는 소용돌이식 압축기(vertical or console compactor)

기계적 작동이나 유압 또는 공기압에 의해 작동하는 압축피스톤을 이용한 압축기로, 상시 수작업에 의해 폐기물을 투입할 수 있도록 구성되어 압축이 끝난 폐기물은 종이로 만든 상자 또는 플라스틱/종이 백에 모아지는 방식이다.

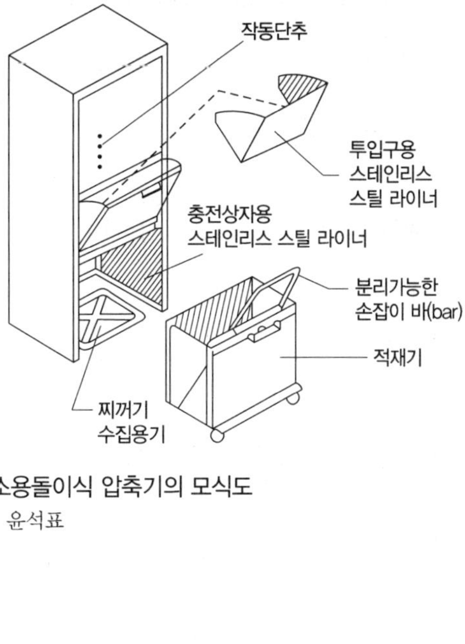

그림 5.8 수직식 또는 소용돌이식 압축기의 모식도
출처: 신폐기물처리(2021), 윤석표

④ **회전식 압축기**(rotary compactor)

회전판 위에 놓여진 충진 상자에 비교적 부피가 작은 폐기물을 넣어 압축 피스톤을 이용하여 포장하는 방식으로, 한 개의 상자가 충진되면 다음 상자가 압축 피스톤 아래로 회전하여 작동된다.

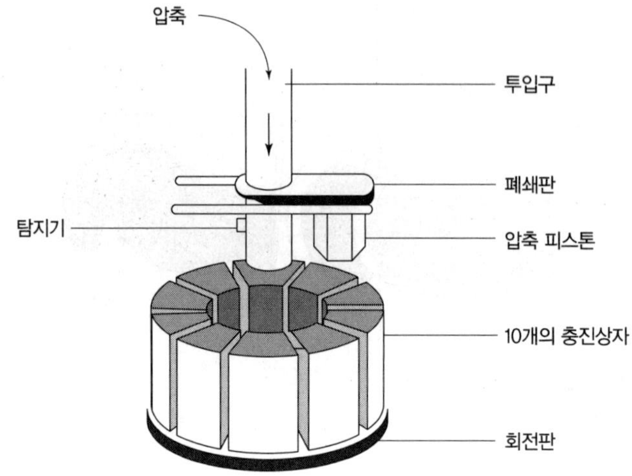

그림 5.9 회전식 압축기의 모식도
출처: 신폐기물처리(2021), 윤석표

(4) 부피감소의 지표

압축의 주요 목적은 부피감소에 있고 부피감소 정도를 표현하는 지표로는 압축비(compaction ratio)와 부피감소율(volume reduction)이 있다.

$$\text{압축비(compaction ratio, CR)} = \frac{V_i}{V_f}$$

$$\text{부피감소율(volume reduction, VR)} = \left(\frac{V_i - V_f}{V_i}\right) \times 100$$

V_i: 압축 전 초기 부피

V_f: 압축 후 최종 부피

압축비를 CR로, 부피감소율을 VR로 표현하였을 경우, 두 지표의 관계식을 유도하면 다음과 같다.

$$VR = \left(\frac{V_i - V_f}{V_i}\right) \times 100 = \left(1 - \frac{V_f}{V_i}\right) \times 100 = \left(1 - \frac{1}{CR}\right) \times 100$$

CR을 y축으로, VR을 x축으로 한 관계그래프를 생각할 때, 위 식을 아래와 같이 변형시킬 수 있다.

$$\frac{VR}{100} = 1 - \frac{1}{CR}, \quad \frac{1}{CR} = \frac{100 - VR}{100}$$

$$CR = \frac{100}{100 - VR} = -\frac{100}{(VR - 100)}$$

〈그림 5.10〉에서 보는 바와 같이 압축비(CR)의 증가율은 부피감소율(VR)이 증가함에 따라 비례적으로 증가하는 것이 아니라, 초기에는 서서히 증가하다가 부피감소율이 80% 이상 증가하면 급격하게 증가함을 알 수 있다.

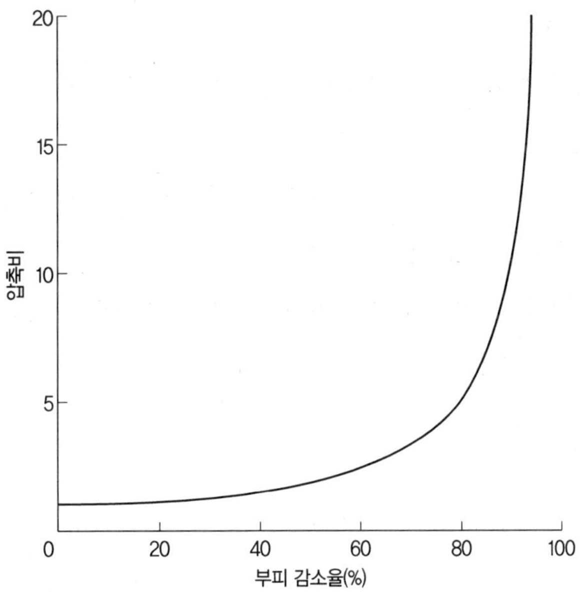

그림 5.10 VR과 CR 간 관계 그래프

2) 파쇄(Shredding)

(1) 개요

파쇄는 폐기물을 가공하여 원래보다 작게 함으로써 폐기물의 크기를 비교적 균일한 형태로 만들기 위한 공정이다. 파쇄 후 폐기물의 부피가 감소하는 것이 대부분이나 종이와 같은 폐기물은 파쇄 전보다 부피가 증가할 수도 있다.

(2) 파쇄의 이점

① **후속처리 측면의 이점**

- 압축 시 밀도증가율이 크므로 운반비가 감소된다.
- 서로 다른 크기 및 이질적 조성의 폐기물을 균일한 상태로 만듦으로써 저장, 소각, 압축, 선별 등의 전처리로 이용된다.
- 소각 시 폐기물에 의한 소각로의 손상을 감소시킬 수 있다.

② **매립 시 이점**

- 매립작업이 용이하고, 압축장비가 없어도 매립작업만으로 고밀도의 매립이 가능하다.
- 폐기물을 매우 작은 입경으로 파쇄할 경우, 복토요구량이 절감되거나 경우에 따라 복토가 필요 없을 수 있다.
- 폐기물 입자의 표면적 증가로 미생물 작용이 촉진되어 매립의 조기 안정화를 도모할 수 있다.
- 파쇄된 폐기물은 잘 혼합되어 호기성 조건을 유지할 수 있어 악취 방지에 효과적이다.
- 병원균의 매개체인 설취류 및 해충의 먹이를 최소화한다.
- 폐기물의 밀도 증가로 비산의 우려가 적고, 화재 발생의 위험도 감소한다.

(3) 파쇄를 통한 폐기물의 입자 크기 분포

① **평균 입자 크기**(average particle size)

- 입자의 무게기준으로 50%가 통과할 수 있는 체의 눈의 크기를 말한다.

② **특성 입자 크기**(characteristic particle size)

- 입자의 무게기준으로 63.2%가 통과할 수 있는 체의 눈의 크기를 말한다.

$$0.632 = 1 - \frac{1}{e}, \quad e = 2.7182 \cdots$$

③ **유효입경**(effective size)

- 입자의 무게기준으로 10%가 통과할 수 있는 체의 눈의 크기를 말한다.

입자의 크기 이외에 입자 크기의 분포에 대한 이해도 필요한데, 입자 크기 분포에 대한 예를 〈그림 5.11〉에 나타내었다. 그림에서 x좌표는 입자의 크기를, y좌표는 입자의 크기가 x일 때 x보다 작은 폐기물의 총 누적무게분율을 나타낸다.

생활폐기물의 입자 크기 분포에 대하여 여러 가지 수식적 모델이 제안되어 왔는데, 그중 대표적인 모델은 Rosin−Rammler model이다. 본 모델은 다음과 같이 표현할 수 있다.

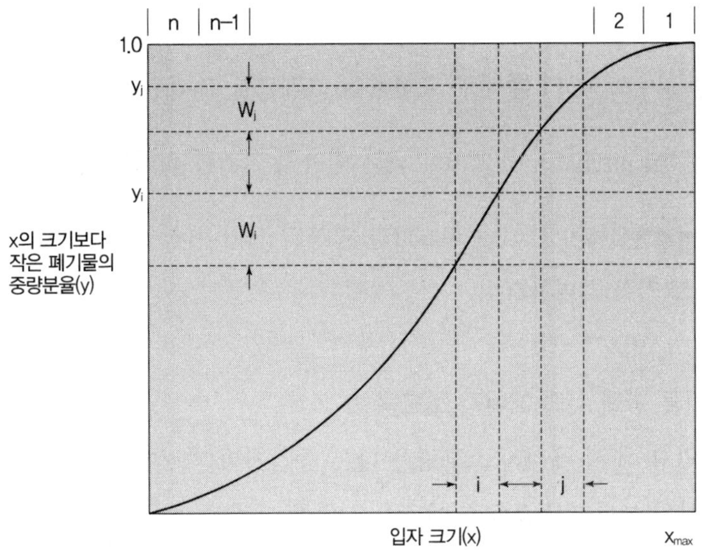

그림 5.11 폐기물의 입자 크기 분포 그래프

$$y = f(x) = 1 - \exp\left[-\left(\frac{x}{x_0}\right)^n\right]$$

y: 크기가 x보다 작은 폐기물의 총 누적무게분율

x: 폐기물의 입자 크기

x_0: 특성 입자 크기(characteristic partical size)

n: 상수

위 식을 변형시켜 직선화하면 아래와 같이 표현할 수 있다.

$$1 - y = \exp\left[-\left(\frac{x}{x_0}\right)^n\right]$$

$$\ln(1-y) = -\left(\frac{x}{x_0}\right)^n$$

$$\ln\left(\frac{1}{1-y}\right) = \left(\frac{x}{x_0}\right)^n$$

여기서 양 변에 로그를 취하면 다음과 같이 정리할 수 있다.

$$\log[\ln(1/1-y)] = n(\log x - \log x_0)$$

이 식을 $y = ax + b$의 형태로 표현하여 그래프를 그리면 기울기가 n인 직선이 된다. x_0는 $\log[\ln(1/1-y)]$이 0이 되는 입자의 크기를 의미한다. $\ln\left(\frac{1}{1-y}\right) = 1$, 즉 $\frac{1}{1-y} = e$에서 $y = 1 - \frac{1}{e} = 0.632$인 입자의 크기이며, 이는 곧 앞에서 정의한 특성 입자 크기를 의미한다.

(4) 폐기물 파쇄 시의 에너지 소모량

폐기물의 파쇄 시 에너지 소모량은 다른 중간처리 과정에 비해 훨씬 높은 편이다. 파쇄 시의 에너지 소모량을 예측하기 위한 모델 중 하나는 다음과 같다.

$$\frac{dE}{dL} = -CL^{-n}$$

E: 폐기물 파쇄에너지

L: 입자의 크기

n, C: 상수

만일 $n=1$이라면 위 식을 적분할 경우 아래의 식을 얻을 수 있다.

$$E = C\ln(L_1/L_2)$$

L_1: 초기 폐기물크기

L_2: 최종 폐기물크기

이 공식을 흔히 Kick의 법칙이라고 하며, 이는 폐기물 입자의 크기를 작게(대개 3 cm 미만) 파쇄할 때, 즉 고운 파쇄(fine shredding) 또는 2차 파쇄(secondary shredding)에 잘 적용되는 공식으로 알려져 있다.

여기서 L_1/L_2는 크기 감소율이고, E는 입자의 크기를 L_1에서 L_2로 줄이는 데 사용된 일의 양을 의미한다. 이 방정식에서 볼 때, 사용된 일의 양은 큰 입자들로부터 파쇄된 새로운 입자들의 수에 비례함을 뜻한다.

만약 $n=2$라면 상기 방정식은 다음과 같이 변형될 수 있다.

$$E = C\left(\frac{1}{L_2} - \frac{1}{L_1}\right)$$

이 식은 Rittinger의 법칙으로 잘 알려져 있다. Rittinger의 법칙은 Kick의 법칙과 달리 거친 파쇄 공정에 잘 적용되는 방정식으로 알려져 있다.

(5) 파쇄기의 종류와 특징

파쇄는 압축작용, 절단작용, 충격작용 등 3가지 주요 메커니즘에 의해 작용된다. 파쇄의 방법은 크게 건식 파쇄와 습식 파쇄로 나누어질 수 있으며, 냉동 저온 파쇄 방법도 이용되고 있다.

① 건식 파쇄기

- 전단 파쇄기(Shear Shredder)

– 고정칼, 왕복 또는 회전칼과의 교합에 의하여 폐기물을 절단한다.

– 충격파쇄에 비해 파쇄속도가 느리고 이물질의 혼입에 대하여 취약하나 파쇄물의 크기를 고르게 할 수 있는 장점이 있다.

– 주로 목재류, 플라스틱류 및 종이류의 파쇄에 이용된다.

– Van Roll 식 왕복전단파쇄기, Lindemann 식 왕복전단파쇄기, 회전식 전단파쇄기 등이 있다.

그림 5.12 전단파쇄기

- 충격파쇄기(Hammer Mill)

– 주로 회전식이 이용되며, 투입된 폐기물이 중심축의 주위를 고속회전하고 있는 회전 해머의 충격에 의해 파쇄되는 공정이다.

– 회전 해머의 충격에 의해 한 번에 파쇄되지 않은 폐기물은 충돌판(cutterbar)에 충돌하여 다시 파쇄되고 충돌 시 튕겨 돌아 나온 폐기물은 다시 회전 해머와의 사이에 끼어 전단 파쇄된다.

– 충격파쇄기는 유리나 목질류 등을 파쇄하는 데 주로 이용된다.

– 해머밀(Hammermill), 회전충격파쇄기 및 도리깨식 해머(Flail mill) 등이 해당한다.

그림 5.13 충격파쇄기

출처: Sharbeltouma, Wikimedia Commons

③ **압축파쇄기**(Impact crusher)

- 기계의 압착력을 이용하여 파쇄한다.
- 파쇄기의 마모가 적고 비용이 적게 소요되는 장점이 있다.
- 주로 목질류, 플라스틱류, 콘크리트 덩이 및 건축폐기물의 파쇄에 이용되며, 금속, 고무, 연질플라스틱류의 파쇄에는 어려움이 있다.

그림 5.14 압축파쇄기

② 습식 파쇄기

건식 상온 파쇄기는 공통적으로 파쇄처리과정에서 발생되는 소음, 진동, 분진, 폭발 및 화재 발생의 위험을 가지고 있다. 특히, 연속 작업으로 인해 파쇄기의 온도가 상승할 경우 먼지, 가스 또는 기름 등에 의하여 폭발 현상이 발생하는데, 이를 방지하고자 산소의 농도를 10% 이하로 유지하고, 충분한 환기를 통해 불꽃 발생을 방지하는 등의 대책을 마련하고 있다. 또한 이러한 건식 상온 파쇄기의 문제점을 해결하고자 아래와 같은 습식 파쇄 방법이 사용되고 있다.

- 습식 펄퍼(Wet pulper)

– 하수슬러지와 폐기물 또는 물과 폐기물을 혼합하여 파쇄하는 방법이다.
– 바닥 커팅날의 회전에 의해 폐기물을 잘게 파쇄한다.
– 펄프류의 회수를 위해 종이류가 많은 폐기물의 파쇄에 적용된다.

- 회전식 드럼(Rotary drum)

– 폐기물에 수분을 가한 후 3~4시간 동안 서서히 회전시켜 폐기물끼리 부딪히는 현상을 이용하여 파쇄하는 방식이다.

그림 5.15 회전식 드럼
출처: Brookoffice, Wikimedia Commons

– 주로 섬유물질을 회수하는 데 이용된다.

– 폭발 및 화재 위험이 없고, 악취가 발생하지 않는 장점이 있다.

– 폐기물이 슬러리상으로 균질화되어 유체형태로 취급이 가능하다.

– 탈수된 유기성 잔사는 수분 및 입경이 균일한 특징을 지닌다.

– 폐수처리의 부하를 가중시킬 수 있는 단점이 존재한다.

- 냉각파쇄기

– 상온에서 파쇄가 곤란한 폐기물(연질플라스틱류, 타이어류 등)을 냉각제로 냉각시켜 파쇄하는 원리이며, 폐기물의 포화 온도 차를 이용하여 성분별로 선택적 파쇄가 가능한 방식이다.

– 자동차용 폐타이어, 피복 전선, 모터 등 유가 금속의 회수 등에 적용된다.

– 파쇄 제품의 형상이 균일하고, 폭발이나 유독성의 우려가 없다.

– 복합 폐기물의 재질별 분리 성능이 우수하다.

– 드라이아이스, 액체질소 등 냉각제에 소요되는 비용이 크다.

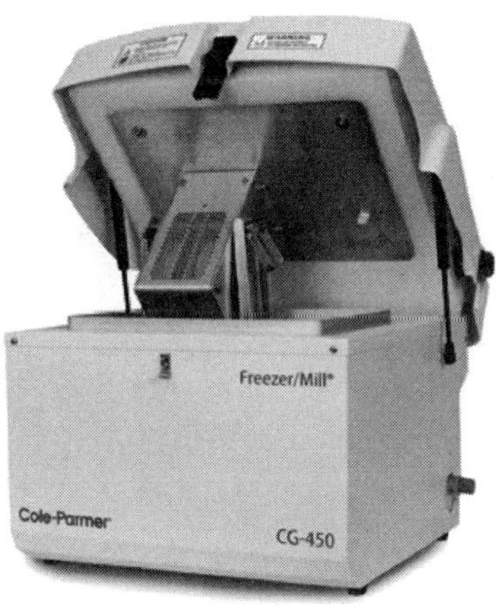

그림 5.16 실험실 규모의 냉각파쇄기

Chapter 6

폐자원의 재활용 체계 및 방법

6.1 폐자원의 재활용 체계

1) 폐기물의 재활용 원칙 및 기준

「폐기물관리법」 제13조의 2(폐기물의 재활용 원칙 및 준수사항)에 따르면 누구든지 다음의 사항을 위반하지 않는 경우 모든 폐기물을 재활용할 수 있다고 명시하고 있다.

① 비산먼지, 악취가 발생하거나 휘발성유기화합물, 대기오염물질 등이 배출되어 생활환경에 위해를 미치지 아니할 것

② 침출수(浸出水)나 중금속 등 유해물질이 유출되어 토양, 수생태계 또는 지하수를 오염시키지 아니할 것

③ 소음 또는 진동이 발생하여 사람에게 피해를 주지 아니할 것

④ 중금속 등 유해물질을 제거하거나 안정화하여 재활용 제품이나 원료로 사용하는 과정에서 사람이나 환경에 위해를 미치지 아니하도록 하는 등 대통령령으로 정하는 사항을 준수할 것

⑤ 그 밖에 환경부령으로 정하는 재활용의 기준을 준수할 것

이는 폐기물의 자원순환을 최대화하고 폐기물 재활용을 활성화하기 위한 국가의 정책적 방향이라고 볼 수 있다. 단, 폐기물의 재활용 시 환경부령으로 정하는 규모 이상의 폐기물 또는 폐기물을 토양 등과 혼합하여 만든 물질을 토양, 지하수, 지표수 등에 접촉시켜 복토재·성토재·도로기층재 등 환경부령으로 정하는 용도 또는 방법으로 재활용하려는 자(둘 이상이 공동으로 재활용하려는 경우를 포함한다)이거나, 「폐기물관리법」 제13조의 2(폐기물의 재활용 원칙 및 준수사항)에서 정하지 않은 폐기물을 재활용하려는 경우에는 해당 폐기물의 재활용이 사람의 건강이나 환경에 미치는 영향을 조사·예측하여 해로운 영향을 피하거나 제거하는 방안 및 재활용기술의 적합성에 대한 평가(이하 "재활용환경성평가"라 한다)를 받도록 하고 있다. "재활용환경성평가"에 대해서는 다음 절에서 구체적으로 다루고자 한다.

그럼에도 불구하고 「폐기물관리법」 제13조의 2 제2항 및 동법 시행령 별표4의 3(재활용이 금지되거나 제한되는 폐기물)에서는 사람의 건강이나 환경에 미치는 위해가 매우 높은 것으로 우려되는 폐기물은 다음과 같이 재활용을 금지하거나 제한하고 있다.

- 재활용이 금지되는 폐기물

① 폐석면

② 폴리클로리네이티드비페닐(PCBs)이 환경부령으로 정하는 농도 이상 들어있는 폐기물

③ 의료폐기물(태반은 제외)

④ 「산업안전보건법」 제117조 제1항에 따라 제조 등이 금지된 물질

⑤ 「화학물질의 등록 및 평가 등에 관한 법률」 제27조 제1항에 따라 금지물질로 지정 · 고시된 물질

⑥ 폐농약(「농약관리법」 제2조 제1호에 따른 농약 중 폐기되는 것을 말한다)

⑦ 폐의약품(「약사법」 제2조 제4호에 따른 의약품 중 폐기되는 것을 말한다)

⑧ 의료폐기물을 멸균 · 분쇄한 잔재물

⑨ 천연방사성제품폐기물(「생활주변방사선 안전관리법」 제16조 제1항에 따른 조치를 이행할 제조업자가 없는 제품의 폐기물을 포함한다) 및 천연방사성제품폐기물 소각재(「생활주변방사선 안전관리법」 제16조 제1항에 따른 조치를 이행할 제조업자가 없는 제품의 폐기물 소각재를 포함한다)

⑩ 그 밖에 환경부장관이 재활용하는 경우 사람의 건강이나 환경에 위해를 줄 수 있는 우려가 있다고 인정하여 고시하는 폐기물

- 재활용이 제한되는 폐기물

① 「화학물질의 등록 및 평가 등에 관한 법률」 제27조 제1항에 따라 제한물질로 지정 · 고시된 물질

② 법 제2조의 2에 따른 폐기물의 재활용 유형에 관한 세부분류에 해당하지 않는 유형으로 재활용하려는 폐기물(재활용환경성평가를 받아 재활용하는 경우

는 제외한다)

③ 그 밖에 환경부장관이 재활용하는 경우 사람의 건강이나 환경에 위해를 줄 수 있는 우려가 있다고 인정하여 고시하는 폐기물

폐기물의 재활용 기준에 대해서는 「폐기물관리법 시행규칙」 제14조의3(폐기물의 재활용 기준 및 준수사항) 및 시행규칙 별표5의3(폐기물의 재활용 기준)에 보다 구체적으로 명시되어 있다. 2017년 이전 폐기물의 재활용은 정해진 기준을 충족하는 재활용 용도 및 방법에 한하여 허용되고 있었으나, 최근 재활용 기준이 산발적으로 규정되어 재활용 가능 여부 검토 등이 어려웠던 점에 착안하여 재활용 용도나 방법을 재사용, 재생이용, 에너지 회수 등 대(6)-중(10)-소(39) 분류로 유형화하여 관리하는 「폐기물관리법」 개정이 추진되었다. 동 개정은 재활용 기준(용도 및 방법)을 유형화하는 것 외에도 폐기물 종류의 세분화, 유해특성관리, 재활용환경성평가 등을 통한 재활용 활성화를 추진하는 한편 재활용 과정의 안전관리를 강화하는 데 그 목적이 있다.

폐기물의 구체적인 재활용 기준을 살펴보기에 앞서 「폐기물관리법」에서는 폐기물을 재활용하는 방법의 유형을 구분하고 있으며 이는 동법 시행규칙 별표4의2(폐기물의 재활용 유형별 세부분류)에 다음과 같이 명시하고 있다.

〈별표4의2 폐기물의 재활용 유형별 세부분류〉

1. 원형 그대로 또는 단순 수리·수선하여 재사용하는 유형(R-1, R-2)

  가. R-1: 원형 그대로 재사용(일정한 규격의 용기나 상자에 넣거나 포장하여 재사용하는 자에게 제공하는 경우를 포함한다)하는 유형

    1) R-1-1: 원형 그대로 본래의 용도로 재사용하는 유형

    2) R-1-2: 원형 그대로 본래의 용도와 다른 용도로 재사용하는 유형

  나. R-2: 단순 수리·수선, 건조 및 세척하여 재사용하는 유형

    1) R-2-1: 단순 수리·수선, 건조 및 세척을 통해 본래의 용도로 재사용하는 유형

2) R-2-2: 단순 수리·수선, 건조 및 세척을 통해 본래와 다른 용도로 재사용하는 유형

2. 고상(固狀)의 자원을 회수하거나 제품의 원료를 제조하는 유형 또는 제품을 제조하는 유형(R-3, R-4)

가. R-3: 고상의 자원을 회수하거나 제품의 원료를 제조하는 유형

1) R-3-1: 단순 해체, 분리, 파쇄, 선별 등의 공정을 통해 폐기물에서 금속 또는 비금속 자원을 회수하는 유형

2) R-3-2: 용융, 용해, 반응, 추출 등의 공정을 통해 폐기물에서 금속 또는 비금속 자원을 회수하는 유형

3) R-3-3: 분리, 선별, 압축, 감용, 절단, 파쇄, 분쇄, 용융, 반응, 증발·농축, 증류, 추출 및 열분해 등의 공정을 통해 폐기물을 종이, 금속, 유리, 합성수지, 섬유, 고무, 석유 또는 석유화학제품의 원료물질로 제조하는 유형

4) R-3-4: 분리, 선별, 압축, 감용, 절단, 파쇄, 분쇄, 용융, 반응, 증발·농축, 증류, 추출 및 열분해 등의 공정을 통해 폐기물을 종이, 금속, 유리, 합성수지, 섬유, 고무, 석유 또는 석유화학제품 외의 원료물질로 제조하는 유형

5) R-3-5: 금속제품 제조를 위한 부원료 또는 첨가제로 제조하는 유형

나. R-4: 제품을 제조하는 유형

1) R-4-1: 금속성 제품을 제조하는 유형

2) R-4-2: 골재, 유리, 시멘트, 콘크리트 및 레미콘, 내화물, 요업제품, 각종 석제품 등 비금속광물제품이나 아스콘, 아스팔트, 고화제(固化劑: 고체화를 위한 첨가물) 등 기타 비금속광물제품을 제조하는 유형

3) R-4-3: 펄프, 종이 및 종이제품을 제조하는 유형

4) R-4-4: 고무, 섬유 및 플라스틱 등 수지류를 고무, 섬유 또는 합성수지제품으로 제조하는 유형

5) R-4-5: 목재성형제품, 톱밥, 성형탄 등 나무제품이나 활성탄, 흡착·흡

수제를 제조하는 유형

6) R-4-6: 재생유기용제, 재생윤활유 등 석유정제물을 제조하는 유형

7) R-4-7: 유·무기성 화합물, 산화물 등의 화학물질이나 안료나 도료, 페인트, 착색제 등 화학제품을 제조하는 유형

8) R-4-8: 동·식물성 유지나 비누 등 유지제품을 제조하는 유형

9) R-4-9: 수처리제나 유기탄소원, 응집제 등 수질개선을 목적으로 하는 제품을 제조하는 유형

10) R-4-10: 의약품을 제조하는 유형

3. 농업이나 토질개선을 위하여 재활용하는 유형(R-5, R-6)

가. R-5: 유·무기물질을 농업의 생산에 기여할 목적으로 재활용하는 유형

1) R-5-1: 「비료관리법」에 따른 비료(퇴비를 포함한다)를 생산하는 유형

2) R-5-2: 「사료관리법」에 따른 사료를 생산하는 유형

3) R-5-3: 버섯재배용 배지를 제조하거나 배지로 사용하는 유형

4) R-5-4: 자가 사육하는 가축(지렁이는 제외한다)의 먹이나 자가 농경지 또는 초지의 퇴비로 사용하는 유형

나. R-6: 유기물질을 토질개선의 목적으로 재활용하는 유형

1) R-6-1: 생물학적 처리과정을 거쳐 부숙토나 지렁이 분변토를 만들어 매립시설 복토재 또는 토양개량제를 생산하는 유형

2) R-6-2: 비탈면 녹화토(절토[땅깎기]·성토[흙쌓기] 공사 등으로 발생한 비탈면의 낙석방지, 생태복원 또는 녹화에 사용하는 인공토양을 말한다)를 생산하는 유형

4. 토양이나 공유수면 등에 성토재·복토재·도로기층재·채움재 등으로 재활용하는 유형(R-7)

가. R-7-1: 인·허가 받은 토목·건축공사의 성토재·보조기층재·복토재·도로기층재·채움재로 사용하는 유형

나. R-7-2: 공유수면의 매립면허를 받은 지역의 성토재 또는 뒷채움재로 사

용하는 유형

다. R-7-3: 폐기물매립시설의 복토재 또는 바다와 인접한 폐기물매립시설의 복토재, 차수재로 사용하는 유형

라. R-7-4: 석산의 채석지역 내 하부복구지·저지대의 채움재로 사용하는 유형

마. R-7-5: 석유저장 옥외탱크, 지하매설관로 주변의 방식사로 사용하는 유형

바. R-7-6: 농경지의 성토재로 사용하는 유형

5. 에너지를 직접 회수하거나 회수할 수 있는 상태로 만드는 유형(R-8, R-9)

가. R-8: 에너지를 직접 회수하는 유형

1) R-8-1: 시멘트소성로의 보조연료로 사용하는 유형

2) R-8-2: 소각열회수시설 등을 통해 제3조 제1항 제1호에 따른 에너지 회수기준에 적합하게 에너지를 회수하는 유형

나. R-9: 에너지를 회수할 수 있는 상태로 만드는 유형

1) R-9-1: 「자원의 절약과 재활용촉진에 관한 법률 시행규칙」 별표 7에 따른 고형연료제품의 품질기준에 적합하게 고형연료제품을 만드는 유형

2) R-9-2: 정제, 유화 등의 물리·화학적 처리방법으로 정제연료유나 재생연료유 등 유류를 만들거나 유화정제연료유로 사용하는 유형

3) R-9-3: 열분해, 탄화 등 열적 처리방법으로 수소 등의 기체, 액체 및 고체상의 연료를 만드는 유형

4) R-9-4: 혐기성소화·분해 등 생물학적 처리방법으로 기체·액체상의 연료를 만드는 유형

5) R-9-5: 화력발전소, 열병합발전소의 연료로 사용하는 유형

6. 제품 제조 등을 위한 중간가공폐기물을 만드는 유형(R-10)

R-10-1: R-3부터 R-9까지의 재활용 유형에 따라 재활용하기 위한 중간가공폐기물을 만드는 유형

7. 재활용환경성평가 승인을 받은 유형(R-11)

가. R-11-1: 법 제13조의 3 제1항 제1호에 따라 재활용환경성평가 승인을 받은 유형

나. R-11-2: 법 제13조의 3 제1항 제2호에 따라 재활용환경성평가 승인을 받은 유형

또한 「폐기물관리법」 시행규칙 별표 4의 3(폐기물의 종류별 재활용 유형)에는 폐기물의 재활용 유형에 따른 재활용 가능 폐기물의 종류를 [부록 1]에 수록된 표와 같이 제시하고 있다. 따라서 폐기물을 재활용하려고 하는 경우 반드시 해당 표에 따른 폐기물의 종류별 재활용 가능 유형에 해당하는 유형으로 폐기물을 재활용해야 한다. 단, 제시된 폐기물의 종류가 아니거나 해당 표에서 재활용 가능 유형을 정하지 않은 폐기물의 경우 「폐기물관리법」 제13조의 3 제3항(폐기물의 재활용 시 환경성평가)에 따른 재활용 승인을 받을 경우 재활용할 수 있도록 하고 있다.

폐기물의 재활용은 동법 시행규칙 별표 5의 3(폐기물의 재활용 기준)에 준하여 실시하며 공통기준과 재활용 유형별 세부기준으로 나누어 제시하고 있다. 폐기물의 재활용 기준의 구체적인 내용은 부록 1에 별도 수록한다.

2) 재활용환경성평가

폐기물에는 다양한 물리화학적 특성이 존재하고 이로 인해 폐기물에 함유된 오염물질이나 유해 물질이 재활용 과정을 통해서 주변 환경과 인간에게 영향을 미칠 수 있다. 따라서 오염물질을 함유한 폐기물의 경우 재활용을 허용하기에 앞서 사전에 폐기물에 대한 시나리오별 환경성평가를 통해서 오염물질의 유출 또는 배출에 의한 잠재성을 평가하고, 유해성이 있을 경우 재활용을 금지하거나 제한할 수 있도록 한다. 특히 폐기물 재활용의 원칙과 기준에서 규정하고 있지 않은 새로운 유형의 재활용이나, 토양, 지하수, 지표수 등 자연매체와 직접적으로 접촉하는 일정 규모 이상 재활용의 경우 사람의 건강이나 환경에 미치는 영향을 조사 · 예측하고 예방·제거하는 방안 및 재활용 기술의 적합성을 평가하고자 재활용환경성평가가 필요하다.

표 6.1 재활용환경성평가의 주체

주체	정의
신청자 (폐기물을 재활용하려는 자)	•「폐기물관리법」 제17조에 따른 사업장폐기물 배출자 •「폐기물관리법」 제25조 및 시행규칙 제28조 1항 3호에 따른 폐기물재활용업자 •「폐기물관리법」 제46조에 따른 재활용을 위하여 시·도지사에게 신고하려는 자
평가기관 (재활용환경성평가기관)	•「폐기물관리법」 제13조의 3 제1항에 따른 재활용환경성평가를 수행하기 위하여 제13조의 4에 준하여 환경부장관이 지정한 기관
승인기관 (재활용환경성평가승인기관)	•「폐기물관리법」 제13조의 3, 시행규칙 제14조의 6에 따른 재활용환경성평가 결과를 검토하고 승인하는 기관(국립환경과학원장)

재활용환경성평가를 진행하는 주체는 신청자, 평가기관, 승인기관으로 구분되며, 구체적인 내용은 〈표 6.1〉과 같다.

재활용환경성평가는 평가대상 폐기물의 재활용 유형에 따라 비매체/매체 접촉형으로 구분되며, 각각의 항목 및 절차에 따라 진행된다.

(1) 비매체접촉형 재활용환경성평가

비매체접촉형 재활용환경성평가 대상은 토양이나 지하수 등 자연매체와 접촉하지 않는 재활용 유형으로 새로운 물질 또는 새로운 용도로 폐기물을 재활용할 시 해당된다.

표 6.2 비매체접촉형 재활용환경성평가 절차 및 내용

구분	담당	내용
평가대상 범위		•「폐기물관리법」 제13조의 3 제1항 2호에 해당하는 폐기물 재활용의 원칙 및 준수사항을 정하지 아니한 폐기물을 재활용하는 경우 • 토양이나 지하수 등의 자연매체와 직접 접촉하지 않는 용도 또는 방법으로 재활용하고자 하는 경우
신청서류 제출	신청자	• 재활용환경성평가 신청서(「폐기물관리법 시행규칙」 [별지 제4호의2서식]) • 폐기물의 재활용 계획서(폐기물의 구체적인 재활용 유형, 재활용 공정도 및 재활용 공정별 물질수지 분석 자료, 재활용에 따른 주변 지역의 오염 예방·저감 계획, 재활용과 관련된 국내외 연구 실적 또는 유사 사례) • 재활용 대상 폐기물, 재활용 공정 및 재활용 제품에 대한 환경 유해성 분석 자료 • 재활용 제품의 생산 시설 등 재활용 공정의 적정성을 확인할 수 있는 시설 • 재활용 제품 등의 시제품

구분	담당	내용
서류검토	평가기관	• 제출 자료에 대한 적합성 검토 • 서류 누락 및 적정여부 등을 검토한 후 필요한 경우 자료의 추가 또는 보완 요청
현장조사	평가기관	• 현장조사를 통해 환경성평가에 필요한 시료 등을 채취하여야 하며 신청자가 제출한 서류와 현장조사와의 일치성 여부 등을 점검하고 「재활용환경성평가를 위한 절차와 방법 등에 관한 규정」 [별지 제1호 서식]에 그 내용을 작성
시료채취	평가기관	• 재활용 대상 폐기물 • 재활용 제품 • 재활용 과정에서 사용되는 원료물질 • 고형연료 제품 • 에너지회수 후 잔재물 • 유용자원 회수공정에서 생산된 물질 • 그 밖의 환경성평가를 위하여 필요하다고 인정하는 시료 • 시료채취 방법에 대해서는 「환경분야 시험 · 검사 등에 관한 법률」 제6조에 따라 고시된 폐기물에 관한 공정시험기준 또는 국제적으로 통용되는 시험방법
유해특성 평가 등	평가기관	• 「유해특성을 확인해야 하는 폐기물의 종류 및 발생업종에 관한 규정 고시」 해당 여부 확인 • 폐기물공정시험기준에 따라 해당 재활용의 유해특성을 평가 • 「폐기물 유해특성의 성질 및 해당 기준 고시」에 따른 유해특성 기준 초과 여부를 확인하고 그 결과를 「재활용환경성평가를 위한 절차와 방법 등에 관한 규정」 [별지 제2호 서식]에 따른 유해특성 평가표에 기재 • 다만, 기준을 초과할 경우 재활용 제조공정상 제거 또는 안정화할 수 있는 방법을 확인하고 그 결과를 평가표에 함께 기재
평가기준 제시	평가기관	• 「폐기물관리법 시행규칙」 [별표 5의 3]에 따른 재활용 기준 중 유사한 유형의 기준 및 「자원의절약과 재활용촉진에 관한 법률」 제33조 등에 명시된 재활용 제품 등의 기준을 고려하여 채취한 시료 등의 적정성 평가에 기준으로 활용 • 평가기준에 대해 평가기준 및 근거자료를 「재활용 환경성평가를 위한 절차와 방법 등에 관한 규정」 [별지 제3호 서식]의 평가표에 작성
시험분석	평가기관	• 재활용 제품 등에 대한 시험분석을 공정시험기준 또는 국제적으로 통용되는 시험방법을 따라 실시하여야 하며, 제시한 평가기준과 비교하고 그 시험결과를 「재활용환경성평가를 위한 절차와 방법 등에 관한 규정」 [별지 제4호 서식]의 평가표에 작성
환경성 평가결과	평가기관	• 서류검토, 현장조사, 폐기물 유해특성평가 및 시험분석 결과 등을 종합적으로 검토하여 해당 재활용 용도 또는 방법에 대한 환경성평가의 최종의견을 다음 중 하나로 결정 • 적정 • 조건부 적정 • 부적정 • 최종의견을 「재활용환경성평가를 위한 절차와 방법 등에 관한 규정」 [별지 제3호 서식]의 평가표에 작성

(2) 매체접촉형 재활용환경성평가

매체접촉형 재활용환경성평가 대상은 환경부령으로 정하는 규모(재활용 대상부지 기준 12만 톤 또는 3만 제곱미터) 이상의 폐기물 또는 폐기물을 토양 등과 혼합하여 만든 물질을 토양·지하수·지표수 등에 접촉시켜 복토재·성토재·도로기층재 등 환경부령으로 정하는 용도 또는 방법으로 재활용할 경우 해당된다.

표 6.3 비매체접촉형 재활용환경성평가 절차 및 내용

구분	담당	내용
평가대상 범위		• 「폐기물관리법」 시행규칙 제14조의 5 제1항에 해당하는 규모로 토양이나 지하수 등의 자연매체와 접촉하여 복토재·성토재·도로기층재 등으로 재활용하는 경우 • 「폐기물관리법」 제13조의 3 제1항 2호에 해당하면서 토양이나 지하수 등의 자연매체와 직접 접촉하는 용도 또는 방법으로 재활용하는 경우
신청서류 제출	신청자	• 재활용환경성평가 신청서(「폐기물관리법 시행규칙」 [별지 제4호의 2서식]) • 폐기물의 재활용 계획서(폐기물의 구체적인 재활용 유형, 재활용 공정도 및 재활용 공정별 물질수지 분석 자료, 재활용에 따른 주변 지역의 오염 예방·저감 계획, 재활용과 관련된 국내외 연구 실적 또는 유사 사례) • 재활용 대상 폐기물, 재활용 공정 및 재활용 제품에 대한 환경 유해성 분석 자료 • 재활용 제품의 생산 시설 등 재활용 공정의 적정성을 확인할 수 있는 시설 • 재활용 제품 등의 시제품 • 재활용 대상 부지에 대한 지형·지질 등의 현황 자료 • 재활용 대상 부지 및 주변 지역에 대한 환경변화 모니터링 대상 항목·방법·주기 및 기간 등이 포함된 사후관리 계획
서류검토	평가기관	• 제출 자료에 대한 적합성 검토 • 서류 누락 및 적정여부 등을 검토한 후 필요한 경우 자료의 추가 또는 보완 요청
현장조사	평가기관	• 현장조사를 통해 환경성평가에 필요한 시료 등을 채취하여야 하며 신청자가 제출한 서류와 현장조사와의 일치성 여부 등을 점검하고 「재활용환경성평가를 위한 절차와 방법 등에 관한 규정」 [별지 제1호 서식]에 그 내용을 작성 • 대상부지의 적절성, 대상부지와 폐기물의 혼합으로 발생할 수 있는 변화 등을 확인
시료채취	평가기관	• 재활용 대상 폐기물 • 대상폐기물 외의 물질을 투입하여 혼합할 경우 그 투입물질 • 혼합 또는 처리공정을 통해 생산되는 매체접촉형 재활용 제품 • 그 밖의 환경성평가를 위하여 필요하다고 인정하는 시료 • 시료채취 방법에 대해서는 「환경분야 시험·검사 등에 관한 법률」 제6조에 고시된 폐기물에 관한 공정시험기준 또는 국제적으로 통용되는 시험방법

구분	담당	내용
유해특성 평가 등	평가기관	• 「유해특성을 확인해야 하는 폐기물의 종류 및 발생업종에 관한 규정 고시」 해당 여부 확인 • 폐기물공정시험기준에 따라 해당 재활용의 유해특성을 평가 • 「폐기물 유해특성의 성질 및 해당 기준 고시」에 따른 유해특성 기준 초과 여부를 확인하고 그 결과를 「재활용환경성평가를 위한 절차와 방법 등에 관한 규정」 [별지 제2호 서식]에 따른 유해특성 평가표에 기재 • 다만, 기준을 초과할 경우 재활용 제조공정상 제거 또는 안정화할 수있는 방법을 확인하고 그 결과를 평가표에 함께 기재 • 유해물질 함량시험이 필요하다고 판단한 경우 토양오염 물질에 관한 공정시험기준 또는 국제적으로 통용되는 시험방법을 따라 유해물질 함량 시험분석을 실시할 수 있으며 그 시험 결과를 「재활용환경성평가를 위한 절차와 방법 등에 관한 규정」[별지 제4호 서식]의 평가표로 작성
평가기준 제시	평가기관	• 「폐기물관리법 시행규칙」 [별표 5의 3]에 따른 재활용 기준 중 유사한 유형의 기준 및 「자원의절약과 재활용촉진에 관한 법률」 제33조 등에 명시된 재활용 제품 등의 기준을 고려하여 채취한 시료 중 필요하다고 판단하는 경우 유해물질의 함량 등의 평가를 위한 근거자료를 제시 • 재활용 유형에 따라 채취한 시료들에 대해서 상향류 투수방식의 유출시험 기준 등을 설정
시험분석	평가기관	• 재활용 제품 등에 대한 시험분석을 공정시험기준 또는 국제적으로 통용되는 시험방법을 따라 실시하여야 하며, 제시한 평가기준과 비교하고 그 시험결과를 「재활용환경성평가를 위한 절차와 방법 등에 관한 규정」 [별지 제4호 서식]의 평가표에 작성
상향류 투수방식 유출평가	평가기관	• 상향류 투수방식의 유출시험이 필요하다고 판단한 시료에 대해서 항목별 상향류 투수방식의 유출시험(이하 "유출시험"이라 한다)을 실시할 수 있으며 그 시험결과를 「재활용환경성평가를 위한 절차와 방법 등에 관한 규정」 [별지 제4호 서식]의 평가표로 작성 • 유출시험 측정방법에 대해서는 폐기물에 관한 공정시험 기준 또는 국제적으로 통용되는 상향류 투수방식 시험 방법 사용
모델링 평가	평가기관	• 대상폐기물 내의 잠재오염원이 주변 환경에 미치는 영향을 예측할 수 있도록 다음에 따라 모델링에 의한 오염영향 예측결과를 제시(다만, 「폐기물관리법 시행규칙」 [별표 5의 5] 제3호 아목에 해당하는 경우 모델링평가 생략 가능) • 기존자료 수집검토, 수리지질 현황조사 등을 통하여 재활용 대상폐기물 내의 잠재오염원이 주변 환경에 미치는 영향을 예측할 수 있는 모델을 선정 • 대상부지의 환경을 고려하여 이동, 흡착, 확산을 모사할 수 있는 방식의 모델링 프로그램을 선정 • 모델링 평가에 필요한 인자목록 작성 시, 기존자료의 수집검토와 재활용 환경성평가에서 도출된 자료 등을 이용할 수 있으며 실측이 필요한 경우 세부지질조사, 시험정 설치 및 지하 수리지질 조사 등을 통하여 도출

구분	담당	내용
현장 적용성 시험	평가기관	• 동 · 식물의 생장을 확인하거나, 기술의 안정성 등을 검토할 수 있도록 다음에 따라 현장적용성 시험 실시(다만, 「폐기물관리법 시행규칙」 [별표 5의5] 제3호아목에 해당하는 경우 현장적용성 시험 생략 가능) • 폐기물을 재활용하려는 목적과 장소에 적합한 현장적용성시험 방법을 결정하여 적용 • 시험목적이 식생인 경우와 지반의 안정성인 경우 등 목적에 따라 필수 검토사항 결정
사후관리 계획	평가기관	• 매체접촉형 재활용에 따른 대상부지 및 주변지역 오염여부 등을 확인항 후 사후관리 계획을 수립하고 이를 작성
환경성 평가결과	평가기관	• 서류검토, 현장조사, 폐기물 유해특성평가, 함량시험, 유출시험, 사후관리 계획 등의 검토결과를 바탕으로 해당 재활용 용도 또는 방법의 환경성평가에 대한 최종의견을 다음 중 하나로 결정 • 적정 • 조건부 적정 • 부적정 • 최종의견을 「재활용환경성평가를 위한 절차와 방법 등에 관한 규정」 [별지 제4호 서식]의 평가표에 작성

(3) 재활용환경성평가의 승인

평가기관으로부터 재활용환경성평가를 완료한 신청자는 다음 절차에 따라 승인 기관인 국립환경과학원에 재활용에 대한 승인을 신청한다. 승인 신청 기간은 재활용환경성평가서를 발급받은 날로부터 1년 이내이며, 구체적인 절차는 〈그림 6.1〉과 같다.

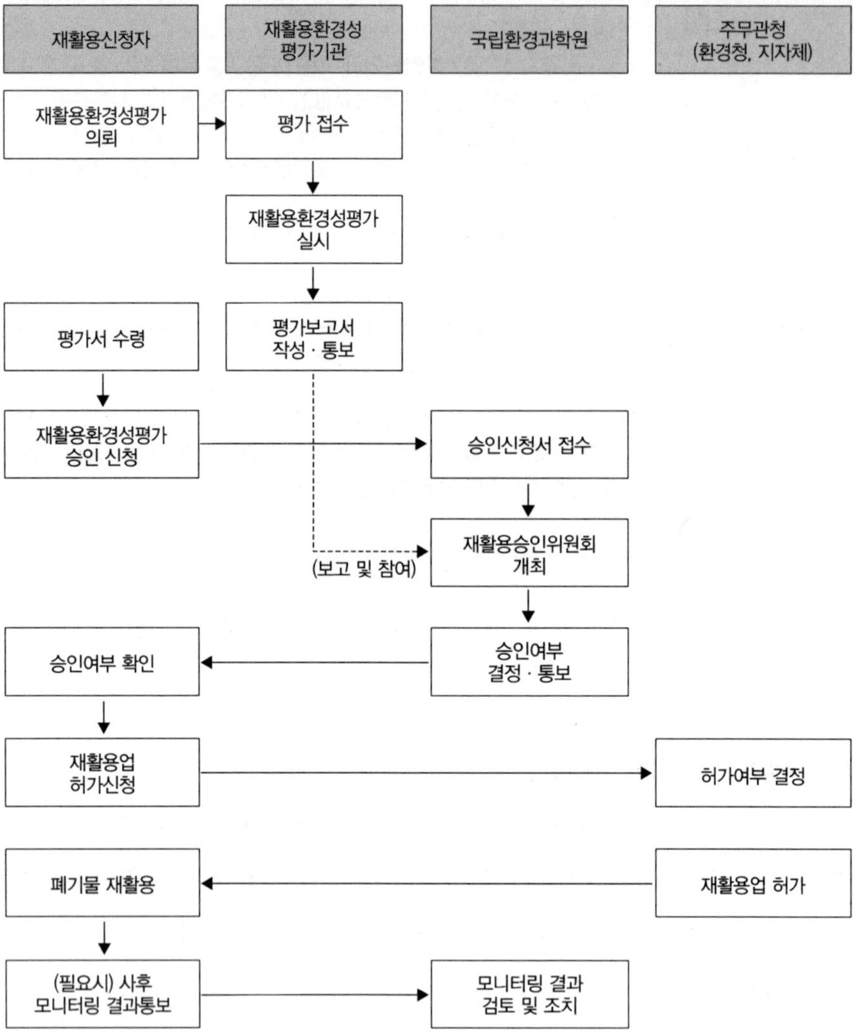

그림 6.1 재활용환경성평가 절차도

출처: 재활용환경성평가 가이드라인(2017), 국립환경과학원

6.2 대표적인 폐자원의 재활용 기술

1) 다양한 폐기물 종류별 재활용 현황

(1) 폐유 및 폐유기용제(폐윤활유 포함)

폐유 및 폐유기용제 중 엔진오일이나 폐유기용제와 같이 상대적으로 불순물의 함유량이 낮은 것은 대부분 재활용되고 있으나, 수분을 많이 포함하고 있고 이물질이 많아 상대적으로 재활용하기 어려운 것은 소각처리되고 있다.

엔진오일, 연마유, 기계유, 연료유 등에서 발생한 폐유는 주로 고온열분해 방식, 감압 증류 방식, 이온정제 방식으로 재활용 처리된다. 일반적으로 이온정제 방식이 가장 많이 적용되고 있으며 상대적으로 순도가 높은 감압정제 방식으로 생산된 정제연료는 보일러 등유 대용으로, 응집침전 및 원심분리 방식으로 생산되는 이온정제유는 벙커C유 대체로 사용된다. 일부에서는 침전, 여과, 분쇄 등의 물리적 처리를 통해 불순물을 제거하고, 에멀전화 시킨 재생연료유를 정제하고

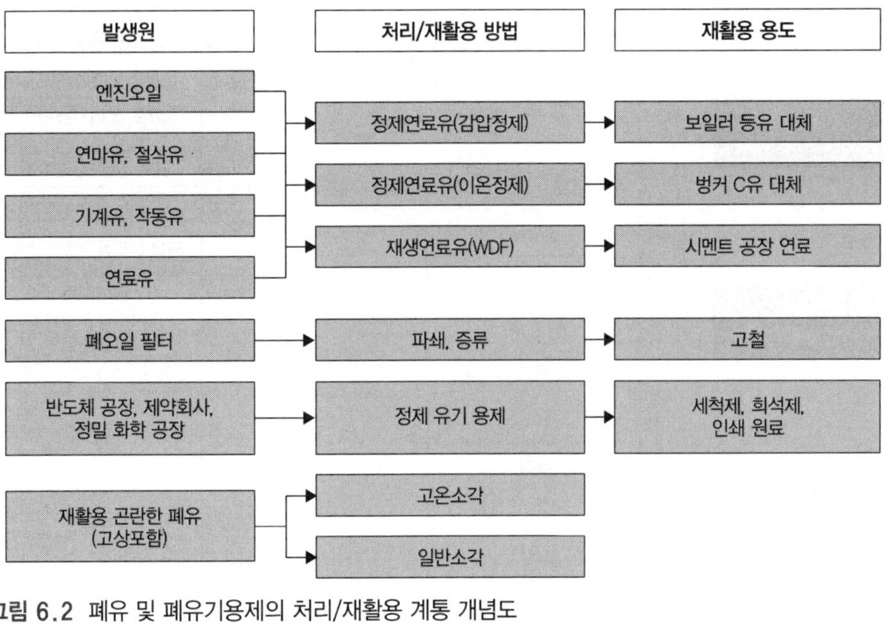

그림 6.2 폐유 및 폐유기용제의 처리/재활용 계통 개념도

출처: 재활용환경성평가 전문인력양성과정 교육자료(한국환경산업기술원, 2022)

있으며, 정제된 제품은 시멘트 공장의 연료로 사용하는 사례도 있다.

폐오일필터는 오일을 포함하고 있으나, 주로 고철로 재활용되고 있다. 폐유기용제의 경우 증류온도를 달리함으로써 원하는 유기용제를 분리시키고 있으며, 분리된 유기용제는 세척제나 희석제 용도로 재활용된다. 일반적으로 처리공정의 증류탑 높이가 높을수록 고순도 재활용 유기용제를 얻을 수 있지만 한정된 시설 투자비 때문에 생산되는 제품 순도는 97~98% 수준이다.

(2) 폐플라스틱

플라스틱은 크게 천연수지와 합성수지로 구분된다. 일반적으로 플라스틱이라고 불리는 물질은 합성수지를 말한다. 즉 플라스틱은 석유나 천연가스, 석탄으로부터 분자량이 작은 단량체(monomer)을 추출하고 이를 고분자화한 유기화합물을 통칭하여 말한다.

플라스틱의 재활용은 주로 재생원료화, 연료화, 화학적 재활용 등으로 구분할 수 있다. 재생원료화는 제품 생산 공정에서 발생된 격외품이나 성형불량품, 잉여제품 등을 다른 종류의 물질로 변화시켜 사용하는 것을 말한다. 연료화는 플라스

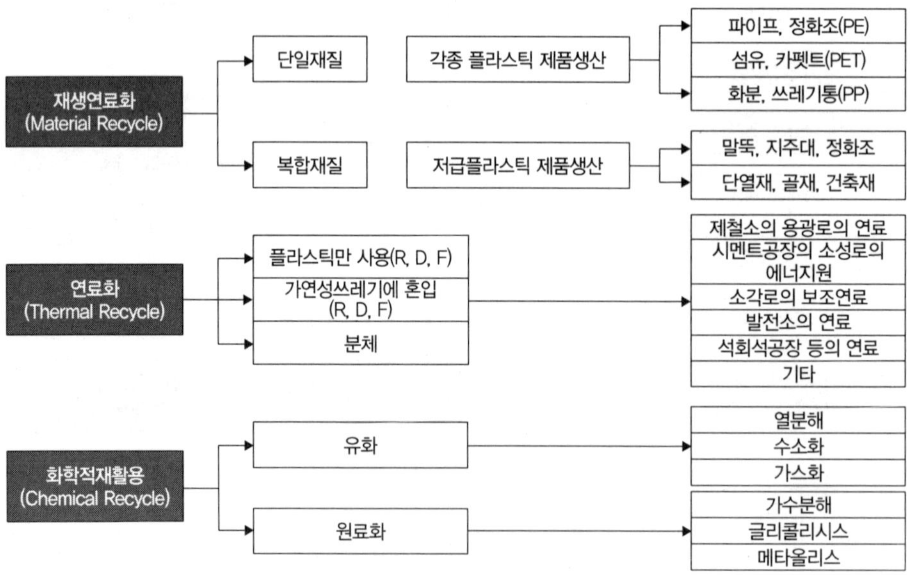

그림 6.3 폐플라스틱의 재활용방법

출처: 재활용환경성평가 전문인력양성과정 교육자료(한국환경산업기술원, 2022)

틱을 고형화하여 연료로 재활용하거나 분체화하여 석탄이나 석유보일러의 대체 연료로 사용하는 방법을 말한다. 이때 플라스틱의 고형연료화는 일반 가연성 쓰레기와 폐플라스틱을 혼합하여 사용하거나 폐플라스틱만을 사용할 수 있다. 끝으로 화학적 재활용에는 폐플라스틱을 액체나 기체로 만들어 연료 혹은 석유화학 원료로 사용하는 방법, 모노머로 환원하여 석유화학제품을 위한 폴리머의 원료로 재이용하는 방법 등이 포함된다.

(3) 폐고무/폐타이어

폐타이어는 발생 시점(폐차, 타이어 교체 시)이나 발생 장소(폐차장, 타이어 판매업소, 정비업소 등)는 한정되어 있는 반면 여타 폐기물에 비해 상대적으로 재생가치가 높아 재활용이 용이한 편에 속한다. 폐타이어의 재활용은 크게 원형이용, 가공이용, 열이용의 3가지로 분류된다. 원형이용은 원형상태의 폐타이어를 토목공사 등에 투입하는 경우(매립지 사면 배수층 등)에 해당되며, 가공이용은 폐타이어를 가공하여 재생타이어를 제조하거나 재생고무 등으로 활용하는 것을 의미한다. 한편 열 이용은 시멘트소성로 등에 폐타이어를 투입하여 열 에너지원으로써 활용하는 것을 말한다.

(4) 폐합성섬유

폐합성섬유의 처리에 있어 헌옷으로 수거되어 수출되는 제품을 제외하고 국내에서는 약 95% 가량을 매립이나 소각하고 있으며, 나머지 약 5% 정도만 저급형 공업 걸레로 재활용하고 있는 실정이다. 일부 중고의류, 모자, 방석, 신발 등의 펠트(felt) 그리고 작업용 장갑 등으로 재활용되는 경우가 있으나 매우 부분적이고 단순처리 정도의 재활용 수준에 그치고 있는 상황이다.

(5) 폐목재

폐목재는 바이오매스(Biomass)의 일종이며, 바이오매스는 탄소화합물로 구성된 재생 가능자원을 일컫는다. 일반적으로 목질계 바이오매스는 태양에너지를 이용하여 광합성을 하는 모든 식물군을 총칭하는 용어로, 대표적인 목질계 바이오매스로는 나무의 줄기, 뿌리, 잎 등이 있다. 목질계 바이오매스의 재활용은 원형 및 물질 재사용, 열화학적 변환을 통한 에너지화, 생물화학적 변환을 통한 에너지화 등으로 대표된다.

목질계 바이오매스의 원형 및 물질 재사용은 폐목재 등을 원형 그대로 이용하거나 기계적 파쇄 및 선별과정 등을 거쳐 부가가치가 높은 새로운 재활용 목질제품을 생산하는 것을 말한다. 목질계 바이오매스를 활용한 대표적인 재활용 제품에는 파티클보드(PB, Particle Board)와 중밀도 섬유판(MDF, Medium Density Board)

표 6.4 목질계 바이오매스의 열화학 · 생물화학적 변환 기술

분류	변환기술	대상 바이오매스	기술개요
열화학적 변환	직접연소	건조계	• 직접 연소하여 열로서 이용하거나, 보일러 발전을 하는 기술
	혼소	건조계	• 석탄화력발전소 등에서 석탄 등의 화석자원과 바이오매스를 혼합 연소하는 기술
	고형연료화	건조계	• 100~105℃로 가열하고 목분 또는 목분과 석탄의 혼합물을 가압, 리그닌을 바인더로 해서 성형 고화하는 기술
	가스화	건조계	• 바이오매스를 완전 연소하기 위해서 불충분한 산소 또는 공기조건으로 열처리하고, 주로 열분해에 의해 생성하는 가연성 가스를 얻는 기술
	열분해	건조계	• 바이오매스를 1초 이하의 단시간과 500~600℃의 고온으로 폭기하고, 급속히 냉각하여 가스화를 억제하고 유상(油狀)을 얻는 기술
	탄화	건조계	• 바이오매스를 공기를 공급하지 않고 가열하고, 탄소를 주성분으로 하는 고형연료를 얻는 기술
	에스테르화	유지	• 유지(油脂)를 메탄올과 반응시켜 에스테르화하여 디젤 대체 연료를 얻는 기술
생물학적 변환	메탄발효	함수계	• 바이오매스를 혐기성 조건 하에서 발효시켜 메탄과 이산화탄소를 주성분으로 하는 가연성 가스를 얻는 기술
	에탄올발효	당·전분 (리그노 셀룰로스계)	• 당을 효모로 발효시켜 에탄올을 얻는 기술, 원료로 전분 또는 리그노셀룰로스계 바이오매스를 이용하는 경우에는 전처리인 가수분해에 의해 당을 얻는 기술
	수소발효	함수계	• 조건을 조정함으로써 수소를 주로 발생하는 혐기성 소화를 진행시켜 수소를 얻는 기술

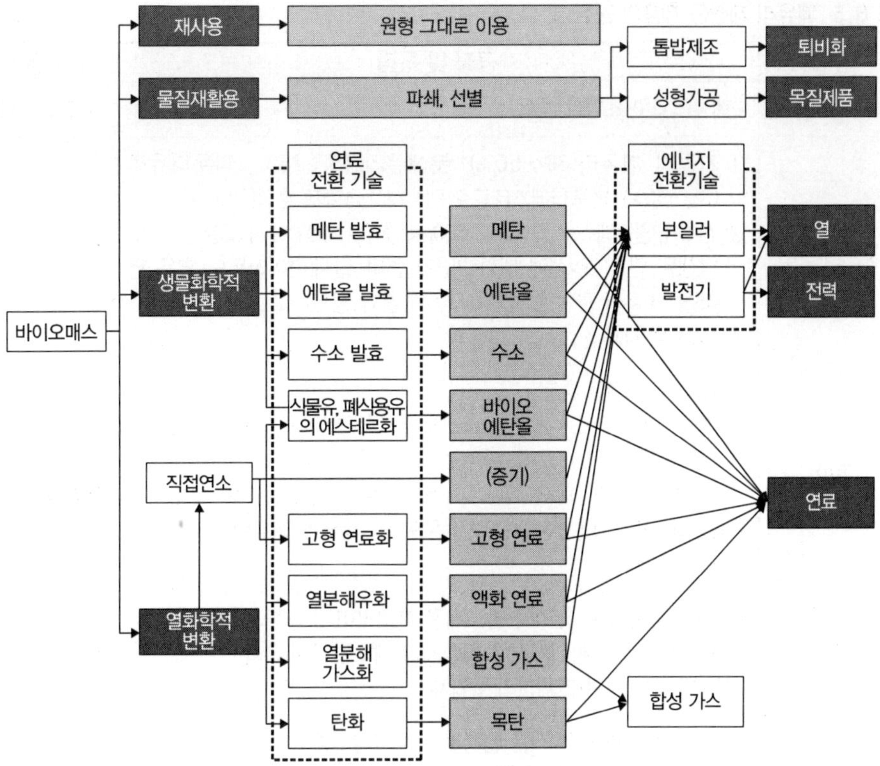

그림 6.4 목질계 바이오매스의 재사용 및 에너지 전환 흐름도
출처: 재활용환경성평가 전문인력양성과정 교육자료(한국환경산업기술원, 2022)

등이 있다. 파티클보드는 목질계 바이오매스 투입 → 파쇄 → 저장 → 삭편 → 건조 → 선별 → 접착제도포 → 성형 → 예압 → 열압 → 냉각 → 재단 → 검사 → 포장의 공정을 거쳐 생신되며, 섬유판은 목질계 바이오매스 투입 → 삭편화(칩핑) → 고압해성 → 접착제첨가 → 건조 → 매트성형 → 열압 → 냉각의 과정을 거쳐 생산된다.

목질계 바이오매스는 열화학적 혹은 생물학적 공정을 거쳐 에너지화 되어 재활용되기도 한다. 목질계 바이오매스의 열화학적 변환기술에는 연소, 고형연료화, 가스화, 열분해, 탄화, 에스테르화 등이 있으며 생물학적 변환기술로는 메탄 발효, 에탄올발효, 수소발효 등이 있다.

(6) 폐유리

폐유리는 유리병, 아스팔트, 블록, 대리석, 타일, 유리섬유, 비드, 발포용 경량

표 6.5 폐유리 재활용 제품의 공정 및 특징

구분	공정 및 특징	주요 용도
폐유리 골재	• 폐유리와 아스팔트 혼합	도로포장재
인조대리석	① 자동차 폐유리(30~50%), 분쇄유리(15~25%), 파우더유리(25~35%), 불포화에스테르수지(10%), 경화제 혼합(2%) ② 진동/진공프레스로 압축(약 1,500psi) 후 80~90℃에서 30분간 양생 ③ 양생된 인조대리석에 대한 2단계 연마 실시(다이아몬드 혹은 연마석 → 유리 광택용 셀륨옥사이드 혼합 광판) ④ 절단 후 사용	바닥재
타일	• 폐유리와 고령토 혼합 – 제품밀도: 2.12~2.28 g/cm^3(폐유리함량 및 소성온도가 높을수록 증가) – 꺾임파괴하중: 9.4~15.2 N/cm^3(소성온도가 높을수록 증가) • 폐유리 타일 제조 시 적합 소성온도 및 폐유리 함유량은 1,000℃ 및 60% 내외	바닥재 벽제용
발포유리	• 미세하게 분해된 유리에 발포제를 혼합하여 소성함으로써 얇은 무기질 유리막 내에 기체상을 형성시켜 제조된 특수유리 • 무기질 유리상과 기체상의 복합체	단열재 등
발포유리 골재	• 구형 또는 원통형의 작은 입자로 구성된 발포유리 • 시멘트에 섞어 시멘트 벽돌 내에 충전되어 시멘트 벽돌의 열전도도를 크게 낮춤	단열재 등
유리 흡음재	① 유리분말(20~30 mesh) 58%에 발포제 및 발포첨가제를 혼합하여 분말상태의 유리, 규조토, 탄산칼륨을 분리한 후 건식혼합 ② 수산화나트륨, 규산나트륨, 물을 습식 혼합하여 토련기로 압축성형 ③ 이를 건조한 후 전기로에서 750℃까지 상승시킨 후 제조	방음용 골재

골재 등다양한 제품으로 재활용되어 포장용기, 도로포장재, 바닥재, 건축용·내·외장재, 방음용 골재 등에 활용되는 것으로 나타났다. 폐유리의 주요 재활용 기술과 용도를 정리하면 〈표 6.5〉와 같다.

(7) 폐산/폐알칼리

폐산은 pH 2 이하의 산성수용액의 폐기물로서 주로 도금, 도장, 금속가공 등에서 전처리 과정으로 스케일과 녹을 제거하는 산세성 공정에서 발생한다. 따라서 폐산 중에는 다량의 중금속과 화학성분이 함유되어 있다. 폐산을 회수하여 재이용하는 방법에는 산만으로 회수하여 재이용, 산과 그 염으로 분리하고 회수하

표 6.6 폐산의 회수 및 재이용 기술

구분	특징
냉각법	• 폐황산을 냉각하여 황산제일철을 석출하고, 이를 여과/제거함으로써 저농도의 황산 수용액을 추출하여 추출된 황산수용액을 산세용액으로 재이용 • 직접냉각법과 감압냉각법 등으로 세분화
증발법	• 가열을 통하여 폐산의 수분을 증발시켜 농축하여 금속염을 석출시키거나 산을 물과 함께 증발시키고 증기를 냉각시켜 산용액으로 회수 • 액체연소법과 진공증발법 등으로 세분화
투석막	• 이온교환막, 역침투막, 한외여과막 등을 활용하여 산 및 알칼리를 분리/회수 • 확산투석법, 전기투석법 등으로 세분화
용매추출법	• 서로 혼합하지 않는 2개의 용매 간(일반적으로 수상과 유상)에 용질이 분배하여 녹는 현상(용질의 분배율차)을 이용하여 용질을 효율적으로 분리하는 방법 • 산성인산에스테르, 중선인산에스테르, 브타놀, 이소아밀알코올 등을 추출용매로 사용

여 재이용, 산을 염의 형태로 회수하여 재이용하는 방법이 있다. 한편 이러한 폐산의 회수 및 재이용 기술로는 대표적으로 냉각법, 증발법 투석막, 용매추출법 등이 있다(표 6.6).

폐알칼리는 pH 12.5 이상을 나타내는 고형 또는 액상과 오니상의 불용물을 뜻한다. 대표적인 폐알칼리로는 폐탄산나트륨, 폐석회알칼리, 폐규산나트륨, 알루미늄에칭액, 동식물유를 포함하는 폐알칼리 등이 있다. 폐알칼리별 주요 재활용 방법은 〈표 6.7〉과 같다.

표 6.7 폐알칼리의 재활용 방법

구분	특징
폐탄산나트륨	• 탄산나트륨은 철강의 전로에서 황화수소가 많은 배기가스 및 하수나 분뇨의 메탄 발효에서 발생되는 가스의 탈황 세정용으로 사용됨 • 사용된 폐액은 황화나트륨이 녹아있어 이를 폭기할 경우 황화나트륨이 산화되면서 황입자는 고액분리되고 액상에는 탄산나트륨만 남게 되므로 이를 반복해서 사용 가능
폐석회	• 소석회와 생석회를 사용하는 정제당 제조공정은 원료인 당밀을 물에 녹여 소석회류를 투입하고, 보일러 등에 의한 연소가스 주입으로 탄산칼슘화하여 불순물을 응집 · 침전 · 정제함 • 이후 폐기물이 된 탄산칼슘을 탈수한 후 소성로에서 1,300℃ 전후로 소성시켜 재생 생석회로 재이용

구분	특징
폐규산나트륨	• 규산나트륨(물유리) 주물공정에서 주형을 모래로 경화할 때 사용되며, 이때 폐기물로 혼합된 모래를 배출함 • 규산나트륨이 혼합된 모래를 열탕에 넣어 규산나트륨을 녹인 후 모래를 회수하고, 배출된 폐규산나트륨은 감압농축하여 토목공사용으로 재이용하거나 황산알루미늄을 혼합하여 인공제올라이트로 재이용
알루미늄 에칭액	• 알루미륨에칭액은 알루마이트 전처리과정에서 금속표면을 수산화나트륨으로 에칭하는 과정에서 발생하며, 금속 알루미늄은 에칭공정에서 수소를 발생시키면서 수산화나트륨과 반응하여 알루민산나트륨으로 용해함 • 알루민산나트륨의 농도가 높아져 에칭기능이 저하된 경우 폐알칼리를 회수하여 농축하고 수산화알루미늄 결정이 함유된 반응기에서 약 10분간 가온, 교반하여 수산화나트륨과 수산화알루미늄으로 가수분해함 • 가수분해된 수산화알루미늄을 분리 · 제거함으로써 수산화나트륨 용액을 추출하여 이를 에칭액으로 재사용
동식물유를 포함하는 알칼리	• 동식물유 정제공정에서 수산화나트륨이 사용되어 폐알칼리로 배출되는데 이때 알칼리와 비누, 유지가 혼재하게 됨 • 동식물유를 포함한 폐알칼리는 기름을 부상시키기 어렵고 기포에 의한 부상분리도 어렵기 때문에 pH를 떨어뜨려 알칼리와 기름을 분리한 후, 기름을 회수함

2) 고형폐기물의 물리적 재활용 기술

물리적 방법에 의한 고형폐기물의 회수 및 재활용 기술은 대표적으로 압축, 파쇄, 선별 등이 있으며, 이는 5장 폐자원의 수집 및 운반, 7장 폐자원의 물리적 처리에서 별도로 상세히 다루었다. 본 절에서는 고형폐기물 중 매립지 내 매립폐기물로부터 자원을 회수하는 기술을 별도로 다루고자 한다.

매립폐기물에서의 자원회수는 Landfill mining으로 명명되며, 폐기물 매립지에서 매립된 폐기물을 굴착/선별하여 소각 가능한 폐기물과 금속 등 재활용 가능 물질, 기타 재매립 대상 물질로 선별함으로써 매립지의 매립기간을 연장하거나, 과거 폐기물 매립지로 사용되었던 지역을 건축부지 등 타 용도로 전환하고자 하는 경우에 적용되는 기술이다.

매립폐기물의 선별 시에 주로 사용되는 선별방법은 트롬멜 스크린에 의한 체선별이 주를 이루며, 그 외에 풍력선별이나 자력선별이 부가적으로 추가된다. 트롬멜 스크린의 적용 시 끈 형태의 플라스틱류가 체눈을 막아서 선별 효율을 저하시키는 문제가 발생하므로 이를 해결하기 위한 체막힘 방지기술이 환경신기술

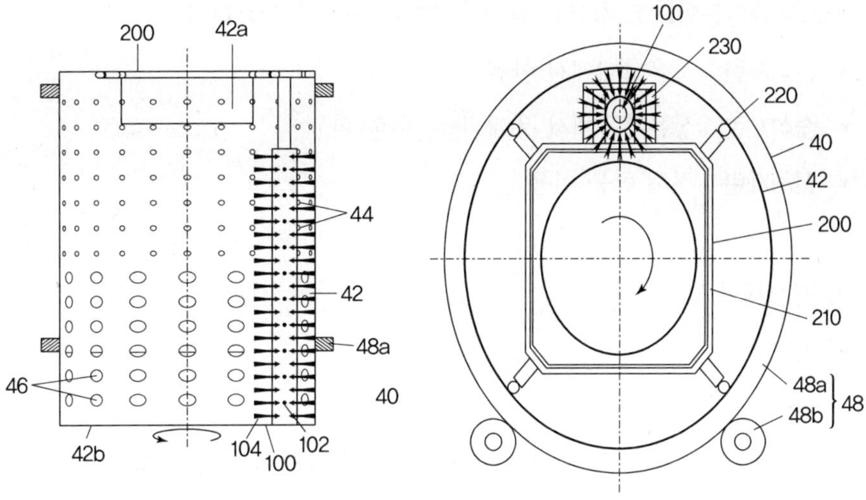

그림 6.5 체막힘 방지기술이 적용된 트롬멜스크린(예)
출처: 환경신기술설계편람(한국환경산업기술원, 2013)

등에 적용되고 있다. 아울러 고형연료로 연소처리하고자 하는 플라스틱류에 토사의 함량이 높아서 발열량을 저하시키고, 소각 시 회분 발생량을 증가시키는 문제를 해결하기 위한 노력이 이루어지고 있다.

3) 용융 및 추출에 의한 금속 재활용 기술

(1) 개요

금속 재활용은 스크랩을 다시 용융하고 필요할 경우 정련해서 자원화하는 방법과 스크랩에서 비철금속을 추출하고 고순도화해 금속이나 화합물로 자원화하는 방법으로 분류된다.

- 건식제련(pyrometallurgy) 광석을 녹는점 이상의 온도로 가열해 원소 또는 간단한 화합물 상태의 금속을 얻는 공정
- 습식제련(hydrometallurgy) 금속의 화학적 성질을 이용하여 광석으로부터 유용 금속을 화학반응에 의하여 추출, 제련하는 공정
- 전해제련(electrometallurgy) 전기분해원리를 이용하여 목적 금속을 얻어내는 공정

제련은 환원공업으로 적당한 환원수단과 환원제가 필요하다.

- 건식제련　고온상태에서 환원
- 습식제련　상온부근에서 용매이용, 추출 환원
- 전해제련　전해 반응 이용

(2) 건식제련

- 원료
  - 주원료
  - Flux: 필요 없는 물질 제거를 도와주는 역할을 수행한다(CaO).
  - 환원제: 회수하고자 하는 물질은 남아 있게 하고, 필요 없는 물질은 환원시켜 제거한다.
- 생성물
  - Crude metal(조금속): 회수하고자 하는 목적 원소가 들어 있다.
  - matte: 제련과정에서 생기는 황화물이 혼합된 물질(Cu2S, Ni3S2, FeS가 주성분)
  - Speiss: 제련과정에서 생기는 중금속 비화물
  - Slag: 제련과정에서 생기는 찌꺼기

    목적 금속과의 분리를 위해 밀도차가 커야 한다.

    용해도가 작아 손실률을 최소화해야 한다(목적 금속 중에 slag가 포함되어도 안 되고, slag 중에 목적 금속이 있어도 안 된다).

    유동성이 커야 한다(녹았을 때 동점성이 작아야 한다).

    주성분: $FeO-CaO-SiO_2$

3) 습식제련

습식제련은 광석 혹은, 정광석 중의 목적 금속을 적당한 용매로서 용해시켜, 그 수용액을 화학적 또는 전기화학적 방법에 의해 금속이온을 환원해서 금속을 채취하거나 혹은 목적 금속의 화합물을 순수한 형으로 정출 침전시키는 방법을 말한다. 대표적인 습식제련은 Cu광, Zn 배소광의 황산 침출, Au, Ag의 청화법,

보오크사이트로부터 알칼리에 의한 알루미나 추출 등이다.

① 침출(leaching)

- 광석 혹은 정광 중의 목적 금속을 적당한 용매에 의해 녹여, 그 용매에 난용성의 불순물 및 맥석을 잔재(residue)로서 남기는 조작을 의미한다.

② 고액분리

- 습식제련에서는 배부분 고체와 액체와의 혼합물이 처리되며, 필요에 따라서는 이것들을 분리해야 한다. 이 조작에는 중력에 의한 침강분리법, 원심력 분리, 여과 등이 있으며, 용출 잔재나 여과 케이크 등의 고체 입자에 부착한 용해 성분을 씻어내기 위한 세척 등이 있다.

③ 정액(purification) 및 농축(condensation)

- **가수분해에 의한 수산화물의 생성**　금속염의 수용액을 중화하면, 금속염은 가수분해해서 수산화물의 형으로 침전하기 때문에 목적금속의 수산화물보다도 용해도가 작은 수산화물을 만드는 불순물은 수산화물로서 침전시켜 제거할 수 있다.
- **환원에 의한 금속 또는 금속 화합물의 생성**　불순물의 수산화물의 용해도가 목적금속의 용해도에 가까울 때는 가수분해에 의해서 제거할 수 없기 때문에, 그 밖의 다른 화학적 또는 전기화학적 방법에 의해 제거하지 않으면 안 된다.

  Cementation 반응은 저가의 금속(Less Noble Metal)에 의해 수용액 중에 용해된 고가의 금속(Noble Metal Ion)을 환원하여 석출시키는 공정을 뜻한다. 즉 표준 전극 전위(Standard Electrode Potential)차를 구동력으로 한 자발적인 반응으로써 전기 화학적으로 표준 전극 전위가 낮은 금속을 보다 높은 전극 전위를 가진 금속 이온이 용해되어 있는 용액에 가함으로써 금속 이온을 환원 석출시키는 것을 말한다.
- **이온교환수지법**　묽은 용액으로부터 목적 금속 이온을 농축회수할 수 있

고, 동시에 수지는 재생활용할 수 있다. 금속이온은 이온화 시 대부분 양이온이 되므로, 양이온 교환수지법이 주로 이용된다.

- **용매 추출법을 이용한 방법** 물에 섞이지 않는 유기용매를 이용하여 목적 금속 이온과 기타 금속을 추출하는 방법이다.

④ 금속 혹은 금속 화합물 채취

침출 혹은 침출-정액을 거친 진한 용액으로부터 목적 금속 이온을 환원해서 목적 금속을 채취하는 조작을 말한다.

- 화학적 채취
  - 치환채취: 저가금속으로 귀금속을 치환 채취하는 방법으로 이온화 경향이 큰 금속을 이용해 이온화 경향이 작은 금속을 치환 채취한다.
  - 환원채취: 금속염의 수용액으로부터 환원성 가스(H2, SO2 등)를 사용해 목적 금속 성분을 가스에 의해 환원시켜 침전 채취하는 방법이다.
- 결정화
  - 물리적 결정화: 용해도 차를 이용, 냉각, 증발(과포화)시켜 물리적으로 석출시킨다.
  - 화학적 결정화: 침출액으로부터 화학적으로 석출시킨다.

    아말감화(amalgamation: 혼홍제련) Hg는 Pt, Fe, Ni, Co, Mn을 제외한 다른 금속을 용해시키거나 그들과 화합해서 아말감을 만든다. 이를 이용해서 광석으로부터 Au, Ag를 채취한다.

4) 전해제련

(1) 정의

전해질 수용액 혹은 용융염(수소보다 이온화 경향 큰 금속에서 이용) 등, 이온 전도체에 전류를 통하면 화학적 변화(전기 화학 반응)을 일으켜 이것으로부터 물질을 분리 혹은 제조하는 공정을 의미한다.

(2) 전해채취

습식제련에서 그 최후의 공정인 금속 채취를 전해 환원으로서 처리할 경우의 제련법을 말한다. 전극으로서 양극은 불용성 양극(통전하는 역할만 하며, 주로 Pb를 많이 사용하나 분극이 많아 Sn, Sb, Ag를 소량 포함한 전극 사용)으로 하고, 음극과 양극은 주로 다른 종류의 금속을 사용한다. 침출 혹은 침출-정액된 목적 금속 이온을 포함한 용액을 외부에서 공급하여 전해액으로부터 목적 금속 성분을 전기적으로 환원채취하는 방법을 말한다.

(3) 전해정련

전해정련은 환원 회수된 목적 금속에 대하여 순도를 올리기 위해 통전 상태에서의 전류에 따른 원소들의 양극 용해, 음극 석출의 난이를 이용하여 전기 에너지로 환원 정제해내는 것을 말한다. 양극은 조금속(crude metal)을 사용하고, 음극은 주로 양극과 동종으로 하되, 양극의 크기보다는 크게 한다.

- **용융염 전해** 이온 결정으로 되어 있는 염을 가열하면 이온의 움직임이 쉬운 것을 이용한다. 수소보다 현저하게 낮고, 수소과전압도 작기 때문에 수용액으로부터 전해석출을 시킬 수 없는 금속이나 수소, 탄소로 환원이 어려운 금속에 이용된다.

Chapter 7

폐자원의 물리적 처리

7.1 폐자원 선별

폐기물 중 자원회수를 위한 선별 대상은 폐기물의 특성에 따라 재활용 또는 순환 가능한 자원을 선택적으로 다음 단계를 위해 분류하는 과정을 의미한다. 생활폐기물의 경우 재활용 가능한 물질로는 종이류, 금속류, 유리, 플라스틱 등으로 선택 분류할 수 있다. 또한 유기성 자원화 과정을 위해서는 음식물류 폐기물도 선별 대상이 될 수 있다.

선별 대상 물질이 각기 상이한 성질을 가지고 있기 때문에 선별 방법을 선택하는 데 있어 물질의 일반적인 특징부터 물리화학적 특성의 차이를 통해 분리할 수 있다. 가벼운 것과 무거운 것으로 나눈다거나 자력을 통해 정전기력을 통한 분리, 폐기물의 크기에 따라 분류하는 등의 방법이 있다. 이러한 폐기물의 분리는 회수, 자원화에 필요한 단계이다. 분리방법에는 수동적인 것과 기계적인 것으로 구분하며 건식선별과 습식선별로 나눌 수 있다.

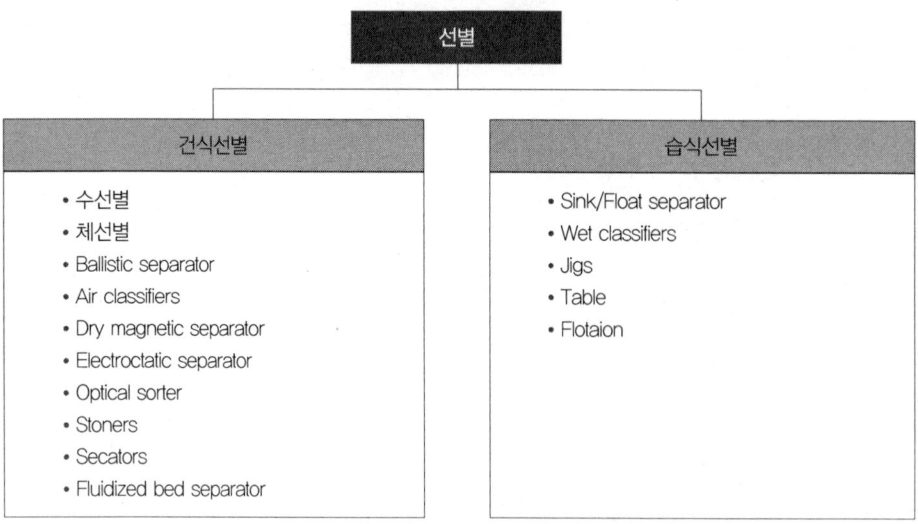

그림 7.1 폐자원 선별 기술의 분류

1) 건식선별

(1) 수선별/인력선별(Hand picking, Hand sorting)

수선별은 컨베이어 벨트(conveyer belt)를 이용하여 사람이 직접 손으로 종이류, 플라스틱류, 금속류, 유리류 등 분류하고자 하는 폐기물을 육안으로 구분하여 분류하는 방법이다. 수선별은 사람이 직접 손으로 분류하기 때문에 다른 선별 대비 정확도가 높다.

선별 후 파쇄공정을 둘 경우, 수선별을 통해 수선별을 통해 폭발가능성이 있는 위험물질을 분류가 가능하기 때문에 안전사고를 예방할 수 있다는 장점이 있으나, 사람이 더러운 작업에 직접 노출되기 때문에 먼지흡입, 악취, 뾰족한 물체로 인해 다치는 경우가 있다.

- **대상** 원형 그대로 이용할 수 있는 것을 분별한다(예: 폐유리병의 크기 및 색깔별 선별, 공병이나 기계, 전기, 전자 등에서 유효부품 선별).
- **특징**
  - 정확도가 높으나 불결하고 위험성이 따르는 경우가 많으며, 기계적인

그림 7.2 재활용 폐자원 수선별 작업

선별보다 작업량이 떨어지는 경향이 있다.

- 복합재의 재질별 분리성능이 우수하며, 작업효율은 0.5 ton/인 · h 정도이다.
- 9 m/min 이하의 속도로 이동하는 컨베이어 벨트의 한쪽 또는 양쪽에 서서 선별한다.

(2) **체선별**(Screening or sieve)

체선별은 구성의 폐기물을 체의 크기(size)에 따라 분류하는 방법으로 크기 또는 물리적 강도의 차이가 큰 폐기물을 선별하는 데 효과적인 방법이다. 또한 체는 파쇄된 폐기물에서 종이나 플라스틱 등 크기가 큰 유기물질을 회수하는 데 이용될 수도 있다.

조대 폐기물을 선별, 제거하여 후속 처리장치를 보호하기 위해 사용한다. 회전식(Trommel)과 왕복진동식(Reciprocating)이 있으며 구멍이 뚫린 경사진 원통 또는 평면에 폐기물을 투입하여 진동과 체에 의한 걸림 효과를 통해 분리하는 방법이다. 생활폐기물의 선별에는 회전식 스크린이 많이 사용된다.

- 스크린의 위치에 따른 분류
  - Pre-screening: 파쇄 전 선별, 파쇄설비의 보호 목적으로 사용한다.
  - Post-screening: 파쇄 후 선별, 선별 효율의 증대 목적으로 사용한다.
- 특징
  - Trommel은 경사각이 클수록 회전속도가 증가할수록 선별효율이 감소한다.
  - 원통의 길이가 길수록, 직경이 클수록 선별효율 증가한다.

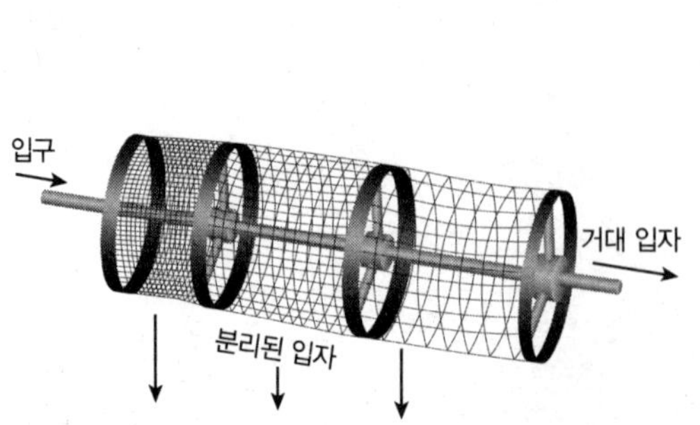

그림 7.3 회전식 스크린(Trommel)

– 수분 함량이 높을수록 분리효율은 저하된다.

α(경사도): 2~3°

회전속도: 10~30 rpm

최적속도: 임계속도 × 0.45 rpm

임계속도: $N_c = \dfrac{1}{2\pi}\sqrt{\dfrac{g}{r}} \times 60$ rpm

(3) 진동스크린

스크린상의 폐기물이 진동에 의하여 밑으로 이동하면서 스크린의 크기에 따라서 큰 입자와 작은 입자로 분리되며, 폐기물의 흐트러짐 효과에 의해 스크린의 막힘 현상을 저감하는 효과가 있다. 큰 입자의 분율이 증가할수록 체 눈은 막히고 처리량은 감소한다. 그리고 처리 효율이 증가할수록 소요면적(체 면적) 증가한다. 특히, 체석 등과 같은 무거운 물질이 잘 분리된다.

$$A = \frac{Q}{C_u}F \qquad \text{(식 7.1)}$$

여기서, A: 스크린의 넓이(ft²)

Q: 스크린의 부하(tons/h)

C_u: 단위용량(ton/h/ft²)

F: 생산품 보정 계수(product correction factor)

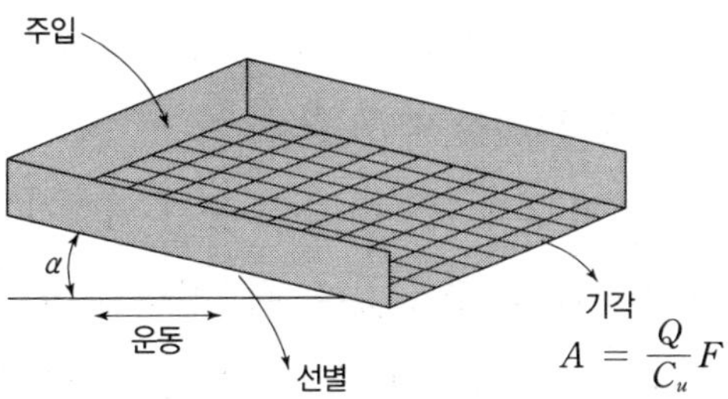

그림 7.4 진동스크린

(4) 디스크 스크린(disc screen)

디스크 스크린은 〈그림 7.5〉와 같이 디스크가 연결된 평행 수평축들로 되어 있고 크기에 따라서 디스크 사이의 틈 거리 기준으로 분류되어 떨어져서 분리된다. 잔류물은 컨베이어와 같이 디스크의 윗부분을 타고 넘어가게 되고 디스크 사이의 공간을 조절함으로써 선별하고자 하는 물질의 크기를 구분할 수 있다.

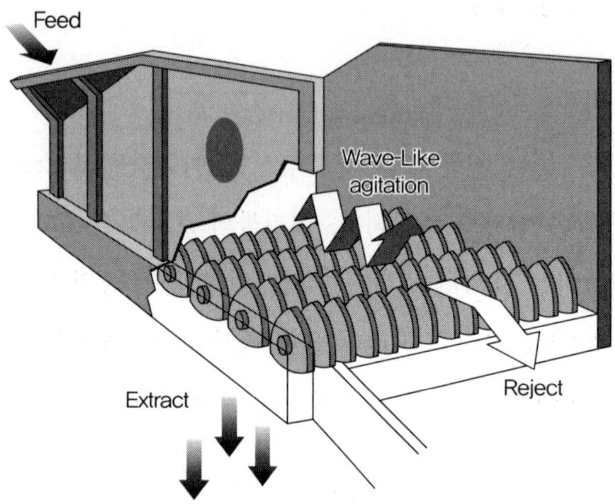

그림 7.5 디스크 스크린(disc screen)

(5) 공기 선별

광범위하게 사용되는 방식으로 바람을 이용한다. 폐기물 비중에 따라서 바람의 힘과 중력의 힘에 의해 날아가는 폐기물의 이동하는 원리를 이용하여 분류하는 방법이다.

대표적인 분류 방식은 풍력 선별이며, 풍력 선별은 폐기물 내의 가벼운 물질인 종이류 등과 플라스틱류와 상대적으로 무거운 비중의 물질을 선별해내는 방법으로서 〈그림 7.6〉은 대표적인 장치를 나타내었다.

풍력 선별장치의 종류에는 크게 나누어 수직 공기 선별기(vertical air classifier)와 경사 공기 선별기(inclined air classifier)가 있다. 즉, 선별기 내부에서 아랫부분에 위쪽으로 향하는 공기를 주입하고 공기의 힘에 의해 발생하는 부력과 중력에 의해 아래로 떨어지는 힘을 이용하여 폐기물을 구분한다.

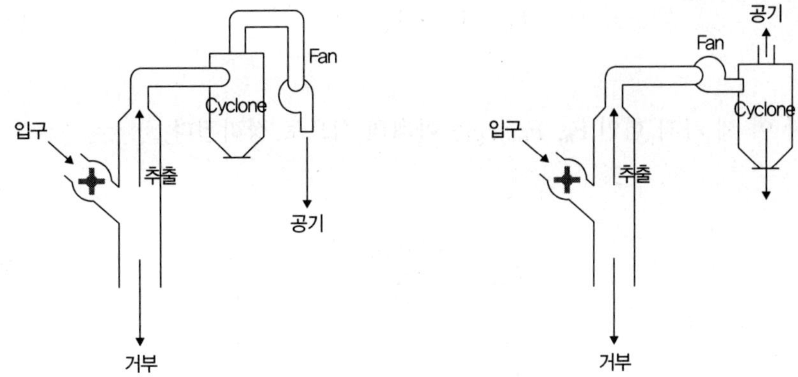

그림 7.6 공기 선별

① 공기 선별 이론

기류와 같은 유체 중에서 부유하는 입자들의 움직임은 다음 3가지 힘의 영향을 받는다.

– F_E : 중력이나 원심력 같은 외부적인 힘

– F_B : 부력

– F_D : 항력(drag force)

입자의 운동은 다음 식으로 나타낼 수 있다.

$$\frac{dv}{dt} = (F_E - F_D)\frac{1}{\rho_s} V \qquad \text{(식 7.2)}$$

여기서, V : 입자의 부피(m^3)

ρs : 입자의 밀도(kg/m^3)

$\frac{dv}{dt}$: 입자의 가속도(m/s^2)

중력의 영향을 받는 유체 중에서 낙하하는 입자는 가속도와 종말속도를 가진다. 종말속도는 세 가지 힘, 즉 F_B, F_D, F_E가 균형되고 가속도 dv/dt=0일 때 얻어진다. 이리하여 종말속도가 나타나는 정상상태의 낙하(steady fall)에서는 다음 식이 성립한다.

$$F_B = F_D + F_E \quad \text{(식 7.3)}$$

또한 이 세 가지 힘인 F_B, F_D, F_E는 아래의 식으로 정리된다.

$$F_D = \frac{C_p v^2 \rho A}{2} \quad \text{(식 7.4)}$$

$$F_E = \rho_s \cdot V \cdot a$$
$$F_E = \rho \cdot V \cdot a \quad \text{(식 7.5)}$$

ρ_s: 고형물 입자의 밀도(kg/m^3)

V: 입자의 부피(m^3)

a: 외부적 힘에 의한 가속도(m/s^2)

ρ: 유체의 밀도(kg/m^3)

C_D: 항력계수

여기서,

v : 입자와 유치 사이의 속도차(m/s)

A : 입자의 투영면적(m^2)

편의상 입자 (A)를 완전한 공의 형태라고 가정하면,

$$A = \frac{\pi d^2}{4} \text{ 그리고 } V = \frac{\pi d^3}{6} \quad \text{(식 7.6)}$$

여기서, d=입자의 직경이다.

가속도를 일으키는 외부적인 힘이 중력의 법칙을 따른다고 가정하면(a=g), 우리는 상기 방정식을 다음과 같이 정리할 수 있다.

$$v = \left\{ \frac{4(\rho_s - \rho)gd}{3C_{D\rho}} \right\}^{1/2} \qquad \text{(식 7.7)}$$

이것은 잘 알려진 뉴턴의 법칙이다. 만약에 우리가 층류(laminar flow)를 가정한다면,

$$C_D = 24/N_R \qquad \text{(식 7.8)}$$

여기서, N_R = 레이놀드수 = v dρ/μ, μ = 유체의 점도이다.

상기 식에 이것을 대입하면 우리에게 친근한 Stokes 법칙이 된다.

$$v = \frac{d^2 g(\rho_s - \rho)}{18\mu} \qquad \text{(식 7.9)}$$

이러한 식을 이용한다면 〈그림 7.7〉과 같이 폐기물의 밀도와 내부 풍력의 힘에 따라서 물체가 이동하게 되고 이동한 거리에 따라서 선별 구역을 결정하여 선별할 수 있다.

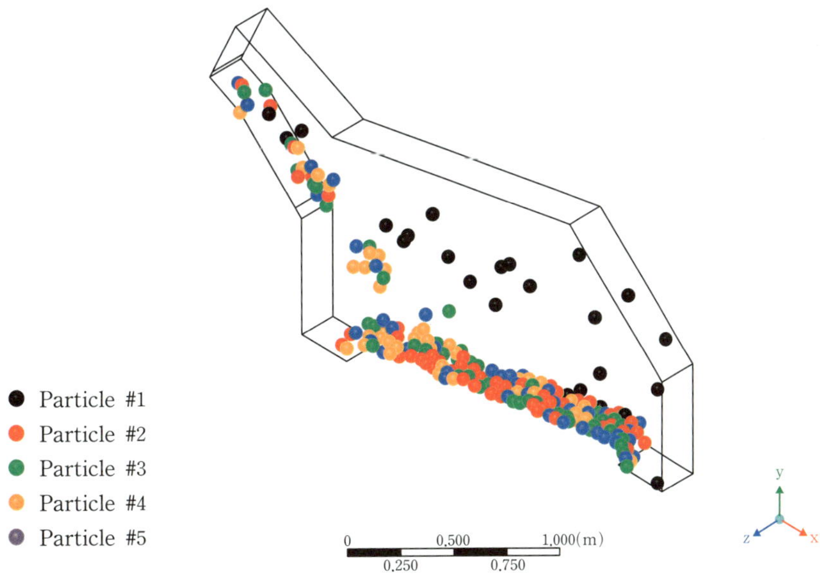

그림 7.7 각 입자의 공기선별 원리

② 풍력의 특성 종류

■ **관성 선별(Inertial separation)**

〈그림 7.8〉과 같이 분쇄된 폐기물을 가벼운 것(유기물)과 무거운 것(무기물)으로 분리하기 위하여 중력이나 탄도학을 이용한 분리방법이다.

- 특징
  - 탄도식 분리기의 경우 무거운 것은 먼 곳, 가벼운 것은 가까운 곳에 떨어지게 된다.
  - 경사 컨베이어 분리기의 경우 가볍고 탄력이 없는 물질은 경사판 위로, 무겁고 탄력이 있는 물질은 경사판의 아래로 분리된다.

■ **세카터(Secator)**

분리 대상 물질의 관성력과 중력을 이용하여 가벼운 것도 무거운 것을 분리하는 장치로 물렁거리는 가벼운 물질로부터 딱딱한 물질을 회수하는 데 적용한다.

- 특징
  - 퇴비로부터 유리조각이나 돌을 골라내는 데 이용한다.
  - 도르래의 회전방향으로는 가볍고 탄력이 없는 유기물질이 분리된다.
  - 도르래의 회전 반대방향으로는 무겁고 탄력이 있는 유리나 돌이 분리된다.
  - 고려인자: 입자 크기, 수분, 겉보기 밀도, 입도분포, 섬유질 함량, 엉김 현상 등이 있다.

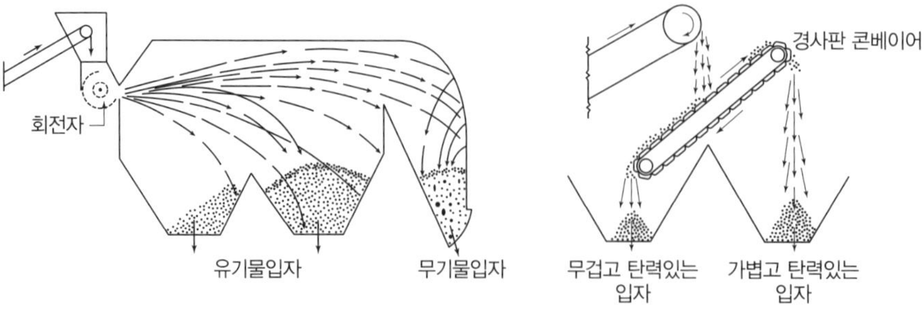

그림 7.8 풍력 특성 종류

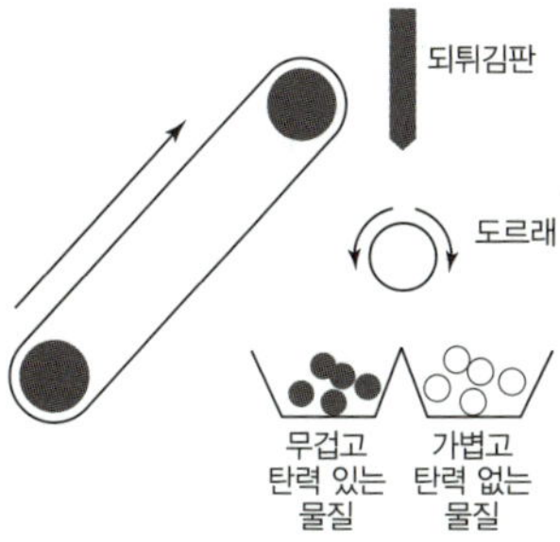

그림 7.9 세카터(Secator)

(6) **자력 선별**(Dry magnetic separators)

영구자석의 자력을 이용하여 철제 성분을 분리한다.

파쇄하였거나 파쇄되지 않은 폐기물로부터 철을 회수하는 한편 철금속에 의한 후속 처리장치의 마모를 방지한다.

- 특징
  - 드럼식, 벨트식, 플리식이 있다.
  - 영구자석을 사용하여 소요동력은 적지만 가격이 비싼 편이다.
  - 처리량과 폐기물의 두께에 쉽게 영향을 받는 단점이 있다.
  - 파쇄된 폐기물일수록 선별효율이 높다.
  - 자력의 크기, 벨트의 간격, 폐기물의 부피 등에 따라 선별효율이 달라진다.

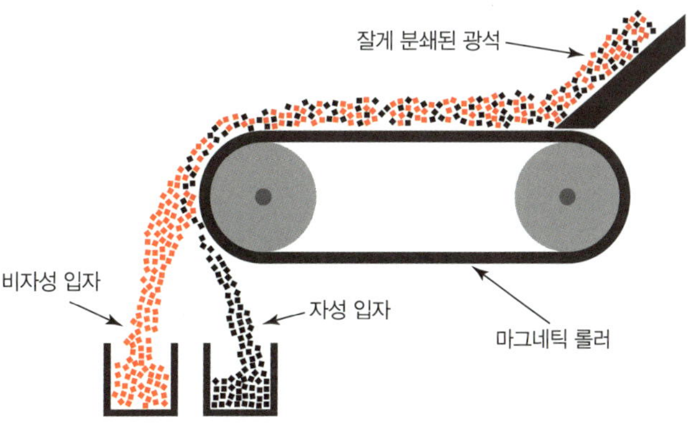

그림 7.10 자력 선별

– 회수된 철금속 내의 불순물을 제거하기 위해서는 공기선별 등 후선별 과정을 통해 재분리하는 것이 좋다.

(7) 와전류 선별(Eddy Current separation)

와전류 선별은 전자석 유도에 관한 페러데이 법칙을 기초로 한다. 서로 다른 자속변화를 갖는 영구자석과 도체물질 사이에서 발생되는 와전류 현상을 이용한다. 와전류(소용돌이 전류)를 발생시켜 생기는 반발력의 차이를 이용하여 비자성의 전기전도도가 좋은 금속을 분리한다. 폐기물 내 동, 알루미늄, 아연 등 유가금속의 선별 시 이용한다.

- 특징
  - 동력비 및 운영비는 저렴하나 설치비용이 비싸다.
  - 파쇄된 폐기물일수록 선별효율이 높다.

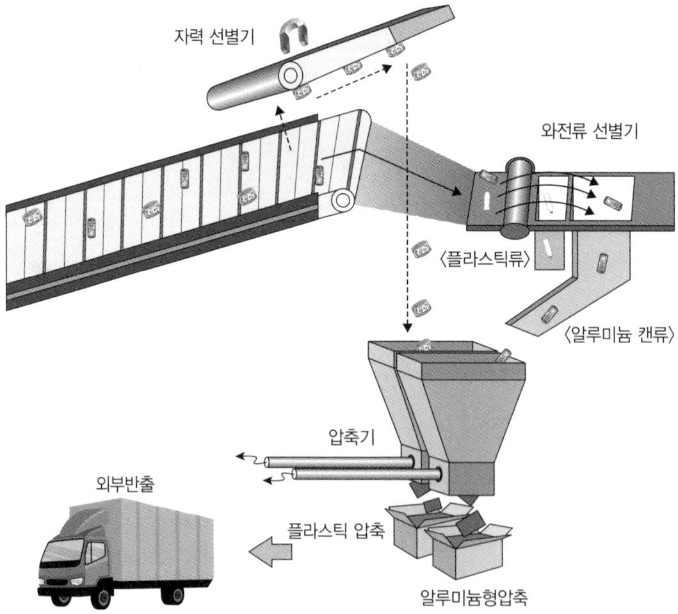

그림 7.11 와전류 선별기

(8) 정전기 선별(Electrostatic separation)

고압의 정전기를 폐기물에 가하여 전하를 부여하고, 전하량의 차이에 따른 전기력을 이용하여 목적성분을 분리한다. 폐기물에 수분을 공급하여 정전 분리하면 종이와 플라스틱의 선별 가능하다. 유리 내의 알루미늄을 선별할 때도 사용된다.

- 특징
  - 동력비 및 운영비는 저렴하나 설치비용이 비싸다.
  - 혼합 폐기물의 대전성 및 전하량이 수시로 달라지므로 이에 대한 대응력이 약하다.
  - 고장에 쉽게 대응하기 어렵다.

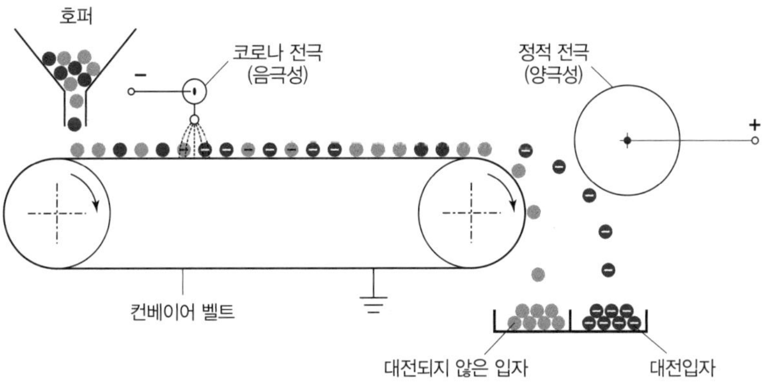

그림 7.12 정전기 선별의 원리

(9) 광학 선별(Optical sorter, Near-Infrared Ray[NIR] sorter)

빛이나 전자선을 대상물질에 조사하여 나타나는 결과를 전기, 전자적으로 평가하여 압축공기를 정밀하게 분사, 불투명한 것과 투명한 것을 분리하는 방식이다. 진동식 주입기에 얇게 펼쳐진 유리를 주입한 후 빛의 투과 특성 분석 후 색유리와 일반유리 또는 플라스틱의 종류에 따른 특성을 파악하고 구분한다. 검출된 색 또는 소재에 따라서 정밀한 공기를 불어 멀리 토출시킴으로써 일반유리와 분리한다.

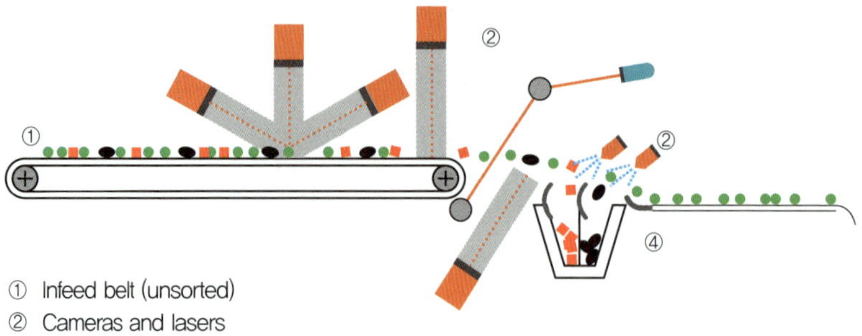

그림 7.13 광학선별의 원리

2) 습식선별

유체를 매체로 하여 가벼운 물질과 무거운 물질을 분리하는 방법이지만 특별한 경우가 아니면 잘 사용되지 않는다. 건식법에 의해 분류된 것에 비해 깨끗한 편이고, 폭발위험이 없으며, 먼지 발생이 적다. 그러나 건식법에 비해 선별비용이 비싸고 폐기물의 부패우려가 높으며 악취가 더 많이 날 수 있다는 단점이 있다.

습식선별은 유기물질을 분류시키고자 하는 경우에 주로 사용되며, 폐지로부터 펄프를 만들기 위한 경우에 사용한다.

(1) 지그(jigs)

물속에 잠긴 스크린 위에 분류하고자 하는 폐기물을 투입한 후 수위를 1초당 2.5회 가량 0.5~5 cm의 폭으로 변화시키면서 무거운 물질과 가벼운 물질을 분별하는 방법으로 사금 선별을 위해 오래 전부터 이용해 왔다. 용액 중에서 비중이 무거운 것을 분리하는 데 사용한다. 이 방법은 진동식 테이블이나 공기 중에서 운전되는 지그 또는 스토너로 대체되고 있다.

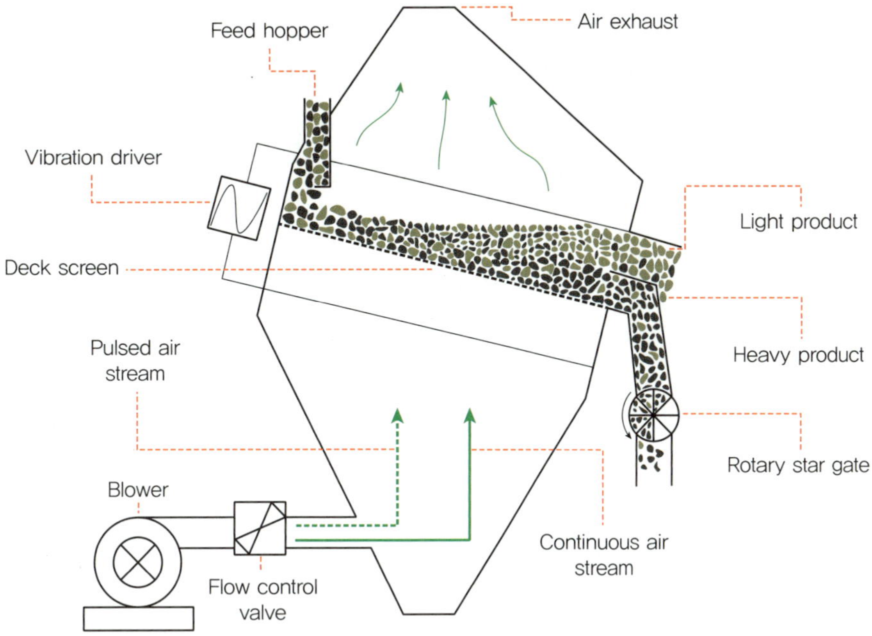

그림 7.14 지그

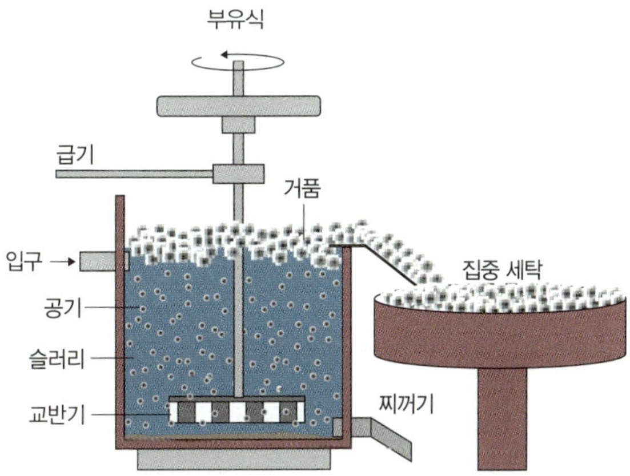

그림 7.15 부유식

출처: https://www.911metallurgist.com/blog/froth-flotation-process

(2) 부유식(floatation) 또는 부상침전(sink/float)

용액의 비중과 대상물질의 비중차를 이용하여 부상되는 것과 가라앉는 물질을 분리한다. 용액에 공기를 주입하여 플라스틱류 등에 접촉시켜 분리하거나 유기물질과 뼈, 유리조각 등을 분리하는 데 사용된다. 유기물질 및 미세한 무기물의 부상을 촉진시키기 위해 화학약품을 첨가하기도 한다.

7.2 선별효율(Assort efficient)

기계적인 선별 장치에 의한 선별 시 선별 효율에 대한 정의는 단순 효율과는 차이가 있다. 〈그림 7.16〉과 같이 회수대상 폐기물을 R, 기타 폐기물을 W라고 할 때, 선별기를 통해 재활용하고자 하는 목적 폐기물은 이원 분리되어 회수(R_c) 또는 배출(R_o)되는 것으로 분류된다. 기타폐기물 또한 선별기를 통해서 회수(W_c) 또는 배출(W_o)로 이동한다.

회수 대상 폐기물의 회수율은 아래의 식과 같다.

$$R_n = \frac{R_c}{R_i} \qquad \text{(식 7.8)}$$

기타 폐기물의 통과율은 아래의 식과 같다.

$$W_n = \frac{W_o}{W_i} \qquad \text{(식 7.9)}$$

그러나 선별기의 경우는 선별 대상과 비대상이 같이 선별 결과로 나타나기 때문에 회수대상인 R, 기타폐기물인 W를 전체를 선별률을 적용한 계산을 통해서 선별효율을 산정할 필요가 있다. 이를 적용한 식의 대표적인 형식이 아래의

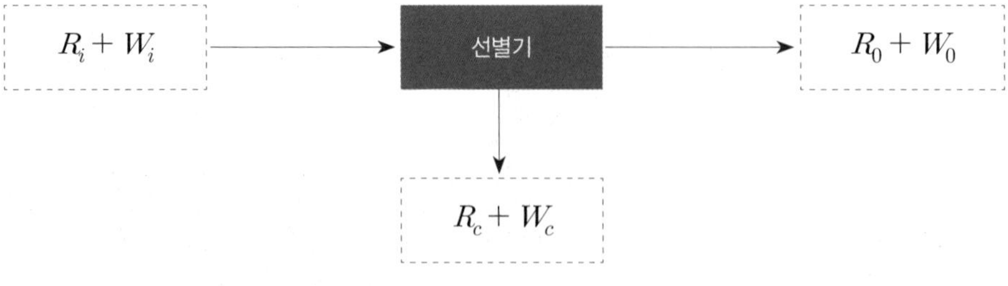

그림 7.16 선별 효율 계산

Worrell 식과 Rietema 식이다.

- 워렐(Worrell)의 제안식

$$\text{선별효율}(E) = (R_n) \times (W_n) = \frac{R_c}{R_i} \times \frac{W_o}{W_i} \quad (\text{식 } 7.10)$$

- 라이테마(Rietema)의 제안식

$$\text{선별효율}(E) = \left|(R_n) - (1 - W_n)\right| = \left|\frac{R_c}{R_i} - \frac{W_c}{W_i}\right| \quad (\text{식 } 7.11)$$

7.3 MBT 시스템(기계적 – 생물학적 처리 시스템)

폐기물의 기계적–생물학적 처리(MBT, Mechanical–Biological Treatment)는 선별이 주된 과정인 기계적 처리와 유기성 물질의 분해를 포함하는 생물학적 처리의 두 가지 처리 공정을 결합시킨 처리시스템으로, 독일을 중심으로 한 유럽지역에서 매립 전처리의 한 방법으로 사용되었다.

우리나라 환경부에서는 생활폐기물 전처리시설 설치지침(환경부, 2006. 12)에서 '전처리 시설(MBT, Mechanical Biological Treatment)'이란 '가정 등에서 수거한 폐기물을 소각 또는 매립하기 전에 재활용물질, 가연성물질, 생분해성물질 등을 분리·선별하여 가연성 물질을 고형연료로 가공하는 시설' 또는 '생분해성물질을 에너지회수 및 안정화하는 시설로서 기계적 처리시설, 고형연료 제조·저장시설, 생물학적 처리시설, 부대설비 등을 적절하게 가감 및 조합한 시설'로 정의하고 있다.

폐기물을 재활용 가능한 물질에 대한 최적의 재활용 방향을 제시하기 위한 기술적 결합 공정으로 볼수 있다. 기계적 처리를 통해 재활용 물질의 최적의 선별 및 전처리, 생물학적 공정을 통한 유기물의 처리 및 재활용 방안을 도출하기 위한 처리 방법이다.

기계적 처리로는 트롬멜, 스크린, 수선별, 공기선별, 자력선별, 비철금속 선별기, 근적외적 선별 등이 있다. 생물학적 처리로는 퇴비화, 혐기성 소화, 바이오 건조 등이 있다.

다음의 다양한 공정의 결합을 통해 MBT 처리 시설에서 재활용 및 자원의 재이용 확대를 유도하고 있다.

- 매립을 위한 안정화

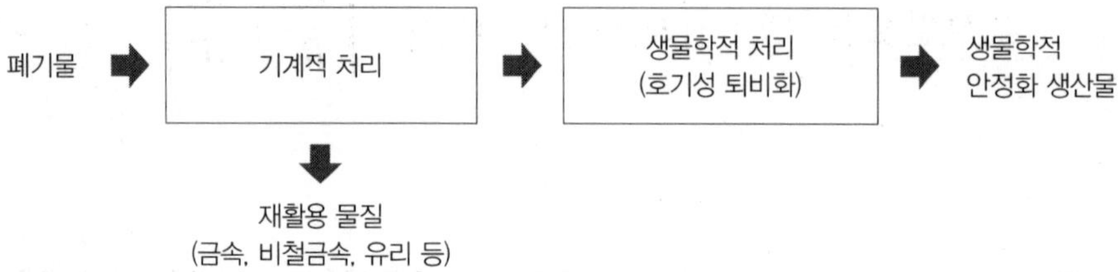

그림 7.17 매립을 위한 안정화로서의 MBT 시스템

- 토질 개량제 생산(퇴비화 포함)

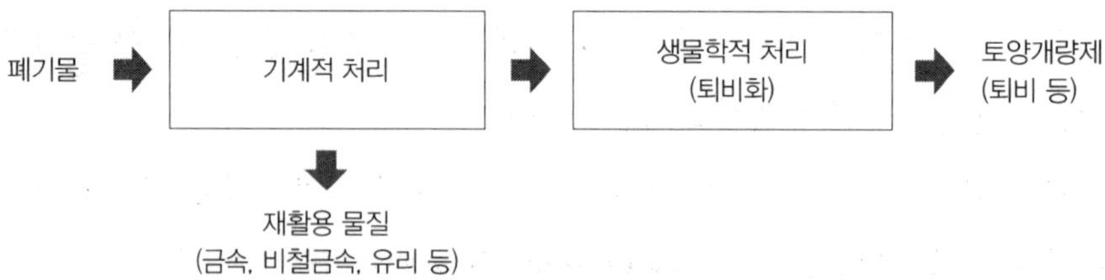

그림 7.18 토양 개량제 생산을 위한 MBT 시스템

- 고형연료(SRF) 생산

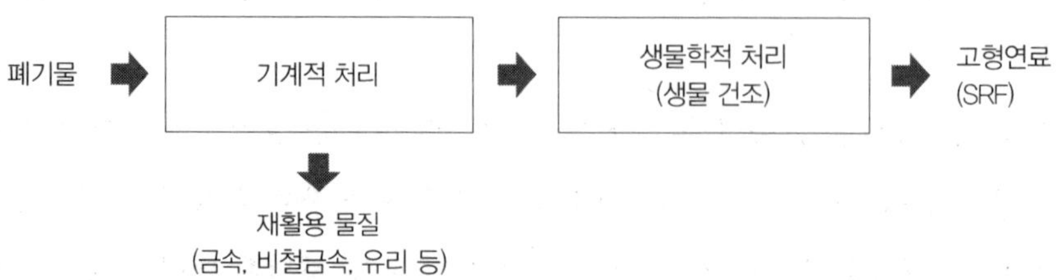

그림 7.19 고형연료 생산을 위한 MBT 시스템

Chapter 8

폐자원의 생물학적 처리

8.1 퇴비화

생물학적 분해는 자연스러우며 지속적인 생물학적 과정으로, 인간이 만든 환경과 자연 환경 모두에서 흔히 발생하는 생물학적 과정이다. 넓은 의미에서, 생물학적으로 분해될 수 있는 모든 유기물은 퇴비화가 가능하다. 실제로 인류는 수세기 동안 자연적으로 발생하는 이 과정을 통하여 농업 및 생활 폐기물을 안정화하고 재활용하는 데 사용해 왔다. 오늘날에 퇴비화는 유기물의 종류와 최종 제품의 원하는 특성에 따라 다양한 접근 방식을 포함한다.

자연적이나 일반적으로 느린 분해 과정(예를 들면, 잔디밭에 남은 풀잎이나 쓰레기통에서 썩는 음식물)에서 최대한의 이점을 얻으려면 퇴비화 과정에서 환경 조건을 제어할 필요가 있다. 전체 퇴비화 과정은 다음과 같이 설명할 수 있다.

$$\text{유기물} + O_2 + \text{호기성 세균} \rightarrow$$
$$\text{부식질 (Humus)} + CO_2 + NH_3 + H_2O + \text{기타 부산물} + \text{열에너지} \qquad (\text{식 } 8.1)$$

퇴비는 퇴비화 과정의 최종 산물로서, 이 과정의 부산물은 이산화탄소와 물이다. 짙은 갈색을 띠며 질감이 부서지기 쉽고 흙냄새가 나며 표토와 비슷한 특성

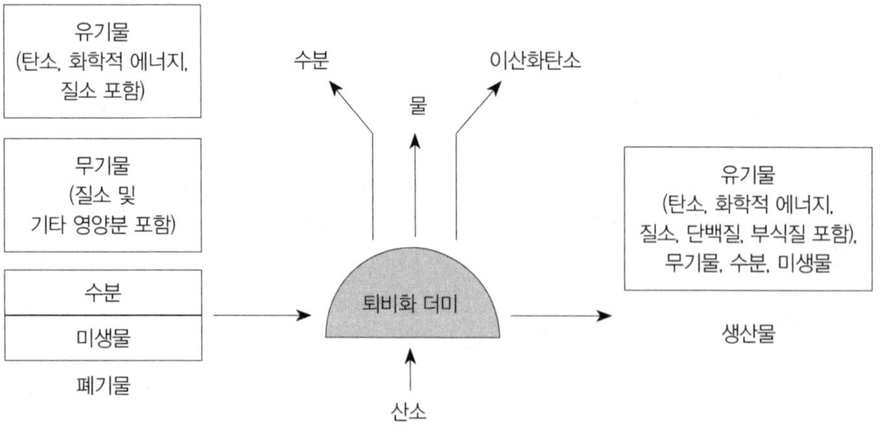

그림 8.1 전체 퇴비화 과정
출처: Babasaheb Bhimrao Ambedkar University, Lecture note에서 발췌

을 보인다. 이외에도, 고품질 퇴비에는 잡초 씨앗이 없으며 사람 및 동물 또는 식물에 병원성을 가질 수 있는 유기체가 없다. 전체 퇴비화 과정을 〈그림 8.1〉에 나타내었다.

1) 퇴비화의 이점

퇴비화는 고형 폐기물 관리의 중요한 구성 요소 중 하나로서, 처리 시설에서 폐기물을 관리하거나 운송할 필요가 없다. 일반적인 폐기물 내 유기물의 함량은 다소 높은 편이며, 특정 산업 부산물(식품 가공 및 제지 산업에서 나오는 부산물, 농업 및 제지 산업에서 나오는 부산물)은 대부분 유기물질로 구성되어 있다. 이러한 유기물질 퇴비화는 전체 폐기물 흐름에서 부피와 매립에 필요한 공간, 비용뿐만 아니라 매립량을 줄일 수 있다는 장점을 갖는다. 또한 폐기물 재활용 의무를 달성하기 위한 적절한 전략으로도 볼 수 있다. 다만, 퇴비화는 최종 제품인 퇴비가 판매될 수 있다는 전제하에서만 유용한 선택지가 될 수 있다. 그러나 어떤 경우에는, 퇴비화를 통해 처리 필요성을 줄이는 이점이 퇴비를 매립하더라도 클 수 있다. 퇴비는 유기물 함량이 높아 토양을 개량하고 식물에 영양분을 공급하는 데 사용할 수 있으며, 흙과 섞이면 공기와 물 사이에 적절한 균형을 촉진한다. 그 결과 생성된 혼합물은 토양 침식을 줄이고, 천천히 방출시키는 비료(slow-release fertilizer)로 사용 가능하다.

2) 퇴비화의 공정 단계

(1) 생물학적 공정 단계

박테리아, 곰팡이, 방선균과 같은 미생물뿐만 아니라 곤충과 지렁이와 같은 더 큰 유기체도 유기물을 분해하는 데 적극적인 역할을 한다. 미생물이 유기물을 분해하기 시작하면 물질을 분해하여 이산화탄소, 물, 열, 부식질(비교적 안정적인 유기 최종 산물, Humus)을 생성하며, 이 부식질이 최종 제품화된 퇴비로 볼 수 있다.

미생물은 개체수를 늘리면서 새로운 미생물 세포를 형성하기 위해 탄소의 일부를 소비한다. 그러나 그들은 자신이 소비하는 유기물질을 선호하는데, 필요한 유

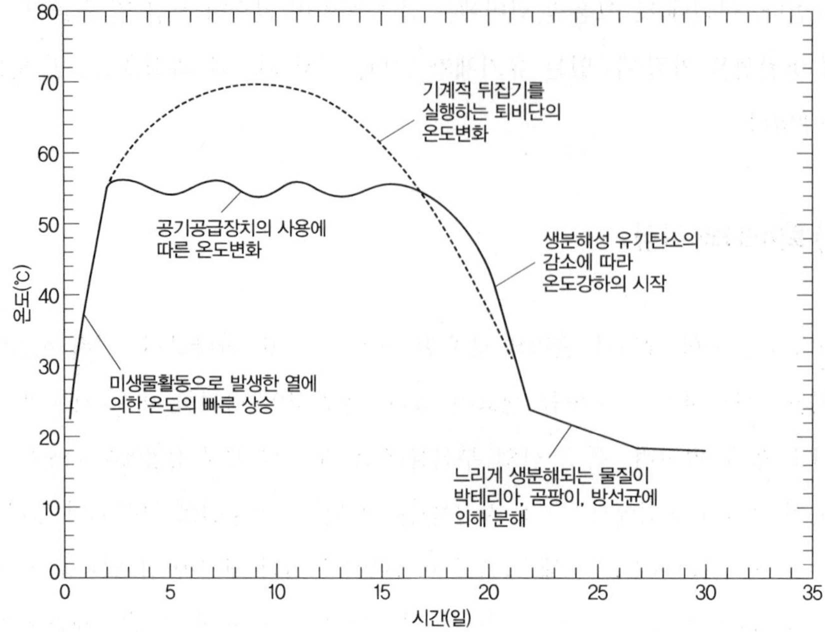

그림 8.2 퇴비화 공정 중 온도 변화
출처: 신폐기물처리(2021), 윤석표

기물을 구할 수 없거나 사용할 수 없으면 휴면 상태가 되거나 죽을 수 있다. 서로 다른 유형의 미생물의 종류가 계속 이어지며, 분해 가능한 유기물질이 거의 남지 않을 때까지 이 과정은 계속된다. 이 시점에서 남은 유기물질을 퇴비라고 한다. 퇴비는 주로 미생물 세포, 미생물 골격 및 부산물 그리고 미생물 분해물질, 미분해된 유기 및 무기 입자로 구성된다. 미생물의 성장은 처음에는 미생물 개체수가 적기 때문에 분해가 느리게 진행될 수 있으나, 처음 몇 시간 또는 며칠 동안 개체수가 증가함에 따라 빠르게 진행한다. 최적의 조건에서 퇴비화는 다음 네 단계를 거쳐 진행된다.

① **초기 단계(중온 단계)** 퇴비화 초기 단계에서는 중온성 진균(fungi)과 세균(박테리아)들이 주로 활동을 하게 된다. 특히 박테리아는 탄소와 산소를 결합하여 이산화탄소와 에너지를 생성한다. 이 미생물들은 번식과 성장을 위해 에너지의 일부를 사용하고 나머지는 열로 생성된다. 유기 폐기물 더미가 퇴비화 과정을 시작하면 중성 박테리아가 증식하여 퇴비의 온도를 최대

44~45℃까지 올린다. 이러한 중성 박테리아에는 대장균(E.coli) 및 기타 인간 장내 세균을 포함할 수 있고, 이들은 곧 호열성 박테리아가 우세해짐에 따라 44~52℃의 전이 범위 온도에 도달하고 점점 더 활동이 억제된다.

② **중간 단계(고온 단계)** 공정의 두 번째 단계에서는 호열성 미생물(*Bacillus sp.*, *Thermoacrinomyces sp.*)이 매우 활발하게 활동하며 열을 생성한다. 이 단계는 약 70℃까지 계속될 수 있으나, 퇴비에서 이러한 높은 온도는 바람직하지 않다. 이는 60~65℃에서는 퇴비 중의 고온성 세균 및 방선균등의 미생물이 사멸하여 미생물의 다양성이 감소하고 열에 강한 포자형성 세균은 퇴비화 효율을 낮추게 되기 때문이다. 이 가열 단계는 다소 빠르게 진행되며 며칠, 몇 주, 또는 몇 달까지 지속된다. 이 단계는 퇴비 더미의 상부에 국한되어 있는 경향이 있지만, 전체 퇴비 덩어리가 한꺼번에 호열성을 띨 수도 있다. 고온 가열 기간이 지나면 유기물질이 대부분 분해된 것처럼 보이지만, 하지만 천천히 분해되는 유기물(완속분해성 유기물)은 분해가 종료되지 않은 경우가 있다. 이때 세 번째 퇴비화 단계, 즉 냉각 단계가 진행된다.

③ **냉각 단계** 이 단계에서는 호열성 미생물로 대체된 미생물이 퇴비로 다시 이동하여 내성이 강한 유기물을 소화하게 된다. 거친 성분을 부식질로 분해하는 지렁이, 벌레와 같은 거시생물 및 곰팡이가 다시 활동하게 되는 시기이다.

④ **숙성 단계** 퇴비화 과정의 마지막 단계는 숙성 또는 부숙 단계라고 하며, 기간이 길고 중요한 단계이다. 많은 병원균은 토양에서의 생존력, 그리고 미생물의 영향을 오래 받을수록 빠르게 죽을 가능성이 높아진다. 부숙되지 않은 퇴비는 식물 독소(즉, 식물에 독성이 있는 물질)를 생성하여 토양에서 산소와 질소를 소비하고, 높은 수준의 유기산을 함유할 수 있으므로 숙성은 꼭 필요한 단계이다. 생성된 부숙질은 더 이상 분해가 쉽게 되지 않고 리그닌 함량이 높아진다.

(2) 화학적 공정

퇴비화를 위한 화학적 환경은 여러 가지 요인에 의해 결정된다. 여기에는 적절한 탄소/에너지원, 균형 잡힌 양질의 영양소, 정확한 양의 물, 적절한 산소, 적절한 pH가 갖추어져야 하며, 미생물의 활동을 억제할 수 있는 독성성분이 없어야 한다. 이에 대한 자세한 설명은 다음과 같다.

① **탄소/에너지원** 탄소/에너지원으로서, 이산화탄소와 햇빛에 의존하는 고등 식물과는 달리 퇴비화 과정에서 미생물은 유기물질에 존재하는 탄소에 의존한다. 물질이 생분해되는 상대적 용이성은 존재하는 미생물의 유전적 구성과 유기체가 분해하는 유기 분자 구조에 따라 달라진다. 대부분의 폐기물에는 적절한 양의 생분해성 탄소가 포함되어 있으므로 퇴비화 과정에서 제한 요소가 되지 않는다. 더 쉽게 분해되는 형태의 탄소가 분해되면, 일부는 미생물 세포로 전환되고 상당 부분은 이산화탄소로 전환되어 대기로 방출된다. 퇴비화 과정이 진행됨에 따라 탄소 손실로 인하여 공급 원료의 무게와 부피가 감소한다. 덜 쉽게 분해되는 탄소 형태는 최종 제품의 물리적 구조를 갖는 매트릭스를 형성하게 된다.

② **영양소** 식물 영양소(예: 질소, 인, 그리고 칼륨) 중에서 질소는 일부 식물에게 가장 결핍되기 쉬운 영양소이다. 탄소:질소(C:N) 비가 중요한데, 이때 탄소는 총 탄소가 아닌 가용 탄소를 기준으로 하며, 이 비율은 분해 속도를 결정하는 데 매우 중요하다. 예를 들어, 나뭇잎은 좋은 탄소 공급원이며, 초원의 풀, 분뇨 및 도축장 폐기물은 좋은 질소 공급원이다. 분해 과정을 돕기 위해 유기물의 대부분은 유기물의 탄소와 충분한 질소가 있어야 한다. 일반적으로 초기 C:N비는 30:1이 이상적인 것으로 알려져 있다. 이 값이 더 크면 분해과정을 지연시키는 경향이 있으며 C:N비가 25:1 미만이면 악취 문제가 발생할 수 있다. 퇴비화 과정이 진행되면서 탄소가 대기 중으로 손실됨에 따라 이 비율은 점차적으로 감소한다. 완성된 퇴비의 경우 C:N비가 15~20:1 정도여야 한다. 따라서, 탄소 100 kg당 질소 3~4 kg 정도를 추가하면 효율적이고 빠른 퇴비화가 가능하다. C:N비를 낮추기 위해서는 질소 성분이 풍부한 정원 폐기물, 동물 분뇨, 생물학적 고형물 등 추가되는 경우가 많다.

③ **수분** 물은 모든 형태의 생명체에 필수적인 요소이며, 퇴비 더미에 서식하는 미생물 또한 예외는 아니니다. 대부분의 퇴비화 가능한 재료는 수분 함량

표 8.1 각종 폐기물 중 질소 함량과 C/N비

폐기물	질소(% 건조무게)	C/N비
음식물류 폐기물	1.9~2.9	14~16
전체 폐기물	0.5~1.4	30~80
활성슬러지	5.6	6
소화슬러지	3.7	13
나무	0.1	563
종이	0.56	54
목초	2.0~6.0	9~25
잡초	2.0	19
낙엽	0.5~1.3	40~80
과일류	0.9~2.6	20~49
가축분뇨	–	30~50
도시폐기물	–	50
톱밥	0.06~0.8	200~750

출처: 신폐기물처리, 윤석표, Compost facility operator study guide, Government of Alberta, December 10, 2018

이 이상적인 수준(총 중량의 50~60%)보다 낮은 수분 함량을 가지고 있기에, 퇴비화 과정이 적절한 속도보다 느려질 수 있다. 경우에 따라 수분을 추가할 수 있으나, 수분 함량이 과해도 침출수를 형성하여 수질 및 대기 오염(예: 악취)을 포함한 관리 문제를 일으킬 수 있다. 또한 과도한 수분은 미생물 세포로의 산소 전달을 방해할 수 있다. 산소 전달이 낮아지면 혐기성 조건이 발생할 가능성이 높아지는데, 불쾌한 냄새가 발생할 수 있다. 추가로 투입하는 물은 완전히 혼합해야 하며, 재료의 대부분을 차지하는 유기물이 균일하게 수분과 접하며 이상적인 조건에서 퇴비화된다.

④ **산소 공급** 퇴비화는 호기성 과정으로 간주되며, 일반적으로 분해는 호기성(산소 과다)과 혐기성(산소 결핍) 조건 모두에서 발생할 수 있다. 분해 과정이 원활하게 이루어지기 위해 퇴비 더미에는 충분한 빈 공간(공극)이 있어야 한다. 또한 대기의 산소가 퇴비 더미로 들어갈 수 있도록 공기의 자유로운 이동이 있어야 하며 생성된 이산화탄소 및 기타 가스가 대기 중으로 잘 빠져나갈 수 있어야 한다. 분해가 빠른 속도로 일어나는 호기성 조건

을 유지하기 위해 빠른 속도로 퇴비 더미를 기계적으로 통기 및 회전시켜야 한다. 더불어 미생물을 대기에 노출시키고 더 많은 공기와 접촉하기 위해 자주 더미를 부풀려 공간을 만들어야 한다. 산소의 농도는 일반적으로 10~15%가 적절한 것으로 간주되지만 5% 정도의 낮은 농도로도 충분할 수 있다. 적절한 농도의 산소는 퇴비화 과정에 부정적인 영향을 미치지 아니하나 과도한 양의 공기가 순환하면 문제가 발생할 수 있다. 예를 들어, 과도한 공기는 열을 빼앗아 더미의 온도를 낮추고 산소과잉을 촉진한다. 이 과정에서 증발은 수분의 감소로 이어지므로 과도한 공기는 퇴비화 속도를 느리게 한다. 폐기물의 종류에 따라서는 공극을 늘리기 위해서 우드칩이나 왕겨와 같은 팽화제(bulking agent)를 첨가하기도 하며, 이것은 C:N비와 pH의 조절 효과 등도 갖게 된다.

⑤ pH　pH는 퇴비화 시 중요한 인자 중 하나로서, 미생물이 이용할 수 있는 영양소의 양에 영향을 미친다. 구체적으로 pH는 중금속의 용해도 및 미생물의 전반적인 신진대사 및 활동에 영향을 끼칠 수 있다. 최적 pH는 6~8 범위이며, 석회를 추가하여 상향 조정할 수 있다. 또한, 유황을 추가하여 하향 조정할 수 있지만 일반적으로 이러한 추가는 불필요하다. 퇴비화 과정 자체에서 이산화탄소가 발생하는데, 이는 물과 결합하면 탄산을 생성하므로 퇴비의 pH를 낮출 수 있다. 퇴비화 과정이 진행되면서 최종 pH는 사용되는 더미의 성상과 운영 조건에 따라 달라진다. 그러나 자연적으로 pH 변화에 대해 잘 완충되어 있다.

앞서 설명한 내용을 통해 알 수 있는 것은 퇴비화할 재료의 구성과 퇴비화 대상의 특성이 화학적 환경을 크게 결정한다는 것이다. 또한, 퇴비화 과정에서 유기물질 분해를 촉진하는 이상적인 화학적 환경을 조성하기 위해 퇴비화 과정에서 몇 가지 조건을 조정할 수 있다.

(3) 물리적 공정

퇴비화를 위한 물리적 환경에는 입자 크기, 온도, 혼합 및 더미의 크기 등과 관련된 요소가 포함된다. 이들 각각은 아래에 설명한 대로 효율적인 방식으로 퇴비화 과정을 진행하는 데 필수적이다.[1]

① **입자 크기**　퇴비화가 진행됨에 따라 자연스럽게 입자의 크기가 감소하는데, 입자가 작을수록 일 단위 중량당 표면적이 더 넓고 표면에서 더 많은 미생물 활동을 촉진하여 더 빠르게 분해되기 때문에 퇴비화되는 재료의 입자 크기는 매우 중요하다. 또한, 최적의 입자 크기는 미생물의 빠른 활동을 위한 충분한 표면적과 공기가 순환할 수 있는 충분한 공극이 있어야 한다. 일반적으로 가장 적당한 크기는 50 mm 이하인 것으로 알려져 있다.

② **온도**　퇴비화는 다양한 온도에서 발생할 수 있으며, 최적의 온도 범위는 32℃에서 60℃ 사이이다. 65℃ 이상은 단백질 변형으로 미생물의 대사가 원활히 진행되지 않아 퇴비화에 이상적이지 않다. 반대로 미생물에 필요한 최소 적정 온도보다 낮은 온도는 세포의 신진대사 활동에 영향을 미친다. 일반적으로 통기식 정체 퇴비단 공법과 기계식 반응조 퇴비화 공법은 공기공급으로 온도를 조절할 수 있다. 뒤집기식 퇴비단 공법은 뒤집기를 통하여 온도를 조절한다. 퇴비를 최소 3일 동안 55℃ 이상의 온도를 유시하면 병원균이 파괴된다. 따라서 퇴비는 병원균 및 잡초 씨앗의 사멸을 위해 이 온도 영역에 노출시켜야 한다. 이때 퇴비 재료의 모든 부분이 해당 온도에 노출되는 것이 중요하다.

③ **혼합**　퇴비화를 시작한 후 원료, 물, 접종원의 혼합은 적정한 퇴비화를 위해 중요하며, 혼합은 퇴비 더미를 돌리거나 섞어주는 교반에 의해 달성된다. 혼합 혹은 교반은 수분과 공기를 고르게 분배하는 역할을 하는데, 열린 용기나 더미를 과도하게 교반하면 더미가 냉각되어 미생물 활동이 지연될 수 있다.

1　US Environmental Protection Agency. 1989. *Decision-Maker's Guide to Solid Waste Management, Vol 1*, Washington. US Environmental Protection Agency. 1995. *Decision-Maker's Guide to Solid Waste Management*, **Vol** *II*, Washington.

표 8.2 호기성 퇴비화 공정의 설계 및 운영 시 고려인자

고려인자	적정 범위
입자크기	폐기물의 적정입자 크기는 최소 3~75mm로 알려져 있다.
C/N비	초기 C/N비는 25~35가 적당하며, C/N비가 20보다 낮은 경우는 암모니아가 발생하며 생물학적 활성이 떨어진다. 반면 40보다 높은 경우는 질소가 제한인자로 작용하여 분해속도가 느려진다.
수분함량	퇴비화기간 동안 수분함량은 55~65% 범위에서 유지된다. 적정 수분 함량은 약 55%이다.
교반/뒤집기	퇴비단이 건조해지거나 덩어리지고 공기의 채널링 현상을 방지하기 위하여 반응기간 동안 필요에 따라 규칙적으로 교반하거나 뒤집어 준다. 교반 또는 뒤집기 정도는 퇴비화 운영방식에 따라 달라진다.
온도	퇴비단의 온도는 초기 며칠간은 50~55℃를 유지하여야 하며, 활발한 분해를 위해서는 55~60℃가 적당하다. 온도가 66℃ 이상 상승하면 생물학적 분해활동이 현격히 감소한다.
병원균의 제어	정상적인 퇴비화공정에서는 병원균의 사멸이 가능하다. 병원균의 사멸을 위해서는 60~70℃에서 24시간 이상 유지하여야 한다.
공기공급	이론적인 산소요구량은 식을 이용하여 추정가능하다. 산소 농도가 12~18% 범위에 있어야 하며, 과도하게 많은 공기가 공급되면 퇴비 온도가 저하된다. 또한 40~60%의 공극을 지녀야 한다.
pH 조절	적당한 분해작용을 위해서는 pH는 6~8 범위를 유지한다. 암모니아 가스에 의한 질소 손실을 줄이기 위해 pH 8.5 이상 올라가지 않도록 주의해야 한다.
부지소요	1일 50톤 용량의 경우 부지는 6,000~8,000 평방미터 정도 소요되며 공정의 규모가 커질수록 상대적 부지요구넓이는 줄어든다.

출처: 신폐기물처리, 윤석표, Compost facility operator study guide, Government of Alberta, December 10, 2018

3) 퇴비화 공정

퇴비화 공정은 크게 정체식, 교반식, 기계식 반응조, 혐기성 퇴비화 법 등으로 나눌 수 있다. 정체식에는 퇴비화할 물질을 그대로 두고 공기를 퇴비화 물질에 불어 넣는 방법인 통기식 정체퇴비단법(Static Pile with aeration)이 있고, 교반식 방법으로는 뒤집기식 퇴비단 공법이 있다. 기계식 반응조 퇴비화 법은 주로 반응조 내에서 수행되는 퇴비화 법으로서 In-vessel 퇴비화 시스템으로 불린다.

(1) 뒤집기식 퇴비단 공법

뒤집기식 퇴비단 공법은 퇴비화의 가장 오래된 방법 중 하나이다. 가장 간단한 형태인 뒤집기식 퇴비단 시스템은 퇴비화할 물질을 일 년에 한 번만 퇴비단을 뒤집기 위해 front-end 로더를 사용하기도 하는데, 이런 경우에는 퇴비단이 완전히 분해되기까지 3~5년이 걸린다. 이 시스템의 경우 퇴비단의 일부가 혐기성일 때 불쾌한 냄새가 나게 된다.

퇴비단 시스템은 보통 높이가 1.8~2.1 m, 폭이 4.0~5.0 m의 작은 단면을 가진 퇴비단을 이용한다. 퇴비단을 만들기 전에 유기물질을 파쇄와 체 분리에 의해 약 2.5~7.5 cm로 하고, 수분함량을 50~60%로 조절한다. 이러한 시스템은 온도가 55℃ 또는 약간 넘게 유지되는 동안 일주일에 두 번 뒤집는다. 완전한 퇴비화는 3~4주 후에 이루어지며, 퇴비는 뒤집지 않고 3~4주 더 숙성시킨다.

(2) 통기식 정체 퇴비단법

통기식 정체 퇴비단법에서는 퇴비화 혼합물(즉, 사전 처리된 재료와 액체의 혼합물)을 기계적으로 통기되는 더미에 배치해야 한다. 퇴비 더미는 〈그림 8.3〉에서와 같이 송풍기에 연결된 파이프가 퇴비화를 위해 공기를 공급한다.

공기 공급 송풍기는 공기를 더미 안으로 강제로 공급하거나, 더미 밖으로 공기를 끌어낼 수 있다. 공기를 강제로 더미에 넣으면 양압 시스템이 생성되고, 반대로 더미에서 공기를 빼내면 음압이 생성된다. 퇴비화 과정이 거의 완료되면 더미는 생성 이후 처음으로 해체된다. 이후에 퇴비 더미는 일련의 후처리 단계를 거치며, 타이머 또는 가정용 온도 조절기와 유사한 온도 피드백 시스템이 송풍기를 제어하게 된다.

퇴비 더미의 공기 순환은 퇴비 미생물에게 필요한 산소를 공급하고 퇴비 더미에 과도한 열이 쌓이는 것을 방지한다. 또한 배기 공기의 악취는 상당할 수 있으나, 트랩이나 필터를 사용하여 제어할 수 있다. 더미 내부의 온도는 일반적으로 상당수의 병원균과 잡초 씨앗을 파괴하기에 충분하다. 퇴비화 기간은 3~4주 정도 소요가 되며, 4주가 지난 이후 숙성기간은 최종 퇴비산물의 질을 향상시킨다. 하수슬러지를 퇴비화 하는 경우, 공극을 유지시키고 과도한 수분을 흡수하기 위

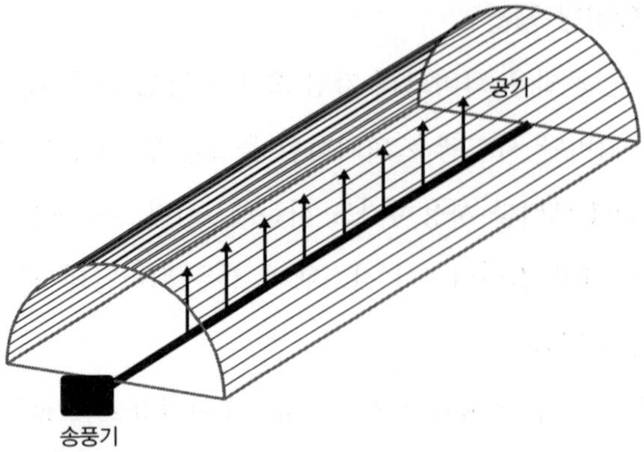

그림 8.3 통기식 정체퇴비단 공법
출처: Babasaheb Bhimrao Ambedkar University, Lecture note에서 발췌

해 수분조절제를 시용하는데 일반적으로 우드칩이나 왕겨, 톱밥 등이 사용된다. 송풍기를 작동하여 퇴비반에 공기를 불어넣거나 뽑아낸다. 도시고형폐기물이나 정원 폐기물과 같이 건조된 폐기물은 수분 조절제를 대개 필요로 하지 않는다. 그 외에도 Windrow(건초더미) 퇴비화 방법이 여기에 들어갈 수 있는데 Windrow 퇴비화는 길고 좁은 줄 또는 'windrow'를 높이의 약 두 배와 공간이 허용하는 한 길게 형성하는 것으로 구성된다. 이 방식은 미국에서 가장 일반적인 퇴비화 방법으로서, windrows는 주기적으로 뒤집어 주거나 공기 흐름을 허용하기 위해 그 아래에 천공된 파이프를 가질 수 있다. 이 방법을 사용하면 소량부터 대용량까지 다양한 재료를 퇴비화할 수 있으므로 퇴비화를 위한 다양한 규모와 현장에 적응할 수 있으며, 〈그림 8.4〉와 같다.

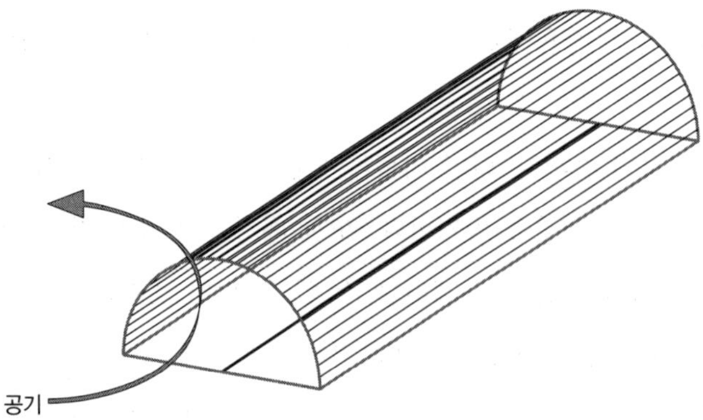

그림 8.4 windrow composting
출처: Babasaheb Bhimrao Ambedkar University, Lecture note에서 발췌

(3) 기계식 반응조 퇴비화법

기계식 반응조 퇴비화법은 In-vessel 퇴비화 시스템으로도 불리며, 일반적인 반응조로 수직탑, 수평형, 회전 드럼 반응기 등을 사용할 수 있다. 공급 원료를 챔버 또는 반응조에 넣어 적절한 혼합, 통기 및 수분을 제공한다. 기계식 반응조 퇴비화법의 가장 큰 장점은 모든 환경 조건을 세심하게 제어할 수 있다는 것이다. 퇴비화할 재료는 퇴비를 균질화하고 신속한 산소 전달을 촉진하기 위해 자주 뒤집고 혼합한다. 최근에는 밀폐된 반응조에서 기계적 교반을 하고, 산소를 공급하는 기계식 퇴비화 공법이 주로 적용되고 있다. 체류시간은 1~2주이지만, 대부분은 4~12주의 추가 숙성 기간을 선택하고 있다.

수직 퇴비화 반응기는 일반적으로 〈그림 8.5〉와 같이 높이가 4 m 이상이며 사일로 또는 기타 대형 구조물에 보관할 수 있다.

수직형 반응기에는 일반적으로 내부 혼합이 부족한데, 균일한 공급 원료와 다공성 개질제는 이러한 어려움을 최소화할 수 있다. 공정 제어에서 이러한 어려움을 최소화할 수 있는 슬러지 퇴비화 산업에서 성공적으로 사용되었지만, 도시고형 폐기물와 같은 다양한 물질이 혼합된 경우에는 거의 사용되지 않는다.

이에 비해 수평형 퇴비화 반응기는 수직형 반응기의 단점인 고온, 산소 및 수분 구배를 피할 수 있으며, 비교적 짧은 공기 흐름을 유지하여 경로를 유지한다. 정적, 교반, 압력/진공 유도 폭기 등 다양한 시스템으로 구성되며 폭기 시스템은 일반적으로 반응기 바닥에 설치되며 온도 및 산소를 제어 변수로 사용할 수 있

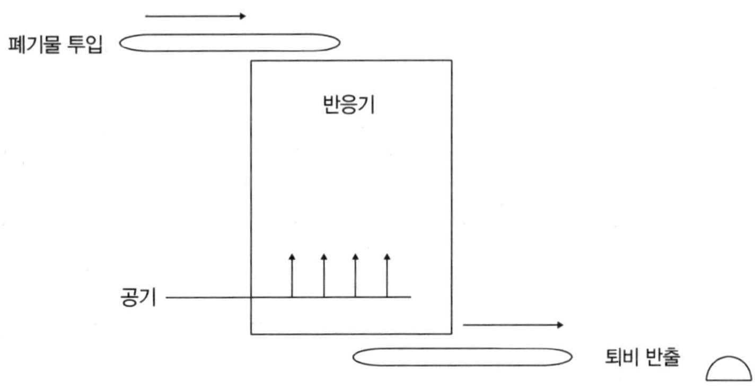

그림 8.5 vertical composting reator
출처: Babasaheb Bhimrao Ambedkar University, Lecture note에서 발췌

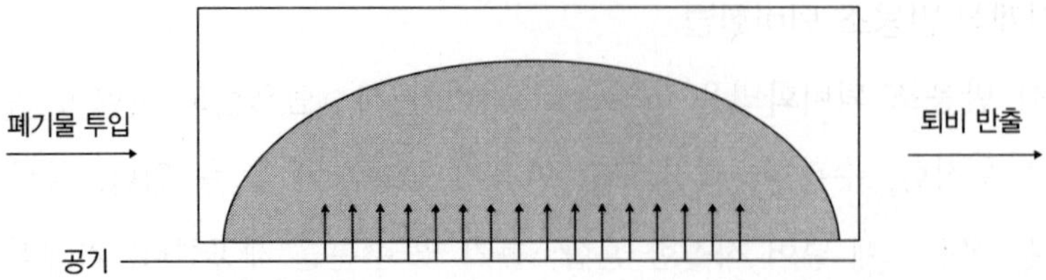

그림 8.6 horizontal composting reator
출처: Babasaheb Bhimrao Ambedkar University, Lecture note에서 발췌

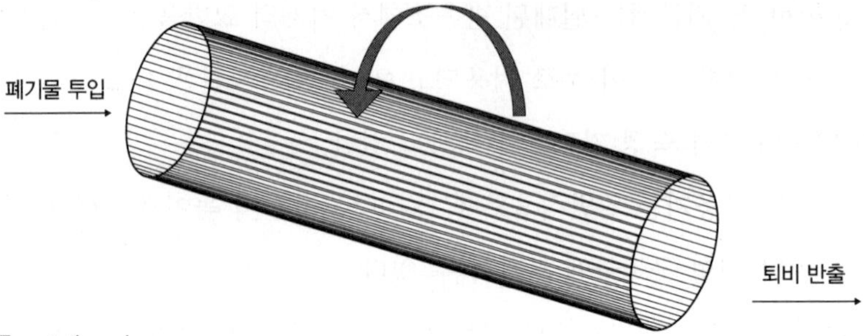

그림 8.7 rotating drum
출처: Babasaheb Bhimrao Ambedkar University, Lecture note에서 발췌

다. 〈그림 8.6〉은 일반적인 수평 퇴비화 반응기를 나타낸다.

회전 드럼 반응기(그림 8.7)는 반응기 비용과 퇴비 체류 시간 사이의 관계를 수평 또는 수직 용기 내 시스템보다 훨씬 더 극단적으로 변경하였다. 소화조라고도 알려진 이 반응기는 최소 퇴비를 단 몇 시간 또는 며칠 동안만 보관한다. 텀블링 작업은 재료를 균질화하고 파쇄하는 데 도움이 될 수 있지만, 짧은 체류 시간은 추가적인 생물학적 처리를 필요로 하는 경우가 많다.

(4) 혐기성 퇴비화

혐기성 공정에서 고초균은 산소가 없는 상태에서 유기 물질을 분해하여 메탄과 이산화탄소를 생성한다. 혐기성 시스템은 효율적으로 구성하면 공정을 운영하기에 충분한 에너지를 메탄의 형태로 생산할 수 있으며, 잉여 에너지는 가스로 판매하거나 전기로 전환할 수 있다. 반면에 기존의 퇴비화 시스템은 통기 또는 회전하기 위해 상당한 전기/기계적 에너지 투입이 필요하다는 단점이 있다. 먼저, 단일 단계 소화조는 전체 공정을 하나의 밀폐 용기에 담는다. 이 시스템에

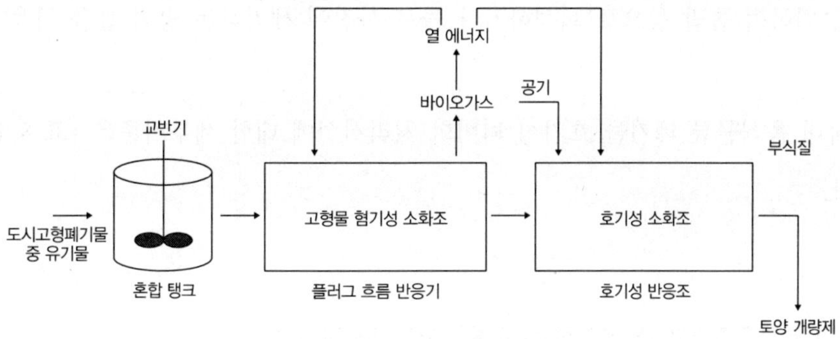

그림 8.8 anaerobic digester with aerobic compost curing
출처: Babasaheb Bhimrao Ambedkar University, Lecture note에서 발췌

서는 공급 원료를 먼저 파쇄하고, 용기에 넣기 전에 물과 영양분을 이전에 파쇄된 재료에 첨가한다. 이때 단일 단계 소화조에는 지속적으로 교반하는 교반 장비가 포함될 수 있다. 둘째로 2단계 소화에는 1단계 소화조에서 나온 액체 상등액을 순환시키는 과정이 포함된다. 이 물질을 포함하는 1단계 소화조에서 2단계 소화조로 액체 상등액을 순환시킨다. 이 순환은 교반 장비의 필요성을 없애고 시스템에 제공 운영자가 생물학적 공정을 신중하게 제어할 수 있도록 해야 한다. 〈그림 8.8〉은 호기성 퇴비가 있는 혐기성 소화조를 개략적으로 보여준다.

소화가 진행됨에 따라 메탄과 이산화탄소의 혼합물이 생성된다. 이러한 가스는 1단계 및 2단계 소화조에서 지속적으로 제거된다. 회수된 가스의 일부는 연소 및 소화조를 가열하는 데 사용되어 열에너지로 전환될 수 있다. 안정화된 잔류물 소화 과정이 완료되면 잔류물이 남는다. 잔류물은 기계 장비를 사용하여 기계 장비를 사용하여 소화조에서 제거하거나 액체 형태로 펌핑한다. 이는 퇴비와 화학적으로 유사하지만, 수분이 더 많이 포함되어 있어 수분을 충분히 제거해야 한다.

4) 퇴비의 품질

국내의 경우, 퇴비에 대한 품질 규격은 농촌진흥청에서 고시된 비료 공정 규격에 따라야 하며(표 8.3), 최소 유기물 함량, 유해성분 함량, C/N비, 염분 농도, 수분 함량 등이 규정되어 있다. 특히 음식물류 폐기물은 염분함량을 2% 이하로 맞추기 위하여 톱밥 등으로 희석하거나 물로 사전에 세척하는 방법 등을 사용하고 있다.

국내 음식물류 폐기물 호기성 퇴비화 처리시설에 대한 세부기준은 〈표 8.4〉와 같다.

표 8.3 비료 공정규격설정 및 지정(농촌진흥청 고시 제2024-02호)

비료의 종류	정의	규격의 함량 (%)	함유할 수 있는 유해성분의 최대량	기타 규격
가축분 퇴비	가축의 분뇨를 50% 이상 원료로 사용하고 별표5의 가축분퇴비에 사용가능한 원료를 2종 이상 혼합하여 발효과정과 후숙과정을 거쳐 제조한 것	유기물 30 이상	비소 45 mg/kg 카드뮴 5 mg/kg 수은 2 mg/kg 납 130 mg/kg 크롬 200 mg/kg 구리 360 mg/kg 니켈 45 mg/kg 아연 900 mg/kg	• 유기물은 질소의 비 45 이하인 것 • 염분(NaCl): 2.0% 이하(건조기준) • 수분(H_2O): 55% 이하 • 부숙도(다음 중 하나) 가. 콤백: 부숙완료 나. 솔비타: 부숙후기 또는 부숙완료 다. 종자발아법: 발아지수 70 이상 • 염산불용해물 25% 이하
퇴비	별표5의 퇴비에 사용가능한 원료를 2종 이상 혼합하여 발효과정과 후숙과정을 거쳐 제조한 것	유기물 30 이상		

표 8.4 음식물류 폐기물 호기성 퇴비화 시설의 세부기준(발췌)

항목	세부 기준
파쇄시설	음식물류 폐기물을 크기 또는 길이가 50 mm 이하가 되도록 파쇄하여야 함
탈수, 혼합시설	탈수, 혼합 또는 건조시설을 거친 음식물류 폐기물의 pH 범위는 5 < pH < 12 및 C/N비는 50 이하여야 함
발효시설	공기공급장치(송풍식, 흡입식) 및 급수장치가 설치되어야 함
	발효시설의 수분 함량은 40% 이상, 60% 이하여야 함
	발효시설의 체류시간은 최소한 15일 이상이어야 하며, 내부 온도는 50℃ 이상에서 최소한 3일 이상을 유지될 수 있는 구조이어야 함
	제품의 균질화, 괴상화(뭉침현상) 방지 및 수분의 고른 분배를 위하여 교반기를 설치하여야 함
후부숙시설	후부숙시설을 설치하여 21일 이상 체류시켜야 함
퇴비기준	비료관리법에서 정하는 부산물 비료 중 퇴비의 공정규격을 만족하여야 함

출처: 폐기물처리시설의 세부검사방법에 관한 규정 [별표 4], 환경부 고시 제2017-186호

8.2 바이오 가스화

바이오 가스는 메탄(CH_4) 40–70 vol.%, 이산화탄소(CO_2) 30–70 vol.%, 기타 가스 수소(H_2) 0–1 vol. 및 황화수소(H_2S) 0–3 vol.%로 구성되어 있으며 혐기성(공기 없는) 조건에서 유기 물질의 생물학적 분해과정에서 생성된 가스이다. 혐기성 소화는 가수분해, 산생성, 메탄생성의 3단계 혹은 산생성, 메탄생성의 2단계로 나누어진다(그림 8.9). 최종 생성물은 주로 메탄(CH_4), 이산화탄소(CO_2) 및 안정한 유기물이다. 잔류물, 고형 폐기물 및 폐수 슬러지 등의 혐기성 소화는 안정화를 위해 오랫동안 사용되어 왔다. 폐기물 처리 가능성뿐 아니라 점점 더 에너지에 민감한 사회에서 폐기물로부터 메탄을 생성할 가능성으로 인해 더 중요해지고 있다.

메탄생성 박테리아는 미생물이 유기물을 분해하고, 분해 산물을 환경으로 돌려보낸다. 이 과정에서 바이오 가스가 생성되며, 이는 재생 가능 에너지의 원천이다. 다른 순수한 가스와 마찬가지로 바이오 가스의 특성은 압력과 온도에 따라 달라지며 수분 함량에 영향을 받는다. 혐기성 처리 방식은 폭기 장치를 사용하지 않기 때문에 운전 시 호기성 처리방식에 비해 동력비가 작게 소요된다. 반대로 체류시간은 더욱 길어지므로 반응조의 크기는 커지게 된다.

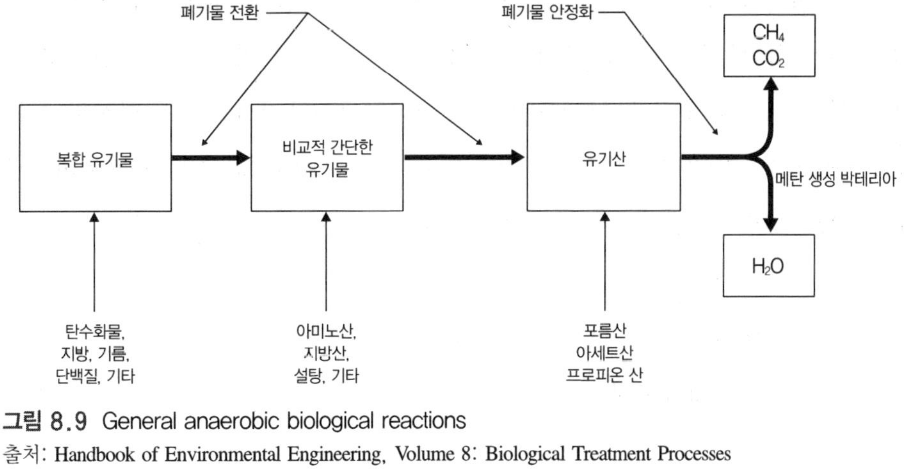

그림 8.9 General anaerobic biological reactions
출처: Handbook of Environmental Engineering, Volume 8: Biological Treatment Processes

잘 작동하는 바이오 가스 시스템은 사용자와 사회, 환경 전반에 걸쳐 다양한 이점을 제공할 수 있다. 몇 가지 중요한 이점은 다음과 같다.

- 에너지 생산(열, 빛, 전기)
- 유기 폐기물을 고품질 비료로 전환
- 병원균, 벌레 감소를 통한 공중보건 개선
- 토양, 수질, 대기 및 식생 보호를 통한 환경적 이점
- 에너지 및 비료 대체를 통한 미시 경제적 이익 및 추가 소득 창출 및 축산 수확량 증가
- 분산형 에너지 생산과 수입을 통한 경제적 이익 대체 및 환경 보호

반면, 반응 시간이 비교적 오래 걸리고, 혐기성 세균은 온도나 pH 등 조건이 까다롭고 소화가스에 황화수소 등이 포함되어 냄새가 나며, 부식성이 높고, 호기성 처리에 비해 처리율이 낮은 편이므로 처리수를 결국에 다시 호기성 처리하여 방류해야 한다.

1) 혐기성 소화 단계

(1) 산생성 단계

2단계 혐기성 과정의 첫 번째 단계는 일반적으로 다음의 과정을 포함한다. 복잡한 유기 화합물을 더 간단한 유기 화합물로 전환하고 마지막으로 산생성 균에 의한 당과 아미노산을 이산화탄소, 암모니아 및 유기산으로 전환하며 이를 acidogenesis라 명명한다, 유기성 산은 주로 아세트산(CH_3COOH) 및 프로피온산(CH_3CH_2COOH)으로 볼 수 있다. 이를 화학식으로 나타내면 다음과 같다.

$$CH_3CH_2COO^- + 3H_2O \rightarrow CH_3COO^- + H^+ + HCO_3^- + 3H_2$$

$$\Delta G^\circ = 76.1 kJ/mol \qquad (식\ 8.2)$$

$$CH_3CH_2COO^- + 2H_2O \rightarrow 2CH_3COO^- + H^+ + 2H_2$$

$$\Delta G^\circ = 48.1 kJ/mol \quad (식\ 8.3)$$

수소 소모 아세트산 생성균은 수소와 이산화탄소를 아세트산으로 전환하며 이 반응을 homoacetogenesis라고 한다(식 8.4).

$$4H_2 + 2CO_2 \rightarrow CH_3COOH + 2H_2O$$

$$\Delta G^\circ = -104 kJ/mol \quad (식\ 8.4)$$

(2) 메탄생성 단계

메탄생성 고세균은 이러한 생성물을 메탄과 이산화탄소로 전환하는데 이를 methanogenesis라 한다. 일반적인 메탄생성미생물(methanogens)은 고세균으로 분류되며, 고세균은 박테리아와는 다른 계로 분류되는 원핵생물로 Methanosarcianales, Methanobacterialse 등이 알려져 있다. 주로 아세트산과 수소를 이용하여 아래와 같은 반응을 통하여 메탄을 생성하는 것으로 알려져 있다.

$$CH_3COO^- + H_2O \rightarrow HCO_3^- + CH_4 \quad \Delta G^\circ = -31 kJ/mol \quad (식\ 8.5)$$

$$4H_2 + CO_2 \rightarrow CH_4 + 2H_2O \quad \Delta G^\circ = -130.7 kJ/mol \quad (식\ 8.6)$$

메탄생성 단계는 폐기물 안정화가 주로 일어나는 단계이다. 생성된 메탄은 고에너지 화합물이며, 잠재적인 회수 및 사용으로 인해 혐기성 공정에 대한 폐기물 안정화 효율을 보여주기 위해 기존의 호기성 처리 공정에서 예상되는 것이다.

일반적으로 메탄생성 고세균은 단일 개체군(속 또는 종)을 구성하지 않는다. 따라서, 특정 소화조에 존재하는 산 형성 박테리아의 우세 종(우점종)의 변화 등으로 인해 생산 과정에서 문제가 발생할 수 있다. 메탄생성 고세균이 필요로 하는 새로운 중간체가 균형 상태에서 충분히 존재하지 않을 수 있다. 그 경우 필요한 균형 유입 폐기물이나 슬러지 특성 또는 기타 요인이 끊임없이 조정해야 한다. 〈그

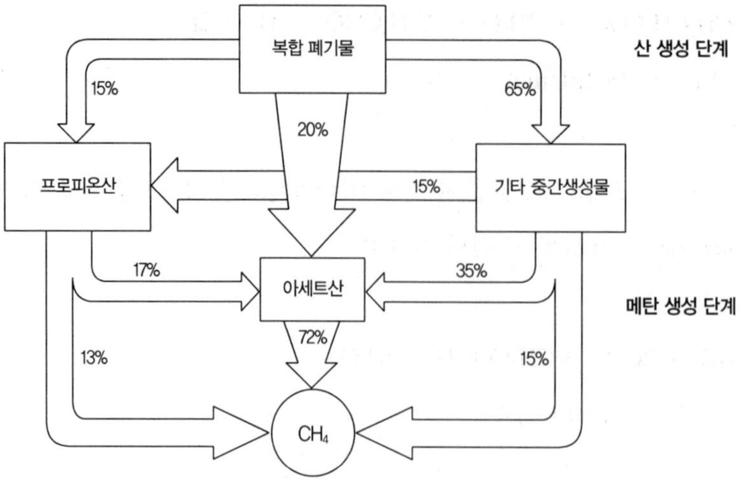

그림 8.10 General anaerobic biological reactions
출처: Handbook of Environmental Engineering, Volume 8: Biological Treatment Processes

림 8.10〉은 다음과 관련된 주요 대사 경로를 요약한 것이다.

2) 바이오 가스화 공정

혐기성 반응기 설계에는 다음 4가지 기본 반응기 구성이 사용된다.

① 혼합되지 않은 단일 단계

② 2단계 혼합 단계

③ 슬러지 재활용을 통한 혐기성 접촉 공정

④ 혐기성 필터

이 4개 중 처음 2개는 일반적으로 폐기물과 폐수 슬러지의 소화에 사용된다. 〈그림 8.11〉는 전통 및 고속 슬러지 소화조에 대한 기본 반응기 유형을 나타낸다.

〈그림 8.11〉의 좌측에 있는 전통 방식의 경우 1단 소화조로서 슬러지의 소화, 농축, 상등액의 형성이 하나의 반응기 내에서 일어난다. 스컴층은 슬러지가 투입되며 가스관 표면으로 떠오를 때 지방질 등이 유리되어 수면 위에 형성되는데, 소화가 점점 진행되며 유기물은 줄어들기 때문에 점차적으로 슬러지는 농축되고 강제로 혼합을 시키지 않으므로 전체 부피의 50% 정도만 사용되는 것으로 알려져 있다.

〈그림 8.11〉의 우측에 있는 고속 소화 시스템은 2단 소화조의 첫 번째 반응 시스템으로 주로 사용된다. 2단 소화조의 1단계에서는 그림과 같이 가열/혼합이 일

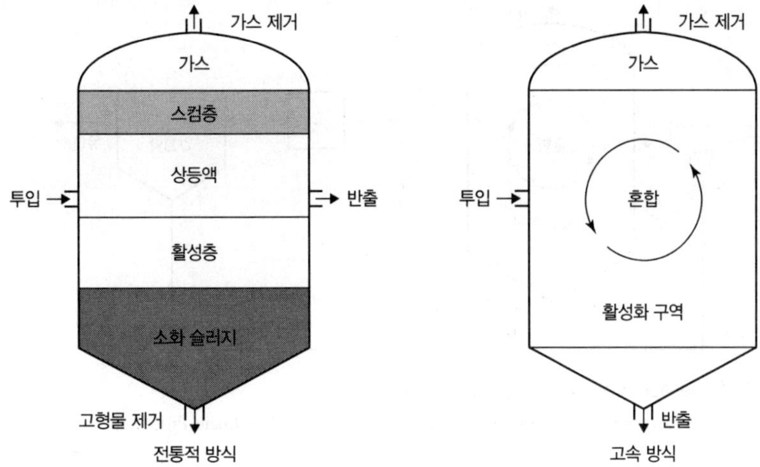

그림 8.11 Digester reactor configuration
출처: Handbook of Environmental Engineering, Volume 8: Biological Treatment Processes

어나고, 2단계에서 소화 슬러지의 저장, 농축 상등액과의 분리가 이루어지는데, 소화조는 통상 고정된 지붕이나 부동형 지붕을 가진다.

〈그림 8.12〉에는 일반적으로 사용되고 있는 2단 혐기성 소화조를 나타내었다. 제1소화조는 가열장치에 의해 30~35℃로 유지되며, 스팀은 일반적으로 보일러를 통하여 발생시키고, 소화조의 혼합은 가스의 순환 및 기계장치를 통하여 이루어진다. 제2소화조는 앞서 설명한 바와 같이 소화슬러지와 상등액이 분리되는 침전 기능과 후속공정으로 이송되기 전에 냉각시키는 역할을 하게 된다. 제1소화조

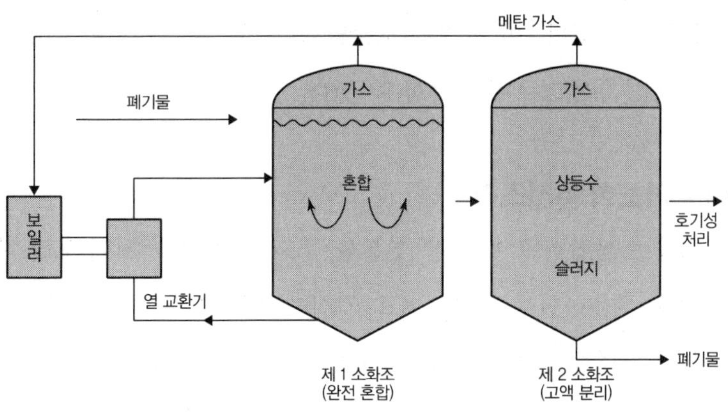

그림 8.12 2 stage anaerobic process configuration
출처: Handbook of Environmental Engineering, Volume 8: Biological Treatment Processes

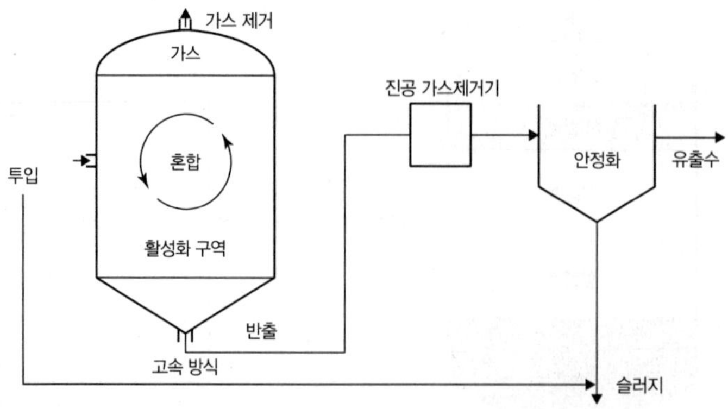

그림 8.13 Anaerobic contact process schematic
출처: Handbook of Environmental Engineering, Volume 8: Biological Treatment Processes

의 가열방법으로는 크게 온수 통과 방법, 열교환기 사용방법, 반응조 내에 수증기를 흡입하는 방법 등이 알려져 있다.

또한, 혐기성 기술을 단순히 슬러지가 아닌 전체 폐기물 처리에 적용할 수 있는 수준까지 발전시키려는 노력의 일환으로, 접촉 공정(그림 8.13)과 혐기성 필터가 개발되었다. 혐기성 접촉공정은 혐기성 활성슬러지 공정으로 완전혼합활성슬러지(CMAS, Complete Mixed Activated Sludge) 공정과 거의 동일하게 설계 및 운영된다. 혐기성 조건 외에 두 공정의 주요 차이점은 재활용 및 고체의 중력 분리를 허용하기 위해 반응기 혼합액을 진공가스 제거기를 통하여 제거한다는 점이다.

그 외에도 혐기성 필터는 기본적으로 혐기성 살수 필터(trickling filter)로서, 이 단위 공정에 부착된 성장 기능은 폐기물 안정화에 필요한 바이오매스의 유지를 촉진하고 강화할 수 있다. 이 공정은 오늘날 혐기성 접촉 공정에 비해 덜 일반적으로 사용되지만, 특정 경우에 적용할 수 있다.

3) 바이오 가스화 운전조건

혐기성 소화는 복잡하고 다양한 성분을 포함한 기질을 처리하고 여러 미생물 군집이 상호 작용하면서 단계적으로 기질을 소비하므로, 주요한 운전인자들을 안정적인 범위 내로 유지하는 것이 매우 중요하다. 기질 및 공정의 특성에 따라 차이가 있지만, 일반적으로 안정적인 운전을 위해 권장되는 운전 조건은 〈표 8.5〉와 같다.

표 8.5 혐기성 소화의 안정적인 운영을 위해 권장되는 운전 범위

Operational Parameter	Values
Temperature	30~38 or 55~60℃
Solids Retention Time(SRT)	>15 d
Organic Loading Rate(OLR)	1.6~6.4 kg Biodegradable COD/m3 · d
pH	7.0~7.8
Volatile Acid(VA)	50~300 mg/L
VA/alkalinity	0.1~0.3
Ammonia	<3 g N/L
COD/Nitrogen	<50
Na^+	<5 g/L
Lipids	<30% as COD basis
Sulfate	<100 mg S/L

출처: What every operator should know about anaerobic digestion, WEF, magazine. December, 2012

4) 바이오 가스 정제 기술[2,3]

바이오 가스의 주 성분인 메탄와 이산화탄소 이외에 불순물인 미량의 황화수소와 실록산, 수분, 먼지 등을 포함하고 있어 이를 활용하기 위해서는 불순물의 제거가 이루어져야 한다. 일반적인 바이오가스 내 포함된 불순물의 종류와 이로 인한 문제점을 〈표 8.6〉에 나타내었다. 일반적으로 바이오 가스 중 불순물을 제거하는 공정을 전처리 공정이라 하며, 이산화탄소를 제거하여 메탄의 순도를 높이는 공정을 고질화 공정이라고 한다.

(1) 전처리 공정

제습공정은 공정설계 시 현장운영자들이 흔히 지나치기 쉬운 공정이지만 탈황공정이나 메탄분리공정 등 대부분의 설비부하를 결정하는 중요 공정이다. 가스 전처리 공정에서 수분은 부식을 유발하여 설비의 내구성에 큰 영향을 준다. 탈황공정, 특히 건식탈황의 경우 탈황제의 수분 흡수율이 황화수소 제거율보다 높아 탈황 촉매의 수명을 단축하고 결국 운영경비의 증가를 가져온다. 뿐만 아니라 메

2 서명원, 바이오매스 가스화 정제 기술 소개 및 현황, 한국공업화학회지 15, 2012

3 김영준, 강용태, 바이오가스의 정제공정에 대한 고찰, 대한설비공학회, 2009

표 8.6 바이오가스 내 불순물의 종류와 함량, 이로 인한 문제점

항목	함량	문제점
이산화탄소(CO_2)	25~50%(v/v)	• 연료의 열량을 낮춤 • 습가스상에서 저농도 탄산으로 부식
황화수소(H_2S) 및 기타 화합물	150~3,000 ppmV	• 설비 및 배관부식 유발 • 연소 시 SOx, 불완전연소 시 H_2S 방출
수분	1~5%(v/v)	• 설비와 배관 부식 및 결빙 • 응축수로 인한 기계 오작동 유발
실록산(siloxanes)	2~15 ppmV	• 연소 시 엔진표면 SiO_2 형성
암모니아(NH_3)	0~0.05%(v/v)	• 연소 시 NOx 발생 • 엔진의 anti-knock 증가
먼지(dust)	5 μm 이상	• 노즐 막힘

탄분리공정 전단의 2차제습의 경우, 절대 수분량이 물리흡착을 방해하여 메탄 분리효율을 크게 저하시키므로 중요한 공정이라 볼 수 있다.

가스전처리과정에서 황화수소 제거를 위한 건식탈황과 습식탈황은 각각의 분명한 장단점이 있다. 습식탈황의 경우 중고농도(3,000 ppm 이상)의 황화수소를 중저농도(300 ppm 이하)로 처리하기에 적합하며, 건식탈황은 중저농도(500 ppm 이하)의 황화수소를 저농도(10 ppm 이하)로 제거하기에 적합하다. 물론 고농도의 황화수소를 저농도로 낮추기 위해서는 습식과 건식탈황을 함께 사용하는 것이 타당하나, 현장에서는 초기 투자비 과다 및 운영 일관성 확보를 위해 주로 사용하지 않는다. 하지만 바이오 가스 생산설비의 안정적인 운영조건을 확보하기 위해서

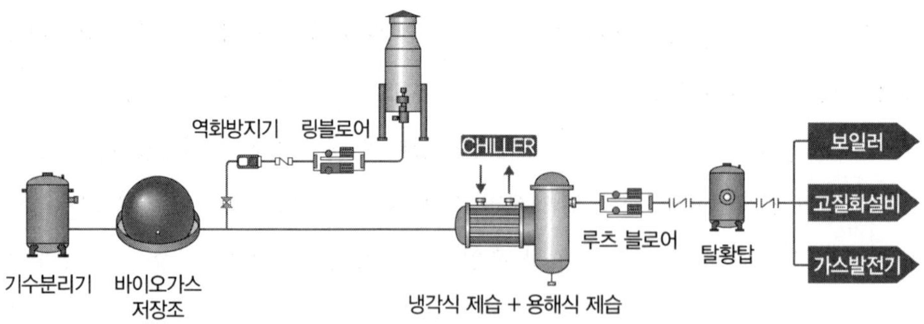

그림 8.14 일반적인 바이오가스 정제시설
출처: http://seojinl.com/?page_id=887

는 반드시 고려해야 할 사항이다.

일반적인 바이오가스 정제시설을 〈그림 8.14〉에 나타내었다. 바이오가스는 일반적인 제습 공정을 통하여 수분을 제거하고, 탈황 설비를 통하여 황화수소를 제거한 뒤 보일러나 고질화 설비, 가스 발전기 등으로 보내진다.

(2) 고질화 공정

이산화탄소가 존재할 경우 감압에 따른 동결, 관 폐색 등을 유발할 수 있어 운전상의 제거가 필요하다. 일반적인 바이오가스 고질화 설비를 〈그림 8.15〉에 나타내었다. 실록산 제거탑과 PSA 공정 혹은 멤브레인을 통하여 이산화탄소를 제거한 뒤 메탄의 농도를 높이고 부취제를 주입하여 도시가스로 공급되거나 최근에는 고순도 메탄을 수증기 개질 공정을 통해 고순도 수소 생산 공정에 이용하는 움직임이 있다.

① 흡수법

메탄와 이산화탄소의 용해도 차이를 이용하는 방법으로 물을 이용하는 물리적 방법과 암민과 같은 용매를 이용하는 화학적 방법이 존재한다. 물리흡수법은 물리적인 인자를 조작하여 물에 이산화탄소가 더 잘 흡수되게끔 유도한다. 예를 들어, 고압흡수법의 경우 바이오 가스의 압력을 9 kg/cm^{2}까지 상승시켜 압력에 대한 용해도 차이의 원리를 이용, 메탄을 회수한다. 화학흡수법의 경우 흡수제의

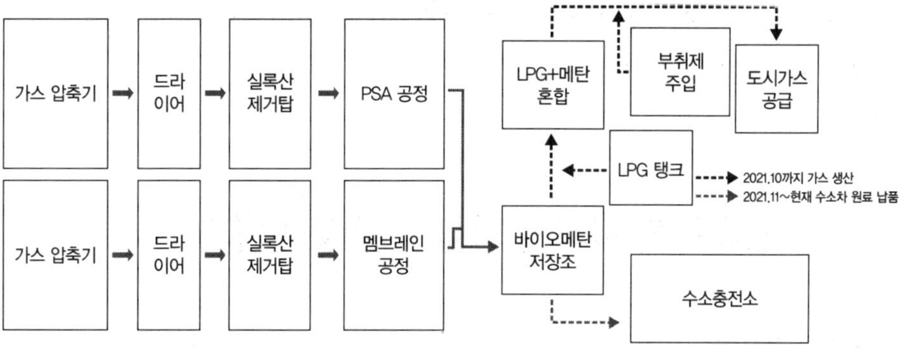

그림 8.15 일반적인 바이오가스 고질화 시설
출처: http://seojinl.com/?page_id=887

재생에 다량의 열이 필요하다.

② 흡착법

표면에 흡착되는 물리흡착과 흡착질과 상호작용에 의한 화학흡착으로 구분할 수 있으나, 대부분 물리흡착의 특성을 이용한 분리공정이 많다. 물리 흡착은 앞의 물리흡수법과 유사하게 온도가 낮고 압력이 높을수록 흡착이 증가하는 특성을 이용한다.

③ 막분리법

분리막을 이용하여 특성한 성분을 선택적으로 투과, 가스를 분리하는 방법이다. 이때 사용하는 분리막은 세라믹막, 고분자막, 금속막 등이 있으며 이산화탄소 제거에는 고분자막을 이용한다. 일반적으로 소용량의 기체 분리에 적합하며 상변화를 동반하지 않아 에너지 절감과 설치면적에 대한 부담이 적다. 그러나 막이 고가이고 재사용이 어려워 설치비 및 운전비가 높으며 불순물에 의한 막의 파울링, 별도의 실록산, 황화수소 제거장치가 필요하다는 단점이 있다.

④ 심냉법

바이오 가스 중의 이산화탄소를 압축 · 냉각 공정을 거쳐 액체 상태로 상변환 후 제거하는 공정이다. 이산화탄소의 경우 −78.5℃, 메탄의 경우 −161℃ 이하에서 액체로 상변환한다. 이때 실록산, 수분의 동시제거도 가능하나, 바이오 가스 중 이산화탄소 농도 변화가 클 경우 분리효율이 감소하며 설치비가 높고 운전 시 많은 에너지를 요구한다.

8.3 생물학적 처리 결과물의 환경적 평가

바이오 가스 공정에서 생산된 퇴비와 슬러리는 제품의 품질을 확인한 후 다양한 응용 분야에서 토양 개량제로 사용되는 경우가 많다. 제품은 다양한 목적으로 사용되기 때문에 퇴비의 오염 물질은 환경에 해로울 수 있다(EPA, 1989 및 1995). 이는 환경 오염 물질이 간단한 처리 절차(예: 폐기물 분리, 적절한 처리)를 통해 쉽게 최소화된다는 점을 고려할 때 특히 그렇다. 주로 분뇨, 하수 슬러지 및 처리 잔류물을 포함한 고형 폐기물의 퇴비화 시설은 다음을 포함하여 몇 가지 중요한 환경 요소를 고려한다.

① **물에 미치는 영향** 폐기물 퇴비화 시설에서 유출되는 물은 다량의 영양소(즉, 질산염 및 인)를 함유하고 있으며, 인근 표면에 녹조를 일으키는 휘발성 유기물 및 금속물을 포함한다. 이를 방지하기 위해 저수조는 유출수를 제한하기 위해 사용될 수 있다. 도시 폐기물 퇴비화, 슬러지 퇴비화 및 공동 퇴비화에는 많은 양의 잠재적인 오염 물질과 물이 포함되어 이러한 시설에서는 영향이 더 클 수 있다. 생활폐기물 퇴비의 침출수 시설은 고농도의 영양분(예: 질산염 및 인), 휘발성 유기물 및 금속이 포함될 수 있으며, 침출수는 지표수와 지하수 모두에 영향을 미칠 수 있다.

② **토양에 미치는 영향** 폐기물 퇴비화 시설에서는 토양이 퇴비 더미에 특정 나뭇잎과 솔잎이 존재하기 때문에 더 산성이다. 질소 고갈도 발생할 수 있으며 이는 적절한 방향 전환으로 제한될 수 있다. 퇴비화 시설은 산, 유기 및 금속 오염으로 인해 잠재적으로 유해한 영향을 미친다. 퇴비 시설에서 잠재적으로 위험한 물질의 대부분을 전환하기 위한 신중한 사전 처리는 중요한 품질 관리 절차이다.

③ **악취 오염** 악취는 가장 빈번한 문제 중 하나이다. 퇴비화 시설에서 퇴비 더미의 빈번한 회전은 냄새 문제를 제한하는 데 효과적이다. 기계식 반응조 퇴비화 시스템이 사용될 때, 악취 제어 장치(예: 에어 스크러버 등)를 사용하면 문제를 최소화할 수 있다.

④ **건강 영향** 식수의 질산염 오염은 유아(예: 유아 청색증[메트헤모글로빈혈증]) 및 노인의 혈액 산소 운반 능력에 영향을 미칠 수 있으나, 적절한 퇴비화 조건에서는 이러한 위험을 최소화할 수 있다. 곤충과 해충은 병원균을 퍼뜨릴 수 있으나, 일반적인 퇴비화 작업 중 고온이 발생하여 병원균이 분뇨, 하수 슬러지 또는 도시 폐기물에서 발견되는 물질은 대개 제거된다. 이외

에도 근로자에게 호흡기질환과 같은 문제가 발생할 수 있다. 그러나 적절한 훈련과 건강 모니터링, 적절한 의복과 장비를 통해 해당 위험을 최소화할 수 있다.

Chapter 9

폐자원의 열화학적 처리

과거 수십 년 동안 고상 폐기물의 열처리에 대한 주요 관심은 폐기물의 질량과 부피를 현저히 감소시켜(70~80%) 매립지의 면적을 줄이는 한편, 위생문제를 해결하는 데 중점을 두어왔다. 그러나 최근에는 기술발전에 따라 폐기물로부터 막대한 에너지를 회수하는 데 관심이 높아지고 있다.

폐기물은 유용한 에너지 자원이다. 열처리해서 폐기물에서 회수한 에너지는 재생에너지에 포함되며, 폐기물에서 에너지를 생산하는 열처리 기술은 Waste to Energy(WtE) 기술로 정의된다.

열처리 공정은 가연성 및 유기성 폐기물 관리시스템에서 빼놓을 수 없는 중요한 기술로 비교적 높은 온도에서 처리 물질의 화학구조를 변형 및 분해시켜 에너지원 또는 재생원료 생산이 가능하다.

높은 열에 의한 폐기물의 열적 처리를 통해서 에너지를 회수하는 열처리 기술은 연소/소각, 가스화 및 열분해 등과 같은 폐기물 에너지회수 기술로 분류할 수 있다. 기본적으로 열적처리 과정에서 유기물의 분해를 통해 얻어지는 결과물의 특성에 따라 기술은 분류되고 있다.

열분해(pyrolysis)는 반응기 내에 반응기 내에 산소량이 유기물질의 완전 산화를

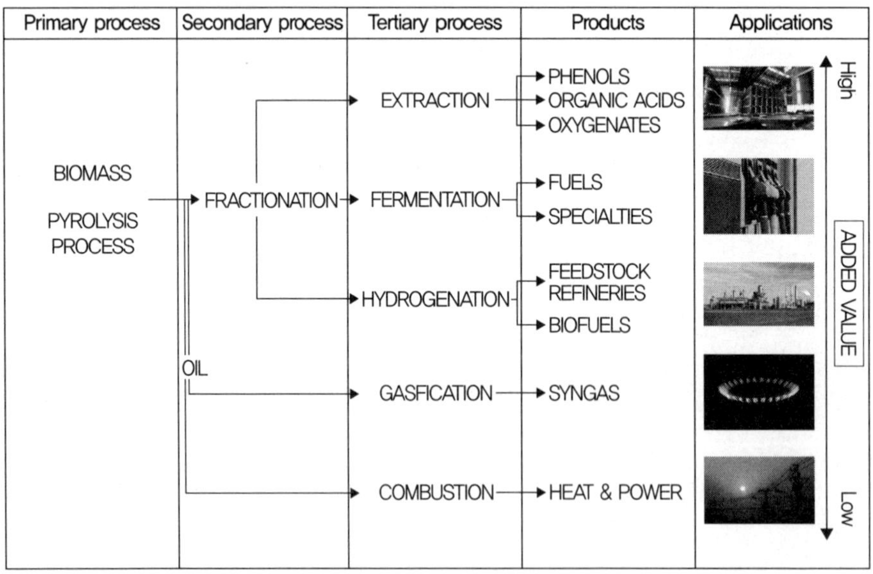

그림 9.1 폐기물 열화학적 처리 과정

하기에 부족한 조건에서 폐기물을 열적 분해시켜 가스, 액체 및 고체 상태의 연료를 생산하는 공정이다.

9.1 고형연료화

바이오매스를 포함한 가연성 폐자원의 자원화를 위해 사용하는 기술은 물질 이용, 열 · 화학적 변환기술, 생물학적 변환기술로 분류할 수 있다. 물질 이용기술은 바이오매스를 특별한 변환 과정 없이 사용하는 것이다.

SRF(solid refuse fuel)는 도시고형폐기물 중 종이, 플라스틱 및 기타 가연성 폐기물을 선별하여 수분량과 불순물을 제거, 동질의 입자크기의 펠릿 형태의 고형연료를 성형 가공하는 것이다. 성형된 연료는 SRF의 요구기준을 달성해야 하며 이를 위해 선별, 파쇄, 건조, 성형 등의 공정을 거쳐 형태 및 크기, 열량, 수분 함량, 회분 함량 등을 충족해야 한다. 또한 SRF 중 탄화를 이용한 건조탄화 RDF가 있다. 주로 수분함량이 높은 축산분뇨, 슬러지, 음식물류 폐기물에 적용되며 대상 폐기물을 파쇄 후 무산소 상태에서 탄화처리를 거쳐 이를 SRF로 성형하는 것으로 기존 SRF보다 처리효율 및 안정성, 경제성이 뛰어난 것으로 평가되고 있다. 이러한 연료를 사용하는 것은 발생하는 폐기물의 양을 줄임과 동시에 대체연료 또는 혼소 연료로 사용하여 에너지를 절약하고 폐기물이 지니고 있는 에너지를 사용하기 위함이다.

국가에 따라 도시생활 폐기물로 만든 연료를 칭하는 용어가 다르며 유럽 쪽 국가에서는 SRF(Solid refuse fuel), 미국 및 일본의 경우는 RDF(Refuse derived fuel)라고 한다. 고형연료를 분류하면 생활폐기물 재생연료는 RDF, 폐플라스틱을 사용한 것은 RPF(refuse plastic fuel), 폐타이어를 사용하면 TDF(tire derived fuel), 폐목재 사용은 WCF(wood chip fuel)로 구분할 수 있다.

현재는 국내 법률개정을 통해 기존의 고형연료제품(RDF, RPF, WCF, TDF)을 SRF와 bio-SRF로 변경하고 그에 따른 새로운 품질 기준을 마련하였다. 일반 SRF와 bio-SRF는 사용되는 폐기물의 종류에 따라 분류된다. SRF와 bio-SRF의 기준은 〈표 9.1〉과 〈표 9.2〉에 나타낸 것과 같다. SRF 제품은 자원 절약과 함께 재활용제품을 법률상의 재활용 촉진 규정 기준에 적합한 고형연료제품으로 규정하고, 법률상에 고형연료제품의 품질인증절차 및 인증기관, 사후 품질관리 등을 규정하여 고형연료제품의 제조 · 유통 · 사용을 체계적으로 관리하는 것이 품질등급인증의 목적이다.

SRF는 일반 고형연료 제품으로 생활폐기물(폐가구류 등 대형 가연성 고형폐기물을 포함하며, 음식물류폐기물은 제외), 폐합성수지류(자동차 파쇄잔재물[ASR] 제외), 폐합성섬유류, 폐고무류(합성고무류 포함), 폐타이어, 그밖에 에너지로 사용이 가능하다고 환경부장관이 인정하여 고시하는 가연성 고형폐기물을 사용하여 제조한 것을 말하며 위의 폐기물을 서로 혼합하거나 바이오 고형연료제품 제조에 사용되는 폐기물을 혼합하여 사용하는 경우 모두 SRF로 분류한다.

bio-SRF는 폐지류, 농업폐기물(왕겨, 쌀겨, 옥수수대 등 농작물의 부산물), 폐목재류(원목으로 된 폐가구류 및 제재부산물을 포함하며, 철도용으로 사용된 침목과 전신주로 사용된 것은 제외), 식물성잔재물(땅콩껍질, 호두껍질, 팜껍질, 코코넛껍질, 귤껍질 등을 말하며, 음식물류폐기물은 제외), 초본류 폐기물, 그밖에 에너지로 사용이

표 9.1 고형연료제품의 품질기준(SRF, Solid Refuse Fuel)

<table>
<tr><th colspan="2">구 분</th><th>단 위</th><th colspan="2">성형</th><th colspan="2">비성형</th></tr>
<tr><td colspan="2" rowspan="2">모양 및 크기</td><td rowspan="2">mm 이하</td><td>직경</td><td>50 이하</td><td>가로</td><td>50 이하</td></tr>
<tr><td>길이</td><td>100 이하</td><td>세로</td><td>50 이하</td></tr>
<tr><td colspan="2">수분</td><td>wt.% 이하</td><td colspan="2">10</td><td colspan="2">25</td></tr>
<tr><td colspan="2">저위발열량</td><td>kcal/kg 이상</td><td colspan="4">3,500</td></tr>
<tr><td colspan="2">회분</td><td>wt.% 이하</td><td colspan="4">20</td></tr>
<tr><td colspan="2">염소</td><td>wt.% 이하</td><td colspan="4">2.0</td></tr>
<tr><td colspan="2">황분</td><td>wt.% 이하</td><td colspan="4">0.6</td></tr>
<tr><td rowspan="4">금속 성분</td><td>수은(Hg)</td><td rowspan="4">mg/kg 이하</td><td colspan="4">1.0</td></tr>
<tr><td>카드뮴(Cd)</td><td colspan="4">5.0</td></tr>
<tr><td>납(Pb)</td><td colspan="4">150</td></tr>
<tr><td>비소(As)</td><td colspan="4">13.0</td></tr>
</table>

1. 회분, 염소, 황분 및 금속성분은 건조된 상태 기준이며, 성형제품은 펠릿으로 제조한 것으로 한정
2. 비성형 고형연료제품을 직접 사용하기 위해 동일한 부지에서 제조하는 경우 가로 120 mm, 세로 120 mm로 제조할 수 있음
3. 폐타이어만을 사용하여 고형연료제품을 제조하는 경우 황분은 2.0% 적용

가능하다고 환경부장관이 인정하여 고시하는 바이오매스(biomass) 폐기물을 단독 또는 혼합 사용하여 제조한 것을 말한다. bio-SRF는 폐 바이오매스를 처리하고 재이용한다는 점에서 장점이 있으나, 수분함량이 높아 생물학적인 분해가 일어날 수 있어 효율성이 떨어진다는 문제점을 가진다. 이러한 문제점을 해결하기 위한 방안으로 다양한 전처리 방법을 사용하거나 기준에 맞추어 펠릿 등의 형태로 가공하여 사용한다.

SRF의 조건으로는 ① 높은 발열량, ② 낮은 함수율, ③ 적은 재의 함량, ④ 대기오염 발생이 적을 것, ⑤ 균일한 조성, ⑥ 편리한 저장 및 수송, ⑦ 기존 고체연료 사용로에서 사용이 가능할 것 등이 있다. 바이오매스를 이용하여 SRF를 생산하면 폐 바이오매스를 처리하는 것과 동시에 가연성 폐기물이 연료로 바뀌어 열원으로 재사용할 수 있기 때문에 석유, 석탄 등의 자원을 절약할 수 있다. 또한 SRF 생산과정에서 시료의 불순물이 제거되고 파쇄되어 가연성분의 조성이 균일하게 되어 발열량이 안정적이게 된다. 운반 및 보관이 용이하여 필요한 장소, 시기에 이용이 가능하며 기존의 석탄 보일러 및 화력발전소 등에서 석탄과 혼소가 가능하다. 따라서 바이오매스를 직접 사용하였을 때보다 SRF 형태로 연소에 사

표 9.2 바이오 고형연료제품의 품질기준(BIO-SRF, Biomass-Solid Refuse Fuel)

<table>
<tr><th colspan="2">구 분</th><th>단 위</th><th colspan="2">성형</th><th colspan="2">비성형</th></tr>
<tr><td colspan="2" rowspan="2">모양 및 크기</td><td rowspan="2">mm 이하</td><td>직경</td><td>50 이하</td><td>가로</td><td>120 이하</td></tr>
<tr><td>길이</td><td>100 이하</td><td>세로</td><td>120 이하</td></tr>
<tr><td colspan="2">수분</td><td>wt.% 이하</td><td colspan="2">10</td><td colspan="2">25</td></tr>
<tr><td colspan="2">저위발열량</td><td>kcal/kg 이상</td><td colspan="4">3,000</td></tr>
<tr><td colspan="2">회분</td><td>wt.% 이하</td><td colspan="4">15</td></tr>
<tr><td colspan="2">염소</td><td>wt.% 이하</td><td colspan="4">0.5</td></tr>
<tr><td colspan="2">황분</td><td>wt.% 이하</td><td colspan="4">0.6</td></tr>
<tr><td rowspan="4">금속
성분</td><td>수은(Hg)</td><td rowspan="4">mg/kg 이하</td><td colspan="4">0.6</td></tr>
<tr><td>카드뮴(Cd)</td><td colspan="4">5.0</td></tr>
<tr><td>납(Pb)</td><td colspan="4">100</td></tr>
<tr><td>비소(As)</td><td colspan="4">5.0</td></tr>
</table>

1. 회분, 염소, 황분 및 금속성분은 건조된 상태 기준
2. 성형제품은 펠릿으로 제조한 것으로 한정
3. 바이오매스 함유량은 고형연료제품의 함유 성분 중에서 수분과 회분을 제외한 나머지 성분 중 바이오매스의 비율을 뜻함

용되었을 경우 연소로의 충격이 적어서 발전 시스템에서의 높은 효율을 기대할 수 있다.

9.2 열분해

열화학적 처리 방법인 열분해는 무산소 혹은 산소가 부족한 상태에서 고분자 유기 물질을 열적 분해하여 고체, 액체, 기체 형태의 유용한 생성물로 회수하는 방법이다. 열분해는 흡열 반응이기에 별도의 외부 열원과 지속적인 열 공급이 필요하다는 특징이 있다. 열처리하면 에너지 생산뿐 아니라 병원균의 파괴와 부피 감량화가 가능하다. 열분해 생성물의 활용 가능성은 기존 물질보다 높아질 수 있어 연료로의 활용 또한 가능하다. 고체생성물은 열분해 반응 후 잔류하는 탄소가 주성분인 Char이며, 일부 휘발 성분과 재가 포함되어 있다. 탄화된 고형 생성물은 통기성과 투수성이 있어 주로 원예와 토지 개량제 용도로 사용되고, 다공성이 있어 흡착제, 탈취제로도 이용된다. 또한, Carbon black이나 활성탄으로 사용되기도 한다. 액체생성물인 Oil은 방향족 화합물이 포함된 복합 물질이다. 기체생성물은 H_2, CO, CO_2, CH_4와 미량의 C_2H_4, C_2H_6으로 구성되어 있다.

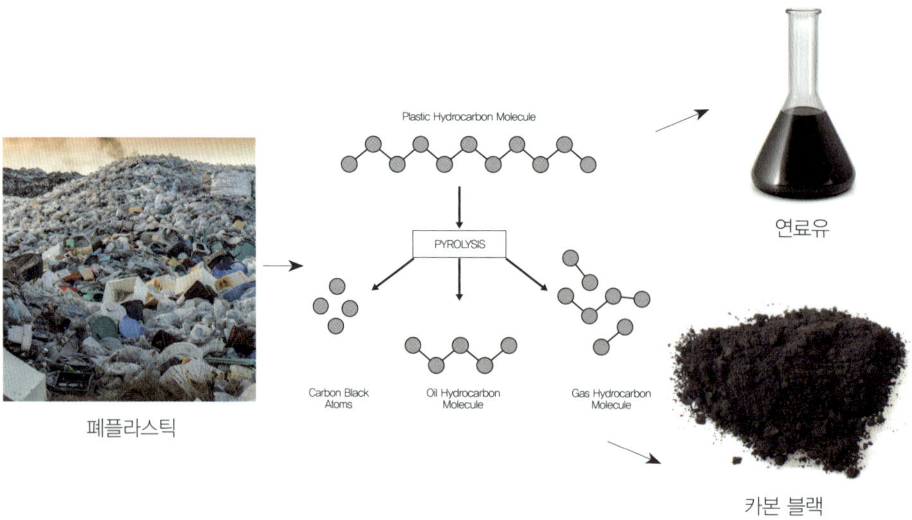

그림 9.2 폐플라스틱 열분해 공정

1) 열분해 반응

열분해 반응은 크게 두 단계로 나눌 수 있다. 첫 번째는 1차 생성물(H_2, CO, CO_2, Char)의 발생이고, 두 번째는 수분과 1차 생성물의 반응으로 인한 2차 생성물(CO, CH_4, CO_2)의 발생이다. 고온에서 1차 생성물인 Char의 분해는 2차 Tar의 분해, 탄화수소의 탈휘발화, 탄소성 Char의 부분 기화 등의 반응을 통해 일어난다.

열분해 온도가 증가함에 따라 건조, 탄화 가스 형성, 탄화가 진행된다. 건조 시 폐기물 내에 함유된 수분의 종류와 건조되는 온도를 이해하는 것이 중요하다. 일반적으로 200℃까지는 수분의 물리적인 분리로 인한 건조가 진행된다. 자유수와 표면수는 100±5°C에서 건조되고, 간극수와 결합수는 400℃ 부근에서 건조된다. 200~400℃에서는 유기물의 세포막이 파괴되어 세포질과 수분으로 분리되는 반응이 일어난다. 그리고 세포질이 고분자 유기 물질(셀룰로오스, 단백질, 지방)로 분해되어 고체, 액체, 기체생성물로 전환된다. 이때 전환되는 액체, 기체생성물인 Oil과 Gas는 에너지 잠재력이 높아 보일러용 연료 대체재로 활용이 가능하다. 400~800℃에서는 주로 고체 탄화물이 생성되고, 400~1,200℃의 온도 영역에서는 생성된 고체 탄화물과 액체생성물이 계속해서 분해되어 기스 생성물이 발생한다.

열분해 가스 생성은 크게 건조(〉100℃), 승온(100~300℃), 열분해(300~600℃), 최종 구간(300~900℃)으로 설명할 수 있다. 건조 구간에서는 표면의 자유수 증

표 9.3 유기성 물질의 온도별 분해 과정

온도(℃)	반응
200	수분 분리에 의한 건조 과정
250	결합수분 분리, CO_2 및 H_2S 화합물 분리, 탈산, 탈황
340	메탄, 지방함유 물질 및 지방물질의 분리
380	C-함유 건류물질 생성
400	C-N 및 C-O 결합물질의 분리
400~800	탄화물의 형성
400~1,200	생성 탄화물에서의 분해 반응 (H_2, CO, CH_4 CO_2 등 성분을 함유한 합성가스 발생)

발이 일어난다. 승온 구간에서 내부수의 증발이 일어나고, 탄화반응으로 분자량이 적은 가스(CO, CO_2)가 발생한다. 열분해 구간에서 1차 가스와 응축성 가스가 발생한다. 최종 구간에서 응축성 가스의 분해로 인해 2차 가스가 발생한다. 350~450℃에서는 액체생성물이 발생하고, 750℃에서는 탄소 고리가 끊어지면서 기체 생성물이 발생한다. 500~1,200℃에서는 고체 탄화물과 액상 유기성 물질로부터 기체생성물이 발생하고 성분은 H_2, CO, CO_2, CH_4 등이다.

$$C_xH_y(\text{유기물}) \rightarrow xCH_4 + yH_2 + C \qquad (\text{식 } 9.1)$$

$$CH_4 + H_2O \rightarrow CO + 3H_2 \qquad (\text{식 } 9.2)$$

$$C + H_2O \rightarrow CO + H_2 \qquad (\text{식 } 9.3)$$

$$C + CO_2 \rightarrow 2CO \qquad (\text{식 } 9.4)$$

폐기물을 열분해하면 고체 카본과 유기성 물질(C-H 화합물)로부터 H_2, CO, CO_2, CH_4 등의 가스가 생성된다. ① C_xH_y 화합물은 H_2, CH_4, 고체 탄소로 분해된다. ② 생성된 CH_4는 H_2O와 반응해 CO와 H_2로 전환되고, 고체 탄소는 H_2O 또는 CO_2와 반응해 수소나 연료가스가 된다. 열분해는 환원 조건에서 물질을 높은 온도로 가열하기 때문에 물질 내 휘발 성분을 분해한다. 대부분의 휘발 성분을 분해시키기 때문에 높은 순도의 고정 탄소분이 발생하고, 이를 탄화라고 한다. 이를 통해 생물학적 안정도를 얻을 수 있으며, 유기 성분이 분해되어 생성물의 부패가 일어나지 않는다. 열분해 반응 온도가 높아지고 반응 시간이 길어질수록 안정화의 정도는 높아진다.

슬러지의 경우는 〈그림 9.3〉처럼 온도에 따라 유기물의 분해가 일어난다. 건조 슬러지의 열분해와 가스화는 1차 반응과 2차 반응으로 진행된다. 하수 슬러지는 주로 Cellulose로 구성되어 있기에 1차 반응 동안 Tar로의 전환 가능성이 높으며, Tar의 일부는 2차 반응 동안 Gas로 전환된다. 1차 반응은 유기 물질의 건조(dehydration), 탈카르복시화(decarboxylation), 탈수소(dehydrogenation)이며, 이를 통하여 유기성 분자가 carboxyl, carbonyl, hydroxyl groups으로 분해된다. 2차 반응 동안에는 Tar와 Char에서 가스가 발생하며, 이때 Char의 가스화, Tar의 분해, 경질

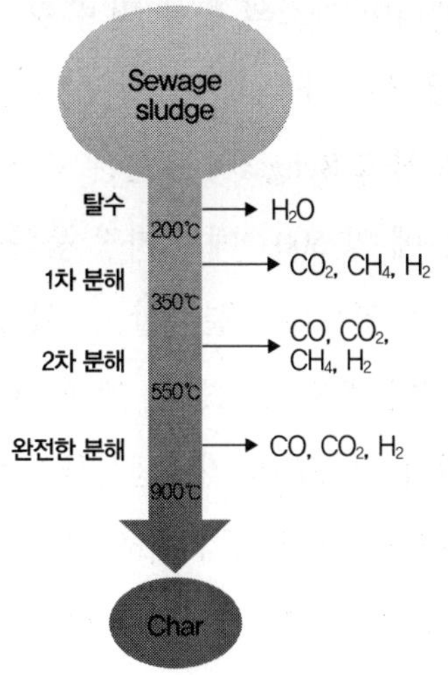

그림 9.3 유기성 폐기물(슬러지)의 온도에 따른 분해 과정

표 9.4 승온율에 따른 열분해 분류

	Slow pyrolysis	Fast pyrolysis	Flash pyrolysis
Temperature(℃)	300~700	550~1250	800~1300
Heating rate (℃/s)	< 1	10~300	> 1000
Residence time(s)	> 450	0.5~20	< 0.5

가스의 반응이 일어난다. 수소는 주로 휘발 성분의 2차 열적 분해로 발생되기에 수소 생산에는 2차 반응이 매우 중요하다. C_2H_4, C_2H_6의 경우에는 온도가 높아질수록 발생량이 감소한다. 1차 반응은 주로 승온율에 영향을 받고, 2차 반응은 온도에 영향을 받는다. 2차 반응에서는 열적 분해로 탄화수소의 긴 사슬이 작은 사슬로 끊어진다.

2) 열분해 주요 요인

열분해 생성물은 온도, 반응기 압력, 가열 속도, 주입되는 물질의 특성, 반응물 체류시간 등에 영향을 받는다. 이를 세부적으로 나누면 바이오매스의 특징, 열분해 조건, 환경 조건으로 나누어 볼 수 있다. 바이오매스의 특징에는 종류, 수분 함량, 입자 크기가 있다. 열분해 조건에는 반응 온도, 반응 시간, 가열 속도가 있다. 환경 조건에는 캐리어 가스의 종류 및 유량 등이 있다. 이 중에서도 최종 생성물의 형성에는 반응 온도가 가장 큰 영향을 끼친다. 열분해 온도가 증가할수록 Char의 수율은 감소하고 Syngas의 수율은 증가한다. Oil의 수율은 고온에서는 분해가 일어나기 때문에 약 500℃에서 가장 높다고 알려져 있다. 반응 온도에 따라 저온 열분해와 고온 열분해로 분류할 수 있다. 저온 열분해는 고체, 액체, 기체생성물이 발생되지만 주된 생성물은 액체 상태의 Oil이다. 고온 열분해는 1,000℃ 이상의 온도에서 진행되며 기체생성물인 Gas의 회수가 주된 목적이다. 즉, 목표 물질을 효율적으로 생성하기 위해서는 반응 온도의 설정이 매우 중요하다. 높은 온도일수록 고분자 화합물이 적은 탄소 고리를 가진 저분자로 분해된다. 일반적으로 탄소수가 12개 이상이면 고체상, 6개에서 11개이면 액체상, 5개 이하이면 기체상으로 정의한다. 가열 속도 또한 생성물 특성에 큰 영향을 미치는데, 느린 가열 속도와 낮은 온도 조건에서 Char의 생성이 가장 많아진다. 가열 속도에 따라 열분해를 Slow pyrolysis, Fast pyrolysis, Flash pyrolysis로 나눌 수 있다. Slow pyrolysis는 일반적인 열분해 방법으로, 가열 속도가 느리고 체류 시간이 길다. 바이오매스의 열적 분해가 일어나지 않아서 Oil과 Gas의 생성량이 적으며 Char의 수율이 높아진다. Fast pyrolysis는 850~1,250℃의 온도 범위에서 일어나며, Oil의 수율은 높지만 Char 수율은 낮다. Tar의 형성이 억제되어서 고품질의 Oil을 생산하는 데 적합한 방법이다. Flash pyrolysis는 Fast pyrolysis를 개선한 것으로 고온과 짧은 증기 체류 시간 및 매우 빠른 가열 속도 조건에서에서 Char 수율을 감소된다. Fast pyrolysis의 높은 승온율에서 2차 반응이 일어나고 이는 기체의 형성을 돕는다. 온도가 높아지면 중질 탄화수소의 열분해가 발생하여 Oil 및 Gas의 수율이 증가하고 Char의 수율이 감소한다.

열분해에 있어서 반응기(reactor)는 열전달, 혼합, 기체 및 액체의 품질, 체류시간 및 주요 생성물의 배출을 제어하는 데 사용되는 핵심으로 간주된다. 반응기는 회분식(batch) 반응기, 반회분식(semi-batch) 반응기, 연속식(continuous-flow) 반응기로 구분할 수 있고, 연속식 반응기에는 유동층(fluidized-bed), 고정층(fixed-bed), 원추형 분출형 반응기(CSBR, conical spouted bed reactor) 등이 있다. 〈그림 9.4〉에는 대표적인 반응기의 종류를 나타내었다.

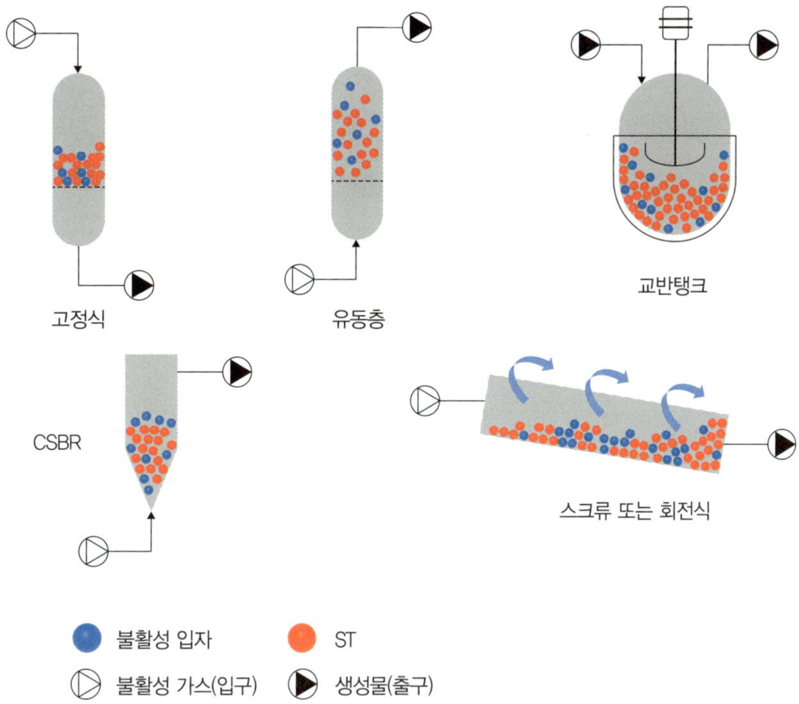

그림 9.4 폐플라스틱 열분해 반응기의 종류(CSBR, conical spouted bed reactor)

고정 및 유동층 반응기(fixed and fluidized bed reactors)에 대해 알아보겠다. 비교적 크기가 일정하고 미분 함량이 낮은 연료에 대해서 고정층 반응기 기술은 간단하고 신뢰성이 있는 것으로 알려졌다. 고정층 반응기는 가스 냉각 및 세정 시스템을 포함하고 있다. 고정층 반응기에서 촉매는 일반적으로 펠릿 형태로 존재하고 고정층에 채워져 있으며, 비교적 설계하기 쉽다. 공급 원료는 외부에서 가열되는 반응기 내부에 투입된다. 고정층 반응기는 단순히 2차 열분해 반응기로 사용되기도 한다. 그 이유는 1차 열분해 생성물은 일반적으로 액체와 기체상으로 구성되어 있어서 고정층 반응기에 쉽게 공급될 수 있기 때문이다. 고정층 반응기는 느린 가열 속도가 특징이며, 낮은 열전달 계수로 인해 시료 내부의 온도가 균일하지 않고, 공급 원료가 다른 온도에서 동시에 분해될 수 있는 단점을 갖는다. 반면 유동층 반응기는 고정층 반응기에서 발생하는 몇 가지 문제를 해결할 수 있다. 유동층 반응기의 촉매는 유동화 가스가 통과하는 분산판 위에 위치하며 입자는 유동 상태로 투입된다. 따라서 입자가 유체와 잘 혼합되면 촉매에 더 잘 접촉할 수 있으므로 균일한 온도 분포에서 반응이 일어날 수 있는 매우 높은 표면적을 제공하게 된다. 이와 같이 높은 열전달 및 물질 전달 계수로 공정 조건의 가변성을 줄일 수 있다. 또한, 유동층 반응기는 배치 반응기보다 더 유연하고 빈번한 공급 원료 충전을 피할 수 있어 공정을 빈번하게 중지할 필요가 없다. 유동층 반응기는 촉매를 배출할 필요 없이 여러 번 재생할 수 있기 때문에 플라스틱의 촉매 열분해를 수행하는 가장 좋은 반응기로 간주되며 특히 촉매가 매우 고가의 물질인 경우 더욱 적합하다. 또한 경제적인 측면에서도 대규모 운전에 가장 적합한 반응기이다.

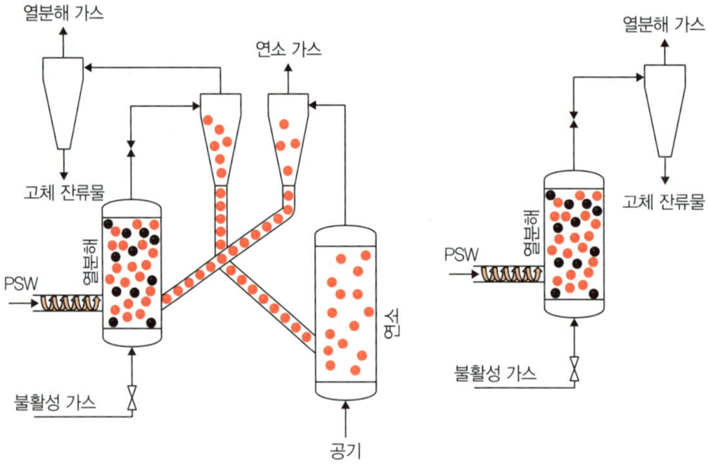

그림 9.5 유동층 열분해 반응기(고속 유동층 및 기포 유동층)

표 9.5 각 반응기 방식에 따른 장단점

구분	장점	단점
회분식 (batch)	• 열분해에 적합 • 제어하기 쉬운 작동 매개변수	• 느린 공정 • 생산의 불연속성 • 배치당 높은 인건비 • 촉매와 플라스틱의 느린 혼합으로 인해 촉매 열분해에 적합하지 않음 • 대규모 생산에 어려움
반회분식 (semi-batch)	• 공급원료 추가의 유연성 • 열분해에 적합 • 제어하기 쉬운 작동 매개변수	• 배치당 인건비 • 촉매와 플라스틱의 느린 혼합으로 인해 촉매 열분해에 적합하지 않음 • 소규모 생산에 더 적합
고정층 (fixed bed)	• 간단하고 신뢰성 있음 • 크기가 비교적 균일하고 미분 함량이 낮은 연료에 대해 입증됨 • 가스 냉각 및 세척 시스템 포함	• 불규칙한 크기와 모양의 입자를 가진 공급원료에는 적합하지 않음 • 사용가능한 촉매 표면적이 제한적임 • 낮은 가열 속도 • 시료 내부의 온도가 균일하지 않아 공급원료가 다른 온도에서 분해됨
유동층 (fluidized bed)	• 촉매와 유체와 잘 혼합되고, 균일한 온도분포 형성 • 유연하고, 공급원료를 자주 배출할 수 있음 • 대규모 공정에 적합 • 촉매 재생에 적합 • 균일한 제품 품질을 형성 • 가열성 탁월	• 높은 운영 비용 • 베드에서 숯을 분리하기 어려움 • 작은 공급원료만 사용됨 • 장치 내 구성, 가동안정성, 오일수율 불량
로타리 킬른 (rotary kiln)	• 폐플라스틱을 잘 혼합 가능 • 이종 재료 또는 공급원료 사용가능 • 간단한 유지보수 • 초기 투자비 저렴	• 느린 공정 • 상당한 양의 숯 형성 • 낮은 가열 속도 • 대용량 불가능
원추형 분출층 (CSBR)	• 혼합성이 좋아 큰 입자 및 입자 밀도 차이가 있는 혼합물 처리 가능 • 상(phase) 사이의 열전달 좋음 • 가장 단순한 CSBR 설계로도 모든 종류의 플라스틱을 분리하지 않고 열분해 가능 • 탈 유동화 방지	• 촉매 공급, 연행(entrainment) 및 제품 수집이 어려움 • 많은 펌프가 필요한 복잡한 설계로 인해 높은 운영 비용
마이크로파 (microwave)	• 균일한 체적 가열 • 빠른 반응, 비용 효율적 • 우수한 제품 생산 • 혼합 플라스틱 열분해 가능 • 고품질 연료 제품 생성 가능	• 폐기물 흐름의 유전 특성을 정량화할 수 있는 충분한 데이터 부재 • 높은 가열 속도를 얻으려면 미세한 공급원료 입자 필요 • 2차 분해가 감소됨 • 고형 증기는 반응기에서 신속하게 제거

구분	장점	단점
플라즈마 (plasma)	• 폐기물을 합성가스로 전환 • 우수한 열전달 • 제어된 공정온도, 높은 공정 속도 • 생성된 합성가스는 최적의 조성을 가지고 있음 • 생산된 제품은 인간의 건강과 환경에 무해	• 높은 에너지 요구(1,000℃의 온도 필요) • 작은 반응 부피 • 유해폐기물에만 적용 • 경제적으로 도시 고형 폐기물에 적합하지 않음

9.3 가스화

가스화(gasification)는 고상폐기물을 연소에 필요한 양보다 적은 양의 산소에서 부분 산화시켜 합성가스라고 불리는 가스연료로 전환하는 공정이다. 이 과정에서 고상의 생성물로 숯과 회분이 동시에 발생된다. 고상폐기물의 가스화는 반응기와 폐기물 종류에 따라 보통 600℃ 이상에서 이루어지는 복잡한 공정이다.

가스화 반응기는 고정상, 유동상 이동상 격자로, 회전식로 및 플라즈마 반응기 등 여러 종류로 형태에 따라 분류된다.

각종 폐기물 고형연료 및 혼합 폐플라스틱, 포장재, 폐지, 하수 슬러지 등 다양한 폐기물을 가스화 반응에 사용할 수 있으며 생활폐기물의 경우에 전처리하지 않은 폐기물을 이용할 수도 있다. 그러나 보통 전처리 과정이 특히 유동층 반응기를 사용할 경우 필요하며, 추가에너지가 필요한 단점이 있다. 최종 배출되는 합성가스는 완전히 산화되지 않은 일산화탄소(CO)와 수소(H_2)가 다량 포함되며 메탄이 소량 생성된다.

앞서 설명한것과 같이 열분해 기술은 단일 성상 폴리머(플라스틱) 처리 시 유리, 모노머, 왁스, 올레핀 회수에 유리하며, 다양한 종류의 혼합 폐플라스틱 처리 시 생성되는 오일(유화) 성상의 비균질 및 수율 문제 발생하고 있다.

반면, 가스화 기술은 열분해 대비 혼합 폐플라스틱 처리 가능, 소각 대비 대기 오염물질 배출량 감소, 합성가스 생산을 통한 전기 및 파생제품 생산이 가능하

	가스화(gasification)	열분해(pyrolysis)
연료	• 혼합 폐플라스틱 처리 용이 → 저급 플라스틱 처리 가능	• 단일성상 플라스틱 처리 유리(선별된 플라스틱 폐기물 이용중) → 고급 폐플라스틱 및 성형펠렛 사용
규모	• 처리 규모 대형화(〉100~300 tpd)와 연속운전 용이 → 단위규모당 운영비용 절감	• 중소 처리규모 운영(〈30~50 tpd) → 미국에서 50 tpd 규모, 기타 지역은 30 tpd 이하 • 회분식 반응기 위주 운전
생성물	• 적용처에 따라 생산물 조정 제어가능(주 생성가스 $CO+H_2$) → 대기오염 가스 제거기술 확보	• 다양한 케미컬 생산가능 → 케미컬 분리 및 정제 공정 필요 → 대기오염 가스 제거기술 확보 • 다품종 생산물(열분해유 수율 30~60%, Char 수율 30~40%) → Char 폐기물 처리 설비 필요
주요 공정사	• Enerken Process: Canada • Showa Denko's plant: Japan • Covanta-CLEEGAS™: USA → 100 ton/day급 약 400억 원 규모 • Thermoselect: Swiss → 500 ton/day급 약 1,500억 원 규모	• Agilyx(USA): 50 ton/day • Cynar(Europe): 20 ton/day • Blest(Canada): 5, 16, 21 ton/day • PARC(China): 15, 25, 60 ton/day 등 주로 60 tpd 이하 규모이며 실증 단계가 많음

그림 9.6 가스화와 열분해 기술 비교

며, 폐플라스틱 가스화 처리 시 공정 위험성 억제, 공정 안정성 확보 필요(탈염, 탈황), 악취문제를 해결할 수 있다.

특히, 최근 문제가 되고 있는 혼합 폐플라스틱 처리(열분해 대비 장점)의 장점이 많으며, 대기오염 물질 발생량을 최소로 하여 에지원인 합성가스 및 다양한 파생제품 생산이 가능하다는하다는 장점이 있다. 가스화 반응기의 종류로는 고정층, 분류층, 플라즈마, 유동층 방식이 있다. 유동층 가스화 반응기는 폐플라스틱 성상에 따른 연료 특성(발열량)이 일정하지 않으며, 연료 가용성(fuel flexibility)이 큰 유동층이 유리하다.

또한 가스화 공정의 상용화에 최대 걸림돌인인 타르 제거방법으로는 primary method와 secondary method 방법이 있으며 전자는 가스화기 내에서 처리하는 방법으로 후자에 비해 운전비용이 저렴하지만 저감 효율이 낮은 반면, 후자는 전자에 비해 타르저감 효율은 높지만 운전비용이 높다.

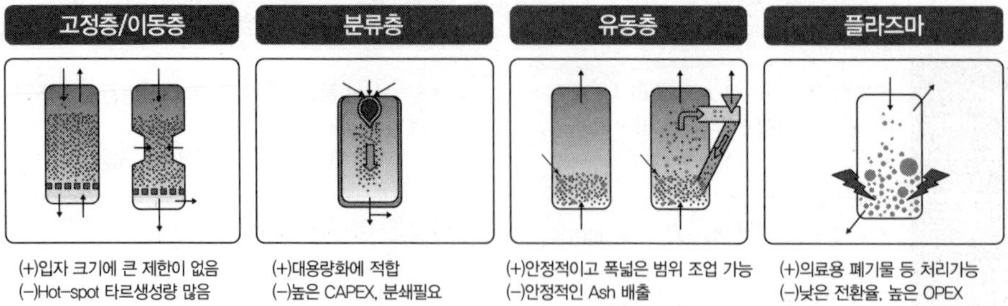

그림 9.7 가스화기의 종류 및 장단점

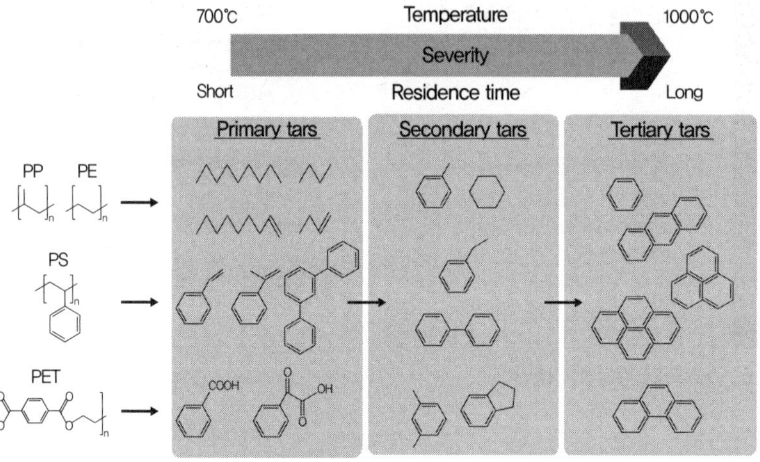

그림 9.8 폐플라스틱 가스화 시 발생 타르 종류

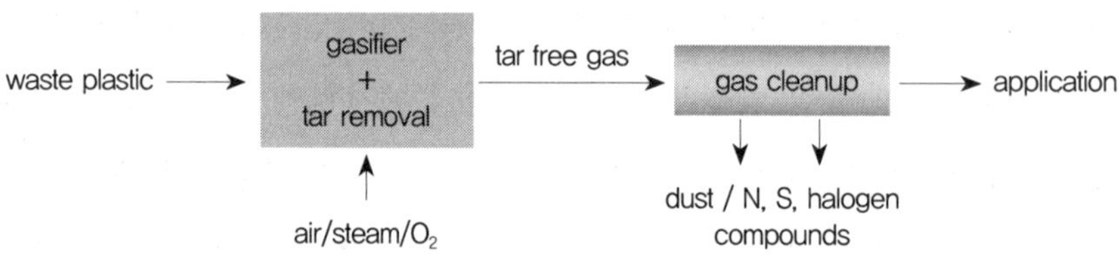

그림 9.9 폐플라스틱 가스화 시스템 개념도

유동층 가스화기는 800℃로 운전된다. 이때 열매체인 유동사(모래)가 사용되는데 기능성 유동물질을 이용하여 타르저감 및 합성가스로 업그레이드가 가능하다.

타르제거를 위한 리포밍 반응은 아래와 같이 다양한 반응을 통해 진행된다. 가스상의 타르에 수분이 포함된 경우라면 습윤개질반응(steam reforming)이 주반응이

될 것으로 보이나, 그렇지 않은 경우라면 이산화탄소를 이용한 개질반응이 주반응이다.

$$\text{Thermal Cracking : } pC_nH_x(tar) \rightarrow qC_mH_y(smallertar) + rH_2 \quad \text{(식 9.5)}$$

$$\text{steam forming : } C_nH_x(tar) + nH_2O \rightarrow (n+x/2)H_2 + nCO \quad \text{(식 9.6)}$$

$$\text{Dry forming : } C_nH_x(tar) + nCO_2 \rightarrow (x/2)H_2 + 2nCO \quad \text{(식 9.7)}$$

$$\text{Carbon formation : } C_nH_x(tar) \rightarrow nC + (x/2)H_2 \quad \text{(식 9.8)}$$

즉, 이러한 반응을 통해서 카본 형성반응 및 부다드 반응(Boudouard rxn)을 통해 soot가 형성되거나 반응가스의 이물질 등으로 촉매의 피독으로 인한 비활성화가 빠른 반응이 된다. 물론 타르 크랙킹 반응이나 1,000℃ 이상의 고온에서 부다드 반응으로 제거 가능하지만 한계가 있다.

기존 가스화 공정의 목적은 석탄이나 바이오매스를 활용한 합성가스 생산으로 이미 상용화 공정이 개발된 상태이나, 최근 플라스틱 폐기물을 대상으로 한 공정이 개발 중이며 해당 기술의 시장 진입 및 확장을 달성시키기 위해 고부가가치의 원료를 생산하면서 운영·유지·보수비용을 감축하기 위한 기술연구 중이다.

기술개발은 가스화기 효율 및 공정 제어 개선, 프로세스 트레인 신뢰성 향상, 중복 프로세스 구성요소 제거로 공정 냉각시간 및 비용감축, 다양한 등급 및 유형의 공급 원료의 적용 및 처리할 수 있도록 가스화 공정의 유연성을 개선하는 연구가 대표적으로 진행 중이다. 플라스틱의 가스화를 통해 생산된 합성가스는 분리 · 전환공정을 거쳐 수소를 생산하거나, 촉매 합성공정을 통해 다양한 화합물(메탄올, 디젤, 암모니아 등)로 합성 가능하며 미생물 공정과 연계하여 유기산, 알코올 등을 생산하는 R&D를 추진하고 있다. 그중, Enerkem은 100,000톤/년 규모의 높은 기술성숙도를 갖고 있으며 폐플라스틱의 전처리부터 가스화, 합성가스 정제, 재생 케미칼 생산까지 일련의 공정을 보유하고 있다. 플라스틱을 가압

기포식 유동층(BFB, Bubbling Fluidized Bed) 가스화기에서 합성가스로 전환하여 정제 공정을 거친 후 합성가스 전환공정을 통해 에탄올이나 화학제품을 생산하고 있다.

9.4 탄화 및 반탄화

1) 탄화 이론

탄화(carbonization)는 여러 가지 유기물을 열분해 시켜 다른 물질로 만드는 화학적 변화를 말하며, 유기물을 가스 배출구가 있는 반응기에서 공기의 공급을 차단하고 가열하면 연소되지 않고 각종 구성 원소가 서로 재결합하는 결합 또는 분해 공정을 말한다. 대표적인 예로 슬러지 등 유기성 폐기물을 무산소 상태에서 가열하면 로내에서 수분 및 가스가 발생하며 열분해되고 잔존물에는 탄소를 중심으로 하는 무기물이 남는데 이를 탄화물이라고 한다.

유기성 물질을 환원상태에서 가열하면 불안정해지면서 거대한 분자로부터 작은 가스상의 분자로 분리된다. 이때 엔트로피가 증가되면서 분해되며 〈표 9.6〉과 같은 온도별 발생이 이루어진다.

표 9.6 온도변화에 따른 화학적 탄화 과정

온도(℃)	화학반응
100~200	열적 건조, 수분분리(물리적)
250	탈산, 탈황, 결합수분 및 CO_2 분리, H_2S-화합물 분리
340	지방함유 물질 분리, 메탄 및 다른 지방물질들의 분리
380	C-함유 건류물질
400	C-O 및 C-N 결합물질의 분리
400~800	탄화물 형성
>600	Olefin,(Ethylen-) Ethylen → Butylen

표 9.7 유기성 슬러지 탄화 기술 비교

구분	직접가열 회전로식	직접가열 킬른식	간접가열 회전로식	간접가열 스크류식	간접가열 킬른식
원리	슬러지는 회전로의 벽면부로 투입한다. 교반날개에 의해 중심부로 이동하면서 건조 탄화되고, 탄화물은 중심부에서 하부로 내려간다. 무산소 상태에서 가열하여 열분해 가스화를 유도한다. 로내의 온도와 건조, 탄화 조건이 선회 흐름에 의하여 균일하게 조성되어 높은 효율을 얻는다.	경사로 설치된 킬른을 회전시키는 직화형 탄화로로 공급슬러지의 헤드압과 킬른의 회전으로 슬러지를 순차적으로 이송한다. 버너의 연소가스를 직접 킬른 내부에 불어 넣으면 내부 슬러지는 건조〉연소〉열분해되어 건류된다. 건류가스는 킬른 내부에서 연소된다.	탄화기는 완전 밀폐형으로 외주는 600℃의 열풍이 체류하는 자켓으로 되어 있다. 내부 중앙의 축에는 특수한 날개가 부착되어 있고 이 날개를 회전시켜 약 600℃의 내부가 열면에 원심력으로 피탄화물을 엷은 막 상태로 접촉시키며 급속 가열하여 약 30~60분에 탄화된다.	상하 4~6단 스크류컨베이어가 관통하고 있는 외열형 탄화로로 건조처리한 슬러지를 상단부터 하단으로 순차적 이동, 조연버너로 스크류컨베이어 외부 케이싱을 가열하면 반송 중의 슬러지는 열분해되어 건류되고, 건류가스는 컨베이어 외부케이싱 상부에 붙어 있는 노즐로부터 외열실 내부로 분출 직접 연소된다.	외열실 내부에 Retort를 경사하여 관통시킨 외열형 탄화로로 건류처리한 슬러지를 Retort를 회전시켜서 순차적 이송, 하부에 붙어있는 조연버너로 Retort의 외부케이싱을 가열하면 반송 중의 슬러지는 열분해되어 건류되고 건류가스는 Retort에 붙어있는 노즐로부터 외열실 내부로 분출 직접 연소된다.
운전	연속식	연속식	회분식	연속식	연속식
슬러지 적용실적	국내: 없음 국외: 일본 2개소	국내: 없음 국외: 없음	국내: 없음 국외: 일본 5개소	국내: 1개소 국외: 일본 2개소	국내: 없음 국외: 일본

구분	직접가열 회전로식	직접가열 킬른식	간접가열 회전로식	간접가열 스크류식	간접가열 킬른식
장점	• 대량처리에 적합하다. • 구조가 단순하고 기계적 구동부위가 적어 유지관리가 용이하다. • 장치가 소형이고 설치면적이 작다. • 설비투자비 및 운영비가 저렴하고 탄화 체류시간이 짧다. • 탄화물 중 휘발분 함량이 적다.	• 대량처리에 적합하다. • 구조가 단순하고 기계적 구동부위가 적어 유지관리가 용이하다. • 장치가 소형이고 설비투자비 및 운영비가 저렴하다. • 탄화 체류시간이 짧다. • 탄화물 중 휘발분 함량이 적다.	• 광범위한 폐기물 적용을 적용할 수 있고 혼합처리도 가능하다. • 함수율 98% 이상의 액상 폐기물도 직접 탄화가 가능하다. • 운전비가 저렴하다. • 설치면적 적고 조작이 간단하며 연속자동 운전이 가능하다. • 다이옥신을 비롯한 유해물질 발생이 적다.	• 건류가스 연소로 다이옥신 발생이 어렵다. • 건류가스 직접연소로 폭발 우려가 없다. • 컨베이어반송으로 탄화 시간 제어가 용이하다. • 설치면적이 적다. • 분쇄혼합효과로 제품을 균질하게 생산할 수 있다.	• 건류가스 연소로 다이옥신 발생이 어렵다. • 건류가스 직접연소로 폭발 우려가 없다. • 간접가열 스크류식에 비해 구조가 단순하고 기계적 구동부위가 적어 유지 관리가 용이하다.
단점	• 표면연소로 다이옥신이 쉽게 발생한다. • 안정연소/건류/배출제어가 어렵다. • 탄화물제품에 얼룩이 쉽게 발생한다. • 정지 후 잔류탄화물이 발화할 우려가 있다.	• 표면연소로 다이옥신이 쉽게 발생한다. • 안정연소/건류/배출제어가 어렵다. • 탄화물제품에 얼룩이 쉽게 발생한다. • 정지 후 잔류탄화물이 발화할 우려가 있다. • 직접가열회전로식에 비해 설치면적이 크다.	• 설비투자비가 높다. • 회분식으로 초기운전과 품질관리가 어렵다. • 회분식으로 저장 및 공급설비 용량이 크다. • 노내부 기계적 구동부위가 있어 유지관리가 어렵다.	• 직화형과 비교하여 설비투자비 및 운영비가 약간 높다. • 구조가 복잡하고 기계적 구동부위가 많다.	• 직화형과 비교하여 설비투자비 및 운영비가 높다. • 잔류가스 완전배출이 어렵다. • 장치가 크고 설치면적이 크다. • 탄화제품이 균일하지 않다. • 탄화체류시간이 길다.

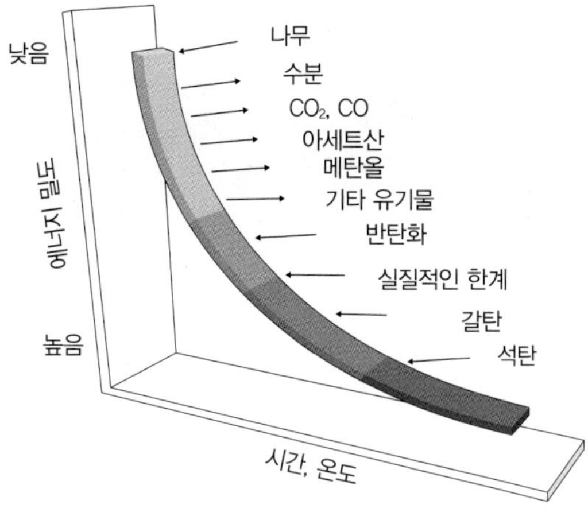

그림 9.10 온도와 시간변화에 따른 분해 특성

2) 수열탄화(HTC, Hydrothermal Carbonization)

수열탄화는 목질계 바이오매스뿐만 아니라 유기성 바이오매스를 개선된 연료로 전환하는 방법으로 이용할 수 있다. 수분을 함유한 바이오매스는 하수슬러지, 조류, 축산분뇨 등이 있고, 건조 바이오매스의 기준은 나무, 볏짚 등이 있으며 건·습건·습 바이오매스의 기준은 수분 함유량 30%로 구분된다. 수분을 함유한 바이오매스가 추가적인 에너지를 이용하여 건조 바이오매스가 될 수 있지만 효율성과 성과경제성을 고려해야 한다. 결과적으로 수분을 함유한 바이오매스는 개선된 연료로 전환하는 방법을 사용하게 된다.

수분을 함유한 바이오매스는 수분을 제거하기 위해서는 에너지 소비가 불가피하기 때문에 수분 제거를 요구하지 않는 전환 과정이 필요하다. 최종적인 산물을 열화학적 바이오매스 전환과정을 통해 얻는 방식 역시 가능하다. 수열처리 또는 wet torrefaction로 알려진 수열탄화가 열화학적 전환 방식이고 이 과정에서 수분을 함유한 바이오매스의 전환을 위해 반응 매체로써 아임계수(sub-critical water)를 이용한다.

물은 온도와 압력에 따라 형태가 변화하는 특징을 가지는데 374℃, 221.1bar에서 임계점(critical point)을 가진다(그림 9.11). 임계점 이상의 온도와 압력 범위에서는 초임계로 고온·고압의 짙은 수증기 형태를 보인다. 이 임계수는 물의 임계온

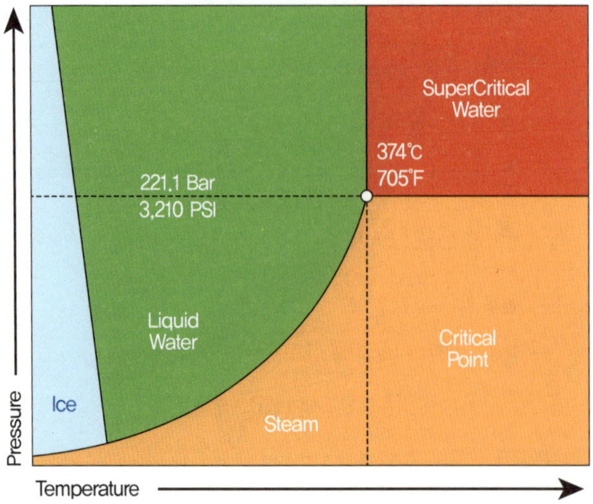

그림 9.11 물의 상평형도

도 이상, 임계압력 이하의 고온 중압의 증기 형태와 물의 임계온도 이하 및 포화 증기압 이상의 중온 중압의 물을 뜻한다.

아임계수를 사용하기 위해서 고온고압의 조건이 동반된다. 이 방식은 보통 180℃ 이상에서 적용되며 아임계수를 사용하기 위하여 충분히 높은 기압과 무산소조건에서 진행된다. 반응시간에 대한 많은 연구들이 진행되어 왔으며, 그 시간은 1분에서 수 시간에 이르기까지 다양하지만 20~30분 정도에서 반응이 일어나는 것으로 연구되었다. 산 또는 염기성 물질을 추가하는 것도 생성물 형성에 영향을 미친다.

수열탄화에는 건조되지 않은 바이오매스가 주로 사용된다. 물은 반응물과 용매로써 작용하는데, 운전 조건에 따라서 다른 물리적·화학적 특성을 나타낸다. 227~327℃에서 물은 이온성이 최대가 되어서 산과 염기로 작용하게 된다. 또한 물의 유전율이 감소하게 되어 비극성 용매와 같은 반응을 보인다. 수열탄화를 통해 생성된 biochar는 평형함수율이 낮아져 저장과정에서 부패할 가능성을 낮출 수 있다. 또한 biochar는 파쇄성이 좋아져서 가스화로나 석탄발전소에서 사용할 수 있는 펠렛 형태로 제조가 가능해진다. 이외에 바이오매스의 수열탄화는 몇 가지 장점을 지닌다. 우선 수열탄화는 아임계수를 반응 매체로 사용하기 때문에 같은 온도조건에서 진행할 경우 열분해, 가스화 등의 방법보다 좋은 효율을 보인다. 즉, 다른 전처리 방법보다 낮은 온도범위에서 가능하다. 또한 물이 반응 매체로 사용되기 때문에 이전에 건조 작업이 필요하지 않을 뿐만 아니라 이산화탄소, 질산화물, 황산화물과 같은 가스가 산과 염의 형태로 물에 용해되어 방출되기 때문에 이후 연소과정에서 발생될 수 있는 대기오염 문제를 줄일 수 있다. 이 과정에서 물은 바이오매스의 세척 물질로 작용한다.

일반적으로 biochar를 생산하는 방법으로 기존의 건조 방식에 비해 수열탄화에서 중요한 요소는 온도와, 압력, 지속시간 등이 있다.

(1) 온도

수열탄화의 반응속도는 온도의 영향을 크게 받는다. 이것은 반응의 정도를 표현하는 변수를 정의하는 두 가지 간단한 kinetic 모델로 표현된다. 10 K의 온도 상승으로 반응 온도 계수 P의 두 배를 제안하는 초기 'rule of thumb'이 견딜 수 있는지 의문을 제기할 수 있다.

$$P = t \cdot 2^{\frac{(T-170)}{10}} \qquad \text{(식 9.9)}$$

위의 식에서 수열탄화의 기준온도는 체계적으로 도출되진 않았으나 170℃로 되어있다. 이탄의 열수처리 시의 발열 효과는 100℃ 이상에서 관찰되었고 개시온도는 사용되는 시료에 영향을 받을 가능성이 높다. 이 제안은 시간-온도에 기초하여, logP=6.5 이상의 biochar가 무게비 84%의 탄소함량을 갖을 것으로 예상되었으며 이는 추후의 실험에서 증명되었다.

다른 모델은 Arrhenius의 kinetic 접근법에 의해 개발되었다. 이 모델의 주요 가정 중의 하나는 압력, pH의 영향을 받는 상수 r($r = \frac{molCO_2}{molH_2O}$)이다. 특정 biochar를 정의할 수 없기 때문에 6%의 산소함량에서 완전한 전환이 정의되었다. 수열탄화의 전환이 표현될 수 있음을 나타낸다.

$$f = 50 \cdot t^{0.2} \cdot e^{-\frac{3500}{T}} = \frac{O_{feed} - O}{O_{feed} - 6} \quad \text{(식 9.10)}$$

이 반경험적 모델은 다양한 문헌에서 확인되었다. 한편, 교환 가능한 파라미터인 온도 및 지속시간에 관한 우려 및 주로 반응 온도에 의해 biochar가 정의된다는 우려 사항이 있다. 이러한 견해는 열수 조건을 포함하는 유기물의 체계적인 연구에 의해 입증된다. 온도의 영향이 위에서 언급한 모델에 지배되지만, 체류시간을 조절함으로써 유사한 biochar에 도달할 가능성이 있어 이러한 견해에 모순된다. 유효성의 검증 범위를 포함하여 시간과 온도의 변화 가능성에 대한 결론적인 연구가 발견되지 않았다.

글루코스의 수열 분해의 부분적인 반응 메커니즘에 온도의 영향은 이미 잘 알려져 있으며 철저하게 검토되었다. 크기에 따라 이후의 탈수과정을 포함한 글루코스의 가수분해는 150℃에서 몇 초부터 150℃에서 몇 시간에 이르기도 한다.

반응속도에 대한 확실한 효과로 반응 온도는 가수분해될 수 있는 바이오매스 화합물 수에 결정적인 영향을 미친다. 헤미셀룰로오스가 거의 180℃ 부근에서 완전히 가수분해되지만 리그닌의 주요 부분은 200℃에서, 셀룰로오스는 220℃ 이전의 온도에서 가수분해되지 않는다. 또한 열분해 반응은 아임계 영역의 더 높은 온도에서 더 영향을 받을 것이다.

온도는 또한 물의 속성을 변화시켜 열수탄화에 영향을 미친다. 물의 점도는 0~350℃에서 크게 변한다. 결과적으로 다공성에 더욱 쉽게 들어가게 되어 바이오매스의 분해속도를 향상시킨다.

(2) 압력

반응 과정에서 적용되는 힘의 종류를 구별하는 것이 중요하다. 온도를 올리거나 유체를 추가하면 반응기 내의 압력은 상승하게 된다. 이러한 직접적인 힘은 고형물의 자유체적을 최소화시키고 고형물을 압축시킨다. 이와 같은 자유체적 최소화는 반응 압력이라고 하며, 고형물 압축은 압축 압력으로 분류된다.

반응 압력은 Le Chaatelier의 원리에 따른 반응 네트워크에 영향을 미친다. 반응 평형은 상승된 반응 압력에서 고체 및 액체 단계로 이동한다. 초기의 전반적인 반응은 높은 반응 압력에서 감소함에 따라 dehydration과 decarboxylation이 쉽게 일어난다. 이 효과는 실험적으로 확인되었지만 열수탄화 및 천연 석탄화 모두에 적은 영향을 미치는 것으로 입증되었다. 바이오매스로부터 추출물의 제거는 일반적으로 더 높은 압력 조건에서 용이할 것으로 여겨진다. 캡슐화된 가스가 압축되고 물에 쉽게 용해하여 액상으로 배출되는 것이 쉬울 것으로 판단하기 때문이다.

9.5 소각 및 열회수

1) 연소의 개념

소각은 연료의 연소가 되는 방법을 말하며, 연소는 연료조성에 따라 연료 조성 중의 타는 성분 원소인 탄소(C), 수소(H) 및 황(S)의 산화 반응이라고 할 수 있다. 이들 타는 성분 원소의 연소 반응은 양적 관계로 연소에 필요한 공기량과 연소 가스량 등을 계산할 수 있다. 또 연소 과정에서는 반응열이 발생하고, 이 열은 에너지 회수한다.

연소는 연소반응에 의하여 생기는 열이 매우 많으며, 상온에서는 연료와 공기의 접촉이 많으나 반응하지 않는다. 그리고 일단 연소가 시작되면 지속력이 강해진다. 단위시간에 연소하는 양 또는 연소에 의하여 단위시간에 발생하는 열량으로 표시되는 속도를 연소속도라고 하고, 연소실 내에서의 연소속도는 보통, 연소실의 단위 부피당 단위시간에 발생하는 열량($kcal/m^3 \cdot h$)으로 표시한다.

① **반응열**(The heat of reaction)

화학반응이 일어날 때에는 열의 발산이나 흡수가 일어나는데 이 열을 반응열이라 한다. 반응열의 양은 반응이 일어나는 과정과는 무관하고, 반응 전후에 있어서의 물질 및 그 상태에 의하여 결정된다. 이를 Hess의 법칙이라 하며, 이 법칙에 의하여 직접 측정되지 않는 반응열량을 계산할 수 있다.

② **착화온도**(ignition temperature)**와 착화점**

충분한 공기의 공급하에서 고체연료를 가열해 가면 어떤 온도에 달하여 더 가열하지 않아도 연료 자신의 연소열에 의하여 연소를 계속하게 된다. 이 온도를 착화온도라 하며, 또한 착화점, 발화점, 발화온도라고도 한다. 착화온도는 연료의 종류 및 형상 또는 주위의 여건에 따라 다르다. 즉 분자구조가 간단할수록 착화온도가 높아지고, 화학적으로 발열량, 화학결합의 활성도, 화학반응성이 클수록 착화온도는 낮다.

③ **인화점**(flash point)

액상연료를 일정 조건하에서 가열하면 유증기가 생성되며, 유증기의 표면에 불꽃에 대어 처음 소폭발을 일으킬 때의 온도를 인화점이라 한다. 석유와 같은 휘발성 물질은 착화온도는 종류에 따라 큰 차가 없지만, 인화점은 휘발유에서는 0℃ 이하부터 −50℃ 정도, 등유는 30~70℃, 중유는 90~120℃ 정도이다.

2) 연료의 연소이론

연소는 산화 반응으로서 유기물이 반응하기 위해서는 충분한 산소량이 필요하다. 소각로에 연소가 이루어지기 위해서는 필요로 하는 산소량을 투입한다.

연소에 필요한 공기량 및 연소를 통해서 발생한 연소가스량은 연료를 구성하는 가연성 구성 원소(C, H, S) 등 3원소의 연소에 필요한 산소량에 의해서 계산을 통해 산정할 수 있다.

다음 식과 같이 가연성 원소의 산화 반응 방정식을 중량비 및 체적비를 적용하여 표준상태(0℃ 1기압)에서의 필요량 및 발생량을 계산한다.

$$\begin{array}{lll} C + & O_2 = & CO_2 \\ 12kg & 32kg & 44kg \\ & 22.4Sm^3 & 22.4Sm^3 \end{array} \quad \text{(식 9.11)}$$

$$H_2 + \frac{1}{2}O_2 = H_2O$$
$$2kg \quad 16kg \quad 18kg$$
$$11.2Sm^3 \quad 22.4Sm^3 \qquad \text{(식 9.12)}$$

$$S + O_2 = SO_2$$
$$32kg \quad 32kg \quad 64kg$$
$$22.4Sm^3 \quad 22.4Sm^3 \qquad \text{(식 9.13)}$$

연료 중의 가연성분이 공기 중의 산소와 반응하는 산화반응으로 연료 또는 폐기물의 화학적 양에 따라 산정가능하다.

탄소가 연소해서 탄산가스로 되는 변화를 (식 9.14)처럼 표현할 수 있다.

아래와 같이 중량 기준으로 계산할 때의 산소대비 공기 투입량을 중량비로 적용하여 계산한다. CO_2가 생성되고 N_2의 가스는 산소 투입을 위한 공기에서 기인하여 발생된다.

아래와 같이 부피 기준으로 계산할 때의 산소대비 공기 투입량 또한 부피비로 적용하여 계산한다.

$$\begin{array}{lllllll} C & + & O_2 & (+N_2) & = & CO_2 & (+N_2) \\ 12\text{ kg} & & 22.4\text{ Sm}^3 & 84.4\text{ Sm}^3 & & 22.4\text{ Sm}^3 & 84.4\text{ Sm}^3 \\ \therefore\ 1\text{ kg} & & 1.87\text{ Sm}^3 & 7.03\text{ Sm}^3 & & 1.87\text{ Sm}^3 & 7.03\text{ Sm}^3 \end{array} \qquad \text{(식 9.14)}$$

소요공기량 = 8.90 Sm^3 　 연소가스량 = 8.90 Sm^3

〈표 9.8〉은 산소와 질소의 질량 및 부피비를 나타내었다.

표 9.8 산소와 질소의 질량 및 부피비

공기의 조성		산소 1 kg (1 m^3)에 대해	
중량(%)	용적(%)	중량비	용적비
산소 23 질소 77	산소 21 질소 79	공기 4.31 질소 3.31	공기 4.77 질소 3.77

3) 연료의 연소이론공기량

연료가 완전 연소하는 데 필요한 가장 적은 공기량을 이론공기량이라고 한다. 실제 공기량과 실제 적용한 소각로의 형태, 연료의 특성에 따라서 적용된다.

(1) 기체 연료의 연소에 필요한 공기량

연료 1 Sm^3 중의 수소, 일산화탄소, 메탄, 에탄, 아세틸렌, 벤졸증기, 기타 기상 탄화수소, 산소, 탄산가스, 질소 등의 부피(Sm^3). 분율을 각각 H_2, CO, CH_4, C_2H_4, C_2H_2 ⋯ C_xH_y, O_2, CO_2, N_2로 나타낸다.

이론공기량 A_o는 아래 식과 같이 구할 수 있다.

$$A_o = \frac{O_o}{0.21}$$
$$= \frac{1}{0.21}\left\{0.5(H_2)+0.5(CO)+2(CH_4)+3(C_2H_4)\cdots\right.$$
$$\left.+(C_xH_y)+(x+\frac{y}{4})O_2\right\}\frac{Sm_3}{Sm_3} \qquad \text{(식 9.15)}$$

그러나 O_o는 이론산소량을 나타내며, 이론산소량(O_o)은 연료를 이론적으로 완전 연소시키는 데 필요한 최소한의 산소의 양을 말하고, 공기 중의 산소의 비율은 용적을 0.21=21.0%로 하고 나머지를 질소(79%)로 간주한다.

(2) 소요공기량

연료를 연소 장치에서 연소시킬 때 이론공기량만큼 공급하면 완전 연소가 불가능하므로 실제로는 이론공기량보다 많은 양의 공기를 공급해야 한다. 실제로 공급된 공기량을 A, m을 공기비 또는 과잉공기계수(과잉공기량/이론공기량)로 적용하여 계산한다.

Chapter 10

폐자원의 최종 처분

10.1 폐자원의 최종 처분

1) 위생매립지의 개요

고대 문명이 발달하던 시기에는 일반적으로 폐기물을 마을 밖으로 버리거나 불태워서 처리했다. 중세에는 도시 규모가 커지면서 도시 중심부에 폐기물을 버리는 것이 흔했다. 이는 심각한 공중위생 문제를 초래하였고 페스트 같은 질병의 확산을 촉진하였다. 산업 혁명 시기에는 급증한 폐기물 발생량을 더욱 효율적으로 처리하기 위해 매립지가 도입되었다.

20세기에 들어서면서 폐기물관리의 중요성에 대한 인식은 점차 강화되었다. 매립지 설계에 공학적 기준이 도입되었으며, 매립지 관리 기준이 더욱 엄격해졌다. 현대에 이르러서는 위생적 매립지 설치 기준이 강화되었고 메탄 같은 온실가스를 회수하여 에너지를 생성하는 기술이 개발되었다.

폐기물 매립지의 역사는 인류의 발전과 공중위생에 대한 인식의 변화를 잘 보여주는 지표이다. 오늘날에는 매립지 반입을 최소화하고, 재활용할 수 있는 자원은 회수하며, 잔여 폐기물을 가능한 한 친환경적인 방법적으로 처리하는 데에 중점을 둔다.

위생매립은 폐기물을 토양 속에 안전하게 처분하는 방법으로, 폐기물의 부패, 물리화학적 변화, 생물학적 분해 등을 통해 환경에 해로운 영향을 최소화하는 것을 목표로 한다. 매립지는 물리적, 화학적, 생물학적으로 불안정한 상태의 폐기물을 생활환경에서 격리하여 안정화될 때까지 보관하기 위한 시설이다.

(1) 용어의 정의

① **폐기물 매립지** 공공위생을 위해 폐기물을 토양에 매립 처분하기 위한 시설이다.

② **복토** 일반적으로 복토는 폐기물의 이동, 악취, 해충의 서식, 화재 및 빗물의 침투를 방지하기 위하여 매립된 폐기물을 덮는 토양(혹은 동 성능을 보유한 재료)을 말한다. 포설 목적 및 기준에 따라 일일복토(매일복토), 중간복

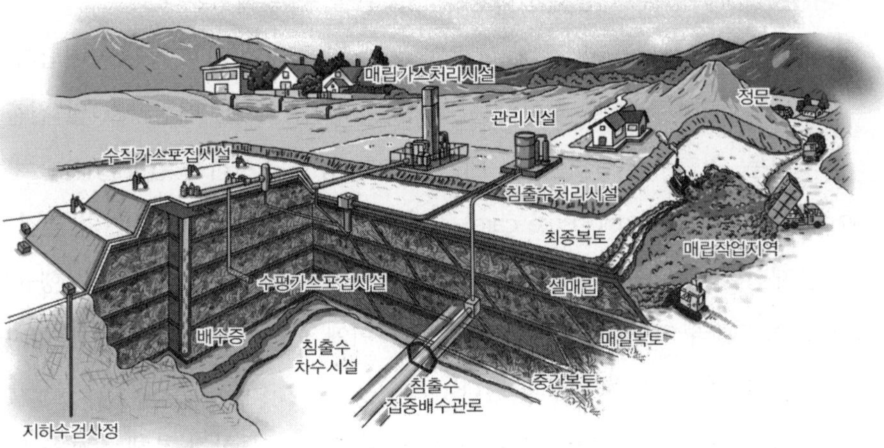

그림 10.1 관리형 매립시설의 개념도

토, 최종복토로 구분한다.

③ **매립지 셀(cell)** 매립 공간의 작은 단위로, 하루 혹은 한 작업기간(드물게 폐기물이 주 단위로 반입되는 예도 있다) 동안 반입 처리된 폐기물의 공간을 말한다.

④ **층/단(lift)** 연속되는 셀로 구성되어 만들어진 폐기물의 층이다.

⑤ **침출수(leachate)** 매립된 폐기물이 보유한 수분 혹은 침투한 빗물 등에 의해서 매립지에서 발생하는 폐수이다.

⑥ **매립가스(landfill gas)** 매립된 폐기물의 생물학적 혹은 화학적인 분해로 발생하는 가스이다. 혐기성 조건에서 매립된 유기물이 생물학적으로 분해되어 발생하는 매립가스의 주성분은 메탄(CH_4)과 이산화탄소(CO_2)이며, 암모니아(NH_3), 황화수소(H_2S), 질소(N_2), 산소(O_2) 등을 미량 포함한다.

⑦ **매립지 차수시설(landfill liner system)** 매립지에서 발생한 침출수가 매립지 밖으로 유출되는 것을 방지하기 위하여 차수성이 높은 재료를 이용하여 건설되는 차수 시스템이다.

⑧ **침출수 집배수시설(leachate collection system)** 매립지 차수시설의 상층부에 투수성이 높은 재료(모래, 자갈, 지오넷 등)를 일정 두께 이상으로 하여 설치하며, 침출수를 제거하는 목적으로 쓰인다. 침출수 집배수시설에 모인 침출

수는 집배수층 내에 설치한 다공성 집수관을 통해 제거된다.

⑨ **매립지 환경감시(environmental monitoring)** 매립지에서 배출되는 매립가스, 침출수에 의한 영향을 감시하는 것으로, 지하수 수질, 매립가스 및 침출수의 이동, 침출수 수질의 변화, 대기질 영향 등을 조사하는 활동을 말한다.

⑩ **매립지 사후관리(postclosure care)** 사용종료매립지에 의한 주민의 건강 또는 재산이나 주변 환경에 위해를 방지하기 위하여 「폐기물관리법 시행규칙」의 '사후관리 기준 및 방법'에 의하거나 이에 준하여 필요한 시설을 설치하고 유지·관리하는 행위를 말한다.

⑪ **매립지 안정화** 장기간에 걸쳐 물리적·화학적·생물학적 분해 작용을 받은 매립폐기물 중 유기물은 분해되어 가스화되거나 침출수로 배출되고, 무기물과 중금속류는 용탈되어 최종적으로 침출수로 배출된다. 이후 매립지반이 침하하고 최종적으로는 토양과 같은 상태로 환원되는데, 이를 매립지 안정화라고 한다.

(2) 매립시설의 분류

매립지는 폐기물의 격리수준, 매립지 입지에 따른 매립공정에 따라 분류할 수 있으며, 국내 폐기물관리법에 의한 분류도 있다. 일반적으로 폐기물 매립지의 종류 및 분류는 매립 방법 혹은 매립폐기물의 종류에 따라 단순매립, 위생매립, 안전매립으로 분류하며 매립 위치에 따라 내륙매립, 해안매립으로 구분한다. 또한 매립의 구조에 따라 혐기성 매립, 호기성 매립, 준호기성 매립으로 분류한다.

매립은 매립지에 반입된 폐기물을 순차적으로 매립 공간에 쌓아 위생적으로 처리하는 공정이다. 매립공정은 폐기물 배치와 다짐을 통한 압축, 일일복토 적용 등의 단계로 이루어진다. 매립지 차수층과 침출수 집배수시설이 설치 후 매립이 시작되며, 한 작업기간에 매립된 폐기물이 일일복토에 의해 구분된 공간을 셀(cell)이라고 한다.

매립은 매립 장비 이동 중에 침출수 집배수시설이 영향을 받는 것을 최소화하기 위하여 가장자리부터 시작한다. 일일복토는 내부 지반토, 인근 토취장에서 굴착한 토양, 순환 토사 혹은 복토와 유사한 성능을 갖는 재료로 매립작업 종료 후 신속히 폐기물을 덮는 것으로 보통 15 cm 두께로 포설한다. 매립작업마다 생성된 셀이 매립지 바닥 면을 채우면 층(lift)을 이루게 된다. 여러 층이 쌓여 어느 정도 높이(~15 m 이상)가 되면 매립지의 구조적 안정성과 기능성을 위하여 중간복토(~30 cm)를 설치할 수 있다.

① 폐기물의 격리 수준에 따른 분류

폐기물매립은 폐기물의 격리 수준 및 매립의 방법에 따라서 일반적으로 단순매립, 위생매립, 안전매립으로 분류된다.

- **단순매립** 매립된 폐기물의 안전한 격리를 하기에는 미흡한 단순 투기 형태의 매립지로 비위생 매립지를 말한다.
- **위생매립** 폐기물의 매립에 따른 환경피해 및 건강의 위해성을 최소화하기 위하여 침출수의 차수, 침출수 집수시설, 매립가스 포집 시설, 최종 복토 시설을 갖춘 매립지를 말한다. 위생매립지는 부대시설로 침출수 처리시설 및 매립가스 처리시설 등을 갖추고 있다.
- **안전매립** 유해폐기물의 최종처분 방법으로 위생매립지의 기준보다 더욱 엄격한 설치 기순을 적용한 매립지를 말한다.

(3) 국내 폐기물관리법의 매립시설 종류

매립시설의 분류는 국가마다 다양하게 정의되며 국내 폐기물관리법에서는 크게 매립시설을 차단형 매립시설, 관리형 매립시설, 예외적 매립시설로 구분하고 있다. 차단형 매립시설은 지하수 또는 빗물의 유입을 차단하기 위하여 콘크리트 구조물 내에 매립하는 시설로, 주로 유해성이 매우 높은 폐기물의 매립을 위한 시설이다. 차단형 매립시설은 국내에서 분류하는 방법이며 국외에서는 주로 관리형 매립시설로 분류한다.

관리형 매립시설은 침출수 유출을 방지하기 위해 바닥에 차수시설과 침출수 집배수 및 처리시설, 우수 집·배수시설 및 처리시설, 매립가스 포집 및 처리시설 등을 갖춘 매립지의 형태로 가장 일반적인 매립시설의 형태이다.

관리형 매립시설은 폐기물의 위해성의 정도에 따라 생활폐기물(일반폐기물) 매립지와 지정폐기물 매립지로 구분되며, 설치기준에 차이를 두고 있다. 관리형 매립지의 사용종료 시 최종복토를 하여 빗물의 유입을 최소화하도록 하여야 한다.

(4) 매립지 입지 지형 및 특징에 따른 분류

매립은 위치에 따라 내륙매립과 해안매립으로 구분될 수 있다. 매립지용 용지가 충분할 경우 보통 내륙매립이 시행되나, 부지가 없거나 해안지역에서는 해안매립을 하게 된다. 내륙매립과 해안매립은 동일한 목적과 기능의 시설일지라도, 상당한 차이가 있다. 예를 들어 내륙매립의 경우는 대부분 산간이나 계곡을 막는 공법을 사용하지만, 해안매립은 수압, 파장 등을 막을 시설이 필요하다. 해안매립은 적용이 매우 제한적이므로 본 교재에서는 내륙매립에 한정하여 서술하였다. 매립지에 반입된 쓰레기를 위치하여 폐기물 층을 만드는 방법에 따라 샌드위치 공법, 셀 공법, 압축 매립공법 등으로 구분된다. 또한 지형을 이용하는 방법에 따라 굴착/도랑형 매립방식, 평지 매립방식, 계곡 매립방식으로 구분한다.

① 굴착/도랑형 공법

복토로 사용할 수 있는 토양이 깊이가 충분하고 지하수의 수위가 지표면의 근처에 있지 않은 지역에서 이용하는 방법이다. 굴착한 지역/도랑에는 토목합성섬유, 점토를 이용하여 차수층을 설치하고, 매립가스와 침출수 이동을 제한하기 위한 집배수 시스템을 만들고 폐기물을 매립한다.

② 평지 매립 방식(area method)

평지 매립 방식은 지면을 굴착하지 않으므로 지하수 수위가 지표면에 가까운 지역에 매립지 시설설치에 적당한 방식이다. 평지 매립 방식은 매립지 바닥을 파지 않고 차수막과 침출수 집배수 시설을 설치 후 그 위에 폐기물을 매립과 복토하는 방법이다. 원지반토에서 복토를 얻지 못하므로 취토장(토취장)이 필요하며, 취토장이 먼 거리에 있으면 높은 운반비용이 소요될 수 있다. 토양 복토재를 얻기 어려운 경우에는 대체 복토재가 사용되기도 한다.

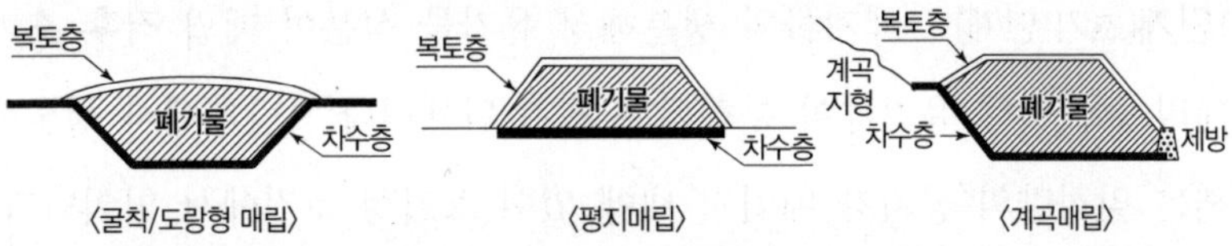

그림 10.2 지형을 이용한 매립 방식 개념도

③ **계곡 매립방식**(canyon/depression method)

계곡 매립방식은 움푹 파인 지형을 이용하여 매립하는 방식으로 산간 및 계곡 지형 혹은 채석으로 인해 생성된 지형에 매립하는 방식이다. 계곡 매립방식에서는 우수 배제를 하는 것이 매우 중요한 요소이다.

2) 매립지 내의 폐기물 분해

매립지의 효율적인 설계와 운영을 위해서 매립 기간 중이나 매립 완료 후 매립지 내의 반응을 이해하는 것이 중요하다. 매립지 내의 반응은 생물학적인 반응, 화학적인 반응, 물리적 변화 등이 있다. 생물분해성 폐기물의 많이 포함된 생활 폐기물 매립지의 경우 분해가 진행되면서 침출수와 매립가스를 발생시킨다. 매립지 내에시 진헹되는 생물학적인 분헤는 미생물의 성장조건에 크게 영향을 받는다. 폐기물의 조성(기질의 종류 및 양), pH, 온도, 수분함량, 산소의 농도, 영양염류(C/N 비) 등에 따라 성장 미생물의 종류, 미생물의 성장 속도(폐기물의 분해 속도) 및 분해율에 영향을 받는다. 매립된 폐기물은 생물학적인 반응뿐만 아니라 물리 · 화학적 반응을 거치면서 안정화가 된다.

- **생물학적인 반응** 호기성 미생물에 의한 분해, 혐기성 미생물에 의한 분해, 통성혐기성 미생물에 의한 분해
- **화학적 반응** 화학적 산화, 중금속 용출
- **물리적 변화** 매립지 침하, 침출수 발생 및 이동, 매립가스 발생 및 이동

(1) 폐기물의 안정화 단계에 따른 가스 및 침출수 성상 변화

폐기물이 매립지 내에서 안정화 단계는 〈그림 10.3〉에 나타낸 것처럼 5단계로 구분되며 단계별 다양한 가스 조성 및 침출수 수질의 특징을 보인다.

- **1단계(초기 단계)** 폐기물의 생분해성 유기물 성분이 매립 직후 호기성 박테리아에 의해 유기물이 분해되는 초기 단계이다. 1단계에서 생물학적 분해는 일정량의 공기가 매립지 내에 있어 호기성 조건에서 일어난다. 폐기물 분해를 담당하는 호기성 및 혐기성 미생물은 복토 혹은 매립폐기물에서 공급된다. 소화 처리된 하수처리장의 찌꺼기가 매립되는 경우 혹은 침출수가 재순환될 때도 슬러지나 침출수에서 미생물이 제공될 수 있다.
- **2단계(전이 단계)** 전이 단계로 매립지 내 산소가 고갈되고 혐기성 조건이 시작되는 단계이다. 매립지 내 혐기성 조건이 형성되면서 전자수용체 역할을 할 수 있는 질산염과 황산염 등을 전자수용체로 이용하는 미생물이 성장하게 되고 그 결과로 질소가스(식 10.1)와 황화수소(식 10.2)가 생성된다.

$$\frac{1}{5}NO_3^- + \frac{1}{4}CH_2O + \frac{1}{5}H^+ \rightarrow \frac{1}{10}N_2 + \frac{1}{4}CO_2 + \frac{7}{20}H_2O \qquad \text{(식 10.1)}$$

$$SO_4^{2-} + 2CH_2O + 2H^+ \rightarrow H_2S + 2CO_2 + 2H_2O \qquad \text{(식 10.2)}$$

산화/환원전위 측정을 통하여 혐기성의 여부를 판단할 수 있다. 매립지에서 질산염과 황산염의 환원은 산화환원전위 약 −50~−100 mV 범위에서 이루어지고 메탄의 생성은 산화/환원전위 값이 −150~−300 mV 범위에 있을 때 발생한다. 산화/환원전위가 계속 감소하면서 유기물질을 메탄과 이산화탄소로 전환하는 역할을 하는 미생물군이 성장하게 되는데 고분자 유기물질이 유기산과 및 기타 중간생성물로 전환되는 3단계가 시작된다. 유기산의 증가와 매립지내 CO_2 농도 상승하므로 2단계에서는 침출수가 낮은 pH 특성을 보인다(식 10.3).

$$CO_2 + H_2O \rightarrow H_2CO_3 \qquad \text{(식 10.3)}$$

- **3단계(산생성 단계)** 산생성 단계로 2단계에서 시작된 산생성 세균이 성장함에 따라 유기산과 수소가스의 생성이 가속화된다. 3단계에서는 우선 고분자화합물(예: 지질, 탄수화물, 단백질)을 미생물이 에너지 및 탄소원으로

사용할 수 있도록 효소에 의해 가수분해된다. 이후 산생성균에 의해 가수분해 유기물이 아세트산(CH_3COOH) 및 저분자 중간화합물로 전환된다. 3단계에서 발생하는 주요 가스는 CO_2이며 소량의 수소가스(H_2)도 생성된다. 3단계에 관여하는 주요 미생물은 통성 및 절대혐기성 박테리아로 구성된다. 3단계에서 생성된 유기산과 CO_2로 인해 매립지 내 침출수의 pH가 5 혹은 그 이하로 낮아질 수 있다. 가수분해 및 생성된 유기산에 의해 생화학적 산소요구량(BOD_5)과 화학적 산소요구량(COD)은 3단계에서 매우 높은 농도를 나타낸다. 또한, 침출수의 낮은 pH로 인해 무기성분(중금속류)의 용해도가 증가하여 3단계에서 침출수의 금속 이온농도가 높게 나타난다. 이러한 유기산과 금속 이온농도가 증가함에 따라 침출수의 전기전도도도 크게 상승한다.

- **4단계(메탄생성 단계)** 메탄발효 단계(메탄생성 단계)로 알려진 4단계에서는 산생성 단계에서 형성된 아세트산과 수소가스를 CH_4 및 CO_2로 전환하는 메탄생성균이 성장하게 된다. 메탄생성균은 3단계가 끝날 무렵 성장하기 시작한다. 메탄생성균은 절대혐기성균으로 수소이용메탄균과 아세트산이용메탄균이 주를 이룬다. 산생성균에 의해 아세트산과 수소가스는 4단계에서 CH_4 및 CO_2로 전환되기 때문에 침출수의 pH는 6~8로 상승한다. 차례로, 침출수의 pH가 상승하면 BOD_5 및 COD의 농도, 금속 이온농도와 전기전도도 값이 낮아진다.
- **5단계(성숙 단계)** 분해가능한 유기물질 대부분이 4단계에서 CH_4 및 CO_2로 전환된 후 5단계가 시작된다. 미생물이 이용가능한 유기물질이 감소함에 따라 매립가스 발생 속도가 5단계에서 감소한다. 5단계의 매립가스의 주요성분은 CH_4와 CO_2이지만, 매립종료 후 매립가스 발생 속도가 감소하고 공기가 최종복토를 통해 매립지 내로 침투하면 매립가스에서 소량의 질소와 산소 농도가 측정되기도 한다. 성숙 단계에서 침출수에는 미생물에 의한 분해가 어려운 휴믹산 및 풀빅산이 증가하여 침출수의 생물학적 처리가 어려워진다.
- **각 단계의 지속시간** 매립지 가스 생성 및 성분은 매립지의 유기물질의 분

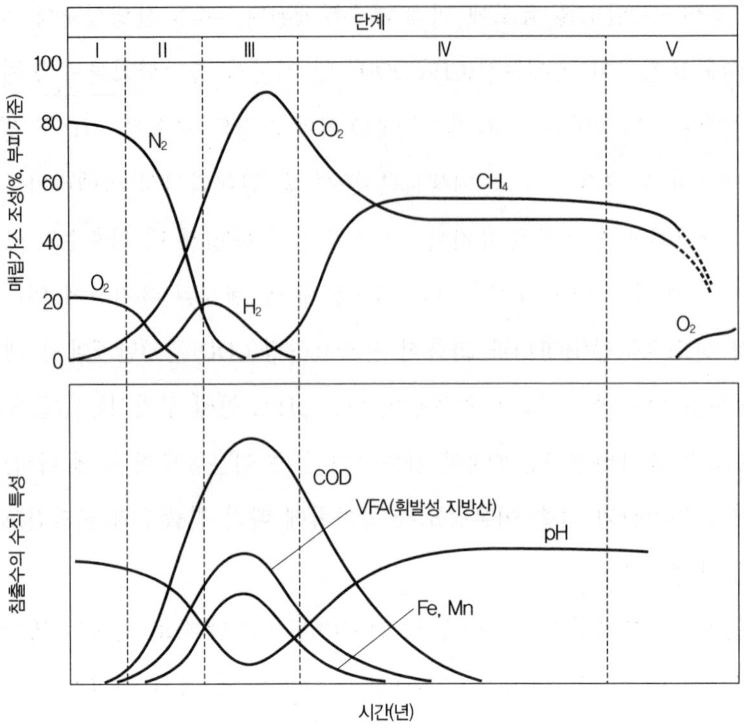

그림 10.3 폐기물의 분해 단계별 매립가스 조성과 침출수 수질의 변화

포, 영양염류의 가용성, 폐기물의 수분함량, 수분 이동 경로 및 폐기물 다짐 정도 등 다양한 원인에 따라 달라진다. 예를 들어, 매립지 내부의 일부 지역에 충분한 수분이 존재하지 않으면 미생물 성장이 지연될 수 있다.

3) 매립장의 부지 선정 및 조건

매립장의 부지를 선정하는 것은 매우 많은 시간과 노력이 필요한 과정으로 크게 환경적 요소, 지질학적 요소 및 사회경제적 요소를 고려해야 한다.

- **환경적 요소** 매립지 설치로 그 지역의 생태계에 부정적인 영향이 발생할 수 있는지, 인근 습지나 생태보호지역 유무, 홍수 위험이나 지진 위험 지역 등을 고려해야 한다.
- **지질학적 요소** 매립지가 위치할 지역의 지반 특성, 특히 토질 특성 및 지하수 수위 등을 고려해야 한다.

- **사회경제적 요소** 매립과정에서 피할 수 없는 악취, 먼지, 소음 등이 발생할 수 있으므로 주거지역과 어느 정도 거리가 있어야 하고, 교통의 접근성도 매우 중요하다.

(1) 매립 부지 선정 시 일반적인 고려 사항

폐기물 매립지 현장을 결정할 때 적절한 위치 선정을 위해 다음과 같은 사항을 고려해야 한다.

- **환경영향** 공기 및 수질 오염, 토양 오염 및 서식지 파괴와 같은 환경에 대한 잠재적 영향을 평가해야 한다.
- **인근 커뮤니티** 학교, 병원 및 휴양 지역과 같은 거주 지역과 민감한 수용체까지의 거리를 고려해야 한다.
- **지질학 및 수리학** 지하수 오염 가능성의 유무를 확인하기 위해 지역의 지질학과 수리학적 특성을 평가한다.
- **자연재해** 홍수, 지진 및 태풍과 같은 자연재해에 대한 지역의 민감성을 고려해야 한다.
- **교통 및 접근성** 매립지 후보지의 도로 및 교통 혼잡도 등 폐기물의 이송에 따른 접근성을 고려해야 한다.
- **토지이용 및 용도** 기존 토지이용 계획과 지역 법률 준수를 위해 구역의 지목 지정 규정을 확인해야 한다. 보호 지역, 농업 토지 및 문화적 또는 역사적으로 중요한 장소와 겹치는 구역을 피해야 한다.
- **완충 지대** 인접한 지역으로부터 물리적 분리를 제공하기 위해 매립지 주변의 완충지역을 확보할 수 있는지 확인해야 한다. 완충지역은 매립지건설에 의한 주변 지역으로의 잠재적인 영향을 완화하고 시각적인 분리를 유지하는 데 도움이 된다.
- **매립시설 용량 및 수명** 매립지의 운영 기간에 예상되는 폐기물 발생을 처리할 수 있는 예정 매립시설의 용량을 평가해야 한다. 필요에 따라 시설의 확장 또는 대체할 수 있는 폐기물 관리 전략 등도 고려할 필요가 있다.
- **주민 수용성 및 지역 주민 참여** 지역 주민의 동의를 얻는 과정은 매우 어

렵고 큰 노력이 필요하다. 의사결정 과정에서 지역 사회를 참여시키고 불필요한 갈등을 방지하기 위해 노력해야 한다. 여론을 고려하고 사회적 동의를 얻기 위해서는 부지 선정 과정의 투명성이 필요하다.

- **법률적 규제 준수** 폐기물 관리 및 매립 운영을 관리 시 요구되는 지자체와 국가 규정을 준수할 수 있어야 한다. 폐기물 처리, 모니터링 및 폐쇄 요구 조건과 관련된 규정을 따를 수 있는지를 확인해야 한다.

(2) 매립시설 입지의 선정 절차

위 다양한 매립지 입지 조건을 모두 고려한 후, 입지 선정 절차를 진행한다. 일반적인 매립지 입지 선정 절차는 ① 예비지역 선정, ② 예비 조사, ③ 후보 입지 평가 및 적합도 순위 결정, ④ 주민 공청회 및 주민 참여, ⑤ 환경영향 평가, ⑥ 공청회, ⑦ 인허가 진행 순이다.

① **예비지역 선정** 입지 선정 기준에 맞는 여러 후보 지역을 선정한다.

② **예비 조사** 후보 지역에 대한 상세한 환경 및 사회경제적 분석을 한다.

③ **평가 및 순위화** 각 후보 지역을 기준에 따라 평가하고 순위를 결정한다.

④ **입지 선정** 최종 매립지 입지를 결정한다.

⑤ **환경영향 평가** 최종적으로 선정된 지역에 대한 상세한 환경영향 평가를 한다.

⑥ **공개 설명회 및 공동체 참여** 선정된 입지와 관련 정보를 공개하고 지역 사회와 소통하면서 주민 의견을 청취한다.

⑦ **허가 및 승인** 모든 절차를 거친 후에는 해당 정부 기관에 허가를 요청하고 승인받아야 한다.

4) 매립시설의 건설 재료

(1) 토양 재료(earth material)

매립지 건설에는 주로 토양, 모래, 자갈 등의 토양 재료가 사용된다. 토양은 입경별 분포, 조성 성분, 수분함량에 따른 특성에 따라 다양하게 분류된다. 일반적으로 조립토(자갈, 모래 등의 사질토나 비점성토), 세립토(실트, 점토 등의 점성토),

유기질토(압축성이 크고 비중이 낮은 토양)로 구분한다. 토양은 입경에 입도분류법을 통해 자갈, 모래, 실트, 점토로 세분화한다.

① 점토(clayed soil)

점토는 차수 재료로 많이 사용된다. 점토 차수층의 성능과 관련한 주요 요인은 수리학적 전도도, 다짐특성, 함수율, 점토의 조성 성분, 현장 포설 기술, 차수층의 두께 등이다.

② 벤토나이트(bentonite)

벤토나이트는 수분과 접촉하였을 때 팽창하는 특정을 갖는 점토광물을 일컫는다. 벤토나이트는 물에 젖었을 때 건조 부피 기준으로 15~18배까지 부피가 팽창한다. 점토가 충분하지 않은 지역에서 투수성이 다소 큰 토양과 벤토나이트를 혼합하여 투수성을 낮추고 차수층 건설에 사용되기도 한다.

③ 모래(sand)

모래는 포설한 합성섬유막을 보호하기 위한 용도나, 여과 및 배수를 위한 목적으로 사용된다.

④ 자갈(gravel)

자갈은 배수층을 건설할 때의 주재료이다. 배수층의 기능은 배수재의 공극 특성, 크기, 모양, 배수재층의 높이, 배수 여과층의 성능 등에 영향을 받는다.

(2) 토목섬유(Geosynthetics)

토목섬유는 다양한 재료를 합성한 것으로 지반공학 및 환경공학 분야에서 널리 사용되고 있다. 토목섬유는 지오멤브레인(gemomanbrane), 지오텍스타일(geotextile), 지오그리드(geogrid), 지오네트(geonet), 지오컴포지트(geocomposite), 토목섬유점토라이너(geosynthetic clay liner), 지오파이프(geopipe) 등 다양한 형태가 있다. 토목섬유는 분리, 여과, 배수, 보강, 차수의 목적으로 각종 토목공사에 사용된다. 매립지의 경우 차수시설, 침출수 집배수시설, 매립가스 포집시설, 최종복토 건설에 토목섬유가 많이 사용된다. 토목섬유는 공장에서 제조되어 토양 재료에 비하여 구하기 쉽고, 설치에 따른 요구 공간이 적으며, 내구성이 우수하다는 장점이 있다. 현장에서 먼 거리에서 토양 재료의 취득과 운송을 하는 경우에는 비용절감 효과도 있다. 반면에 매립지건설 및 운영 기간에 파손될 수도 있으며, 파손되면 복구가 쉽지 않아 시공 및 운전 기간에 특별한 주의가 필요하다.

① **지오멤브레인**(Geomembranes: GM)

지오멤브레인은 일반적으로 낮은 투수계수를 가진 여러 종류의 합성 유연성막을 말한다. 지오멤브레인에 사용되는 고분자 소재는 HDP(high density polyethylene), PVC(polyvinyl chloride), CSPE(chloro sulfonated polyethylene), CPE(chlorinated polyethylene) 등이며 압출기를 이용하여 제작된다. 지오멤브레인의 투수계수는 10^{-11} ~ 10^{-13} cm/s 정도이다. 매립지 차수시스템 설치에 HDPE가 많이 사용되며, 화학적 안정성과 생물학적 저항성이 높다. 주요 기능으로는 침출수, 우수 등을 차수한다.

그림 10.4 HDPE 매립지 바닥층 설치

출처: Werner W Müller and Fokke Saathoff, Wikimedia Commons

② **지오텍스타일**(Geotextiles: GT)

지오텍스타일용 합성고분자의 사용은 주로 폴리프로필렌, 폴리에스터, 폴리아미드, 폴리에틸렌으로 제조하며 폴리프로필렌을 가장 많이 사용한다. 섬유형태는 직포(woven geotextiles)와 부직포(nonwoven geotextiles)형이 있다. 직포형 지오텍스타일은 방적사를 이용하여 경, 위사를 직각으로 교차해서 만든 형태이다. 부직포형은 장섬유나 단섬유를 랜덤하게 배열하여 결합시킨 형태로 중량은 200~1,500 g/m^2 정도이다. 단섬유인 경우는 주로 니들펀칭법으로 장섬유는 스펀본딩 법으로 제조된다. 그러나 폴리프로필렌으로 만들어진 지오텍스타일은 자외선 노출에 약해 제조 시 폴리머의 광분해 억제를 위하여 중량의 1.5~3% 정도 되는 Carbon black을 첨가한다. 따라서 지오텍스타일은 회색 또는 검은색을 띤다. 지오텍스타일의 주요 기능에는 분리, 여과, 배수, 보호 등이 있다.

③ **지오그리드**(Geogrids: GG)

지오그리드는 폴리머를 판상으로 압축시키면서 격자 모양의 그리드 형태로 구멍을 내어 만든 후 일축 또는 이축으로 연신하여 제조한다. 지오그리드는 주로 지반보강용(보강)으로 사용되며 원료는 폴리에틸렌, 폴리프로필렌, 폴리에스디 등이 사용된다.

④ **지오네트**(Geonets: GN)

폴리에틸렌 등의 폴리머로 제조되며 그물 모양의 형태를 가진다. 지오텍스타일

그림 10.5 지오텍스타일 (좌) 다양한 지오텍스타일 제품, (우) 지오텍스타일 매립지 바닥층 설치

그림 10.6 지오그리드 (좌) 다양한 모양의 지오그리드, (우) 지오그리드 매립지 바닥층 설치

출처: (우) Werner W Müller and Fokke Saathoff, Wikimedia Commons

그림 10.7 지오네트 (좌) 격자형 지오네트, (우) 지오네트 매립지 사면 설치

출처: (좌) Research475, Wikimedia Commons

등과 결합하여 지오컴포지트를 만들 수 있다. 주요한 기능으로는 배수가 있다.

⑤ **지오컴포지트**(geocomposite: GC)

지오복합재료는 두 종류 이상의 토목용 섬유제품을 결합해 기능을 복합적으로 향상한 것으로 니들 펀칭 또는 열융합 방식으로 결합하며 결합 형태 및 종류, 기능은 다양하다.

- 지오텍스타일-지오네트(배수 및 분리 기능)
- 지오텍스타일-지오멤브레인(배수 및 차수 기능)
- 지오멤브레인-지오그리드(차수 및 보강 기능)

그림 10.8 지오텍스타일과 지오네트를 결합한 지오복합재료

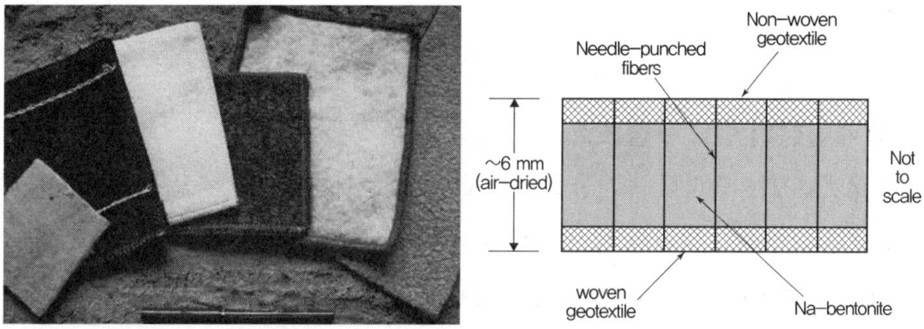

그림 10.9 GCL (좌) GCL 제품 사진, (우) GCL 단면도

⑥ **토목합성점토라이너**(Geosynthetic Clay Liner: GCL)

토목합성점토라이너(GCL)은 벤토나이트를 부직포 사이에 넣어 샌드위치 형태로 제조한 차수층으로 벤토나이트 매트라고도 한다. 점토층이나 혼합토를 이용한 시공이 까다로운 매립지 사면의 차수층에 GCL이 주로 사용된다. GCL은 시공이 간편하고 차수성이 우수하다. 지오멤브레인과 달리 뾰족한 못 같은 것에 의해 구멍이 발생하더라도 자가 치유 능력을 갖추고 있어 누수를 방지할 수 있다.

⑦ **지오파이프**(geopipie: GP)

매립지에서 파이프는 침출수 집배수 시스템 및 가스포집 시스템에 사용된다. 침출수나 가스가 유입되는 부분의 파이프는 외부에서 관내부로 유체가 유입될 수 있도록 다수의 구멍이 있거나 여러 일자 슬롯 형태로 구성된다. 유체가 이동하는 파이프 부분은 무공관으로 구성된다. 주로 HDPE를 원료로 제작된다.

그림 10.10 지오파이프

5) 매립장의 주요 구성요소

위생매립지는 단순히 폐기물을 쌓아두는 곳이 아니라 폐기물을 공공으로부터 안전하게 격리하고 격리된 폐기물의 환경영향을 최소화하기 위한 구조물로 다양한 요소로 구성된다. 일반적인 위생매립지의 주요 구성 요소는 다음과 같다.

- 차수시설
- 침출수 집 · 배수시설
- 매립가스 포집 시설
- **매립 복토** 복토는 일정량의 토양 혹은 유사 기능의 재료로 매립된 폐기물을 덮어 악취 감소, 빗물 침투 감소, 해충 서식 방지 등을 위한 것으로 일일복토, 중간복토, 최종복토 등으로 구분할 수 있다.
- **매립지 최종복토** 매립지에 폐기물매립이 종료된 후 최종적으로 최종복토가 설치된다. 최종복토는 일일복토나 중간복토와 달리 불투수층, 우수 배제층, 식생대층, 매립가스 포집을 위한 가스 포집층(혹은 포집정 등)으로 구성된다.
- **감시 시스템** 관측정 혹은 모니터링 장비를 통해 침출수, 지하수, 매립가스 등의 발생량과 수질을 지속해 감시하여 매립지의 안전을 관리해야 한다.

6) 매립지 바닥층의 차수 재료

매립지 바닥층의 차수시설은 위생 매립장의 중요한 구성요소 중 하나이다. 바닥층의 차수시설은 침출수 및 매립가스에 의한 토양과 지하수의 오염 방지를 목적으로 한다. 차수시설은 일반적으로 특정 기능을 갖은 다짐 점토층, 합성차수막, 합성점토차수막 등 다양한 재료를 조합한 층으로 구성된다.

(1) 다짐 점토층

매립지 바닥 차수시설은 다짐 점토층의 시공으로부터 시작된다. 점토는 투수성이 매우 낮은 토양으로 일반적으로 60 cm(생활폐기물 매립지)~90 cm(유해폐기물 매립지)의 두께로 포설한다. 점토층의 투수계수는 1×10^{-7} cm/sec 이하로 설치한다.

(2) 합성차수막

① 지오멤브레인 차수막

지오멤브레인 차수막은 주로 다짐 점토층의 상단에 폴리머로 만들어진 불투수막(일반적으로 고밀도폴리에틸렌, HDPE) 형태로 설치된다. 지오멤브레인은 액체와 가스에 불투수성이며 침출수와 매립가스가 지반 도양과 지하수로 침투하는 것을 막기 위한 추가적인 장벽 역할을 한다.

표 10.1 지오멤브레인의 대표적인 특성

High-Density Polyethylene, HDPE
• HDPE는 폴리에틸렌계열의 가장 내화학성이 강하다. • 열융착용접과 압출융착용접의 방법으로 HDPE 융착을 현장에서 시공할 수 있으며 융착 강도가 매우 강하다. • 현장에서 정도보정(QC-QA) 테스트가 가능하다. • UV 안정성이 우수하다. • 다양한 두께로 가공할 수 있다.
Linear Low-Density Polyethylene, LLDPE
• 유연성이 뛰어나고 굽힘과 꺾임에 의한 성능 저하가 없다. • 설치가 쉽다. • 테이프 용접이 가능하여 긴급한 작업에 적당하다. • 두께는 다양하며 압출 및 쐐기 용접이 가능하다.

매립지 합성차수막 제조에 사용되는 재질은 Ethylene Propylene Diene Monomer (EPDM), Linear Low-Density Polyethylene (LLDPE), High-Density Polyethylene (HDPE), Polyvinyl Chloride (PVC), and Polypropylene (PP) 등 다양하며, HDPE가 가장 많이 이용된다. 합성차수막의 두께는 mm 혹은 mil(1 mil =1/1000 인치)로 표기하는데 일반적으로 0.5~3.0 mm로 생산된다. 합성차수막의 생산 규격은 폭이 6~9 m, 길이 30~50 m 정도가 일반적이며 현장에서 열화학적 방법으로 접착한다. 지오멤브레인은 꿰뚫림 등에 의한 손상이 생기면 침출수 누수가 발생하기 때문에 매립지 차수층은 점토층(혹은 혼합토양층)을 설치 후 그 위에 지오멤브레인을 설치한다.

7) 바닥층 차수시설

(1) 차수층의 구성

차수층(liner)은 구성에 따라서 단일 차수층(single liner), 혼합 차수층(composite liner), 이중 차수층(double liner)으로 구분된다. 단일 차수층은 한 종류의 차수재로 차수층을 구성하는 경우로 점토, GCL, 혹은 지오멤브레인만으로 설치한 경우를 말한다. 혼합 차수층은 점토층과 지오멤브레인이 조합으로 구성된 차수층을 말한다. 이중 차수층은 두 개의 차수층과 두 개의 침출수 집배수층(1차와 2차 집배수층으로 구분하거나, 2차 집배수층은 누수 감시층[leak detection layer]이라고도 함)으로 구성된 차수층이다. 미국 RCRA(Resource Conservation Recovery Act) 규정에서는 도시고형폐기물 매립지의 차수층은 단일 혹은 혼합 차수층, 유해폐기물 매립지의 경우 이중 차수층으로 설치하도록 하고 있다. 차수층의 구성 및 차수재의 선택은 차수성능 요구 기준 이상일 경우 다양한 조합으로 사용될 수 있다.

국내 폐기물관리법 시행규칙 별표 9는 폐기물 매립시설의 설치기준을 규정하고 있다. 국내 폐기물관리법에서는 HDPE와 점토층 혼합 사용, 단일 점토층 및 점토광물 혼합토, 그 밖의 차수재로 사용할 경우의 생활폐기물과 지정폐기물 매립지 각 차수시설에 대한 차수재의 두께, 차수재의 투수계수 등을 규정하고 있다 (표 10.2).

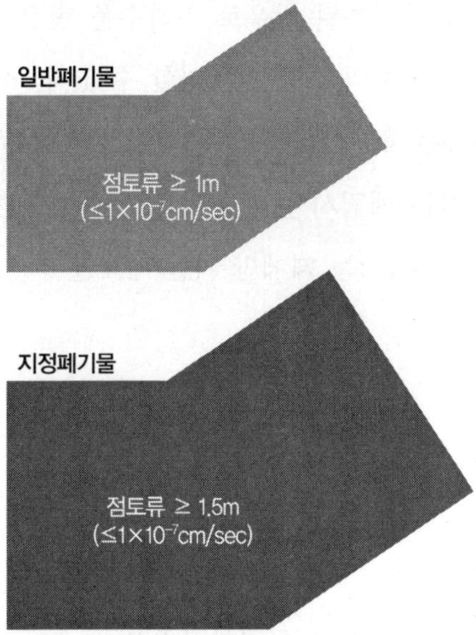

(a) 바닥 및 측면의 점토류 라이너설치 모식도

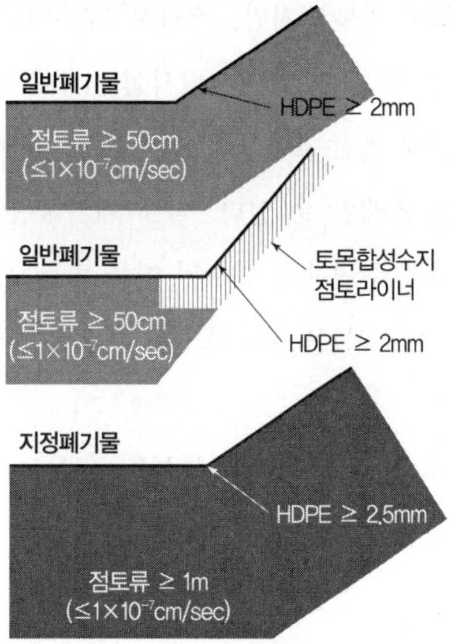

(b) 바닥 및 측면의 고밀도폴리에틸렌 등 토목합성수지 라이너설치 모식도

그림 10.11 차수층의 설치 모식도

표 10.2 폐기물관리법상의 관리형 폐기물 매립지 차수재 구성에 따른 설치 규정

차수재	생활폐기물 매립지	지정폐기물 매립지
HDPE + 점토층	• HDPE 두께기 2 mm 1겹 이상 • 투수계수 10^{-7} cm/s 이하 점토층 두께 50 cm 이상	• HDPE 두께 2. mm 1겹 이상 • 투수계수 10^{-7} cm/s 이하 점토층 두께 1 m 이상
단일 점토층, 점토광물혼합토	• 투수계수 10^{-7} cm/s 이하 점토층 두께 1 m	• 투수계수 10^{-7} cm/s 이하 점토층 두께 1.5 m
그 밖의 차수재	위와 동등한 차수능력의 차수시설	

(2) 차수시설 보호층

차수시설 보호층은 지오멤브레인 등의 차수막을 보호하기 위해 포설하는 층으로 필수적인 차수시설의 구성요소는 아니다. 보호층은 지오텍스타일, 모래층으로 만들어지기도 한다.

(3) 지하수 배제층

침출수의 유출을 방지하기 위해 매립지 바닥에 차수시설을 설치하면 지하수의 유입도 차단되지만, 매립지 외부에서 지중으로 침투된 강우로 지하수를 형성하거나, 낮은 지대의 매립시설 차수층 하부에 지하수의 흐름을 형성할 수 있다. 장기간에 걸친 흐름으로 인해 토사 입자가 지하수 흐름에 의해 유출되어 안정성 문제를 초래할 수 있다. 국내 폐기물관리법에서는 매립시설 바닥과 측면의 차수층 하부로 주변에서 집수된 빗물 또는 지하수가 유입되는 때에만 이를 배제할 수 있는 배제시설을 설치하도록 하고 있다.

8) 침출수 집배수시설(leachate collection system)

침출수 집배수 시설은 차수층 위에 위치하며 차수층에 침출수가 고여 수위가 상승하는 것을 방지하기 위해 설치된다. 미국 RCRA의 매립지 설치 시 요구 사항에는 차수층 위 침출수 수위는 30 cm 이하가 유지되도록 규정하고 있다.

(1) 침출수 집배수시설 구성

매립지 차수시설 위에 침출수 고임을 방지하기 위해 바닥은 완만한 경사를 이루고 있다. 경사를 따라 침출수는 침출수 집수를 위한 도랑으로 이동하고, 집수 도랑에 모인 침출수는 설치된 집수관(유공관)에 의해 매립지 밖으로 제거된다. 집수관 간의 거리는 차수층의 경사, 집배수층 배수재의 투수계수, 집배수층으로 유입되는 침출수량에 따라 달라진다.

① 경사면

일반적으로 차수층의 경사면의 구배는 1~5%이며 국내 폐기물관리법상에서는 2% 이상이 되도록 규정하고 있다. 경사면은 바닥층 전반적으로 연속적으로 유지되도록 한다. 배수구의 최대 길이와 구배는 배수 설비의 용량에 따라 결정된다. 경사면은 최종적으로 집수관에 의해 침출수를 매립지 외부로 제거할 수 있도록 설계한다.

② 집수관

집수관은 주로 HDPE나 PVC 등의 합성고분자 파이프가 이용된다. 침출수 집수관은 유공관으로 유공의 형태는 슬롯형과 구형이 일반적이며 집수관 개공의 정도는 다양하다.

유공관은 침출수 집수를 위해 도랑에 유공관을 설치한다. 유공관 주위는 자갈로 채워 넣고 유공관 구멍이 막힘을 방지하도록 한다. 자갈은 지오텍스타일로 감싸 배수재(모래 등)와 분리하도록 한다.

(2) 침출수 집배수시설 설계

집배수 층의 경사는 2% 이상이 되어 침출수 흐름을 원만하게 하도록 설계한다. 매립지 침하 발생에 따른 집수관 내부의 역흐름(배수 방향과 반대 방향으로 흐름)을 방지하기 위해 충분한 경사를 유지하는 것이 필요하다. 침출수 집배수시설에 집수관 설치 시 다음의 사항을 고려해야 한다.

- 요구되는 침출수 유속(유공관 내부에 이물질이 누적되는 것을 억제할 정도의 유속이 필요)
- 최대 배수 경사
- 집수관 간의 간격
- 집수관의 관경
- 집수관의 강도

국내 폐기물관리법에서는 차수층 위의 침출수 집배수 시설은 투수계수 10^{-2} cm/s 이

표 10.3 폐기물관리법에서 관리형 폐기물 매립지의 침출수 집배수층 설치 규정

침출수 집배수층의 위치	집배수층 설치기준
차수시설 상부	• 투수계수 10^{-2} cm/s 이상의 배수재(모래 등) 두께 50 cm 이상 • 집배수 관로 주위에는 치수가 5 mm 이하, 5 mm 체통과 5% 미만의 골재 설치 • 바닥의 기울기 2% 이상
매립시설 측면 차수시설 상부	• 매립 무게 상태에서 투과능 계수 1/30,000 m^2/s 이상인 토목합성 배수층 설치
그 밖의 배수층	• 환경기술검증을 받은 그 밖의 집배수층

상의 배수재(모래 등) 두께 50 cm 이상, 집배수 관로 주위에는 치수가 50 mm 이하(5 mm 체통과 5% 미만의 골재)로 설치하고, 바닥의 기울기 2% 이상 되도록 요구하고 있다. 매립지 측면에도 차수층이 설치된 경우는 매립된 상태의 폐기물 하중 조건에서 투과능계수(permittivity)가 1/30,000 m^2/s 이상인 토목합성 배수층 설치하도록 하고 있다. 여기서 투과능계수는 단위 면적당 단위 수두당 유량으로 정의되며 하중에 의해 두께가 변화하는 토목섬유의 측면 배수 능력을 나타내는 값이다.

9) 매립가스 포집 시스템

폐기물이 분해되면서 발생한 가스는 폐기물 공극에 누적되고 가스 압력이 상승하게 된다. 이 결과로 압력 구배가 발생하고 압력이 낮은 곳(가스 포집정 혹은 대기)으로 가스 이동이 발생한다. 효과적인 가스 포집을 위해서는 인위적으로 유도한 압력 구배를 이용한 강제 포집시설이 위생매립지에 일반적이다. 가스 포집시설의 형태는 매립지의 환경에 따라 다양하며, 수직 가스포집관과 표면 수평 가스포집관, 침출수 집수시스템을 이용한 가스포집 등이 있다.

10) 복토 시스템

복토에는 일일복토, 중간복토, 최종복토가 있다. 일일복토와 중간복토는 단일 복토재로 폐기물을 덮는 것을 말하여, 최종복토는 매립지 매립 기간 종료 후 최종적으로 설치되는 것으로 가스 배제층, 차단층(가스의 배출 차단 및 우수 침투 차단), 배수층(최종복토층으로 침투한 우수 배제 목적), 식생대층 등 다양한 층으로 구성된다.

(1) 일일복토

일일복토는 당일 매립작업 종료 후 신속하게 폐기물을 덮어 폐기물 흩날림과 악취 등을 제어하는 기능을 한다. 우수의 침투를 줄이기 위해 당일 매립작업이 완료된 방수포로 매립 폐기물을 덮었다가 다음 작업시간에 제거하고 재매립하는 방법으로 매립작업계획을 수립하기도 한다. 폐기물관리법에서는 일일복토는 흙, 토사류 등의 복토재로 15 cm 두께로 다져 포설하도록 하고 있다. 일일복토의 주요 기능은 다음과 같다.

- 악취 저감
- 대기오염 배출 저감
- 조류, 해충 서식 방지
- 매립지 차량이나 장비 운용의 안전성 개선
- 폐기물 흩날림 방지
- 우수 침투 감소를 통한 침출수 발생량 저감
- 화재 발생 저감
- 현장의 심미적 효과 개선

복토재로는 토사가 가장 일반적으로 사용되지만, 취토장이 매립지와 거리가 먼 경우는 과도한 운반비용이 발생할 수 있다. 토사 이외에도 채석장 잔재물(토사), 상업용 복토재(foam cover, 멀치[mulch]), 컴포스트(안정화된 퇴비) 등 다양한

표 10.4 폐기물관리법에서 복토 관련 규정

분류	세부내용
일일복토	• 매립작업 종료 후 투수성이 낮은 흙, 고화처리물 또는 건설폐재류를 재활용한 토사 등을 사용하여 15 cm 이상의 두께(화학복토재 등 인공복토재를 사용하는 경우에는 환경부장관이 고시하는 두께)로 다져 일일복토를 시행한다. • 단, 화학복토재 등 인공복토재는 폐기물공정시험방법에 의한 용출시험을 실시하여 유해성이 없다고 판단한 후 사용하여야 한다.
중간복토	• 매립작업이 7일 이상 중단되는 때에는 노출된 매립층의 표면부분에 30 cm 이상의 두께로 다져 기울기가 2% 이상이 되도록 중간복토를 시행한다.
최종복토	• 매립시설의 사용이 종료된 때에는 최종복토층을 기울기가 2% 이상이 되도록 설치하여야 한다. 이 경우 최종복토층은 하부로부터 다음과 같은 가스배제층, 차단층, 배수층 및 식생대층을 차례대로 설치하여야 한다. - 가스배제층: 두께 30 cm 이상 설치 - 차단층: 점토, 점토광물혼합토 등으로 두께 45 cm 이상, 투수계수가 1×10^{-6} cm/s 이하가 되도록 설치하거나 점토·점토광물혼합토 등으로 두께 30 cm 이상, 투수계수가 1×10^{-6} cm/s 이하가 되도록 설치한 후 그 위에 1.5 mm 이상인 합성고분자차수막 설치 - 배수층: 모래, 재생골재 등으로 두께 30 cm 이상 설치하거나, 투과능계수가 3.33^{-6} m^2/s 이상인 지오컴포지트·지오네트 또는 지오텍스타일 등의 토목합성수지를 설치 - 식생대층: 양질의 토양으로 두께 60 cm 이상 설치

대체재를 사용하여 복토에 이용될 수 있다. 다만, 이러한 대체 복토재는 복토 고유의 기능을 발휘하고 화재 발생 가능성, 매립지 내에서 반응성 및 독성 등과 관련한 문제가 없어야 한다.

(2) 중간복토

중간복토는 매립작업이 7일 이상 중단되는 경우 시행하며 두께는 30 cm 이상으로 하고 기울기를 2% 이상이 되도록 해야 한다. 중간복토층을 통한 우수의 침투를 줄이고, 악취 및 매립가스 배출을 더욱 효과적으로 줄일 수 있으며 일반적으로 15 m 정도 폐기물을 매립 후 중간복토를 설치한다.

(3) 최종복토

① 최종복토의 기능과 조건

최종복토는 매립종료 후 사후관리 기간(20~30년) 장기간에 걸쳐 그 기능을 유지할 수 있도록 설치하여야 한다. 최종복토의 주요 기능은 다음과 같다.

- 강우에 의한 복토층을 통한 수분 침투 최소화
- 매립가스의 대기 배출 방지
- 유해 동물이나 해충의 서식 방지

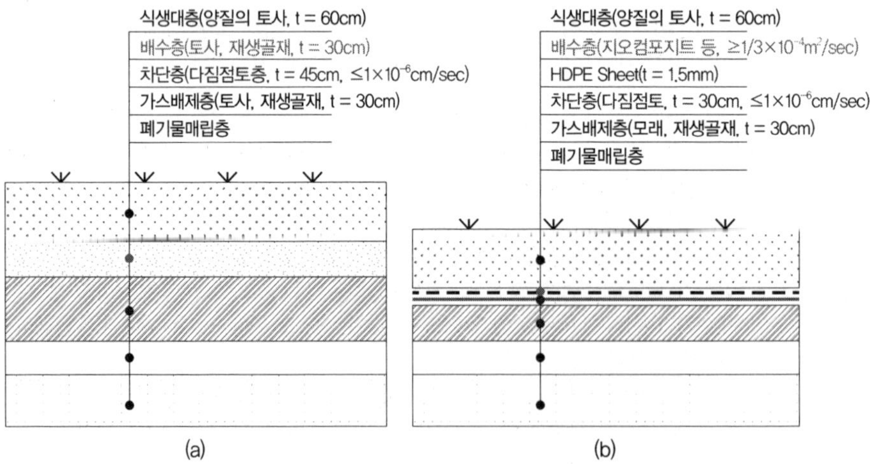

그림 10.12 폐기물관리법상 최종복토 표준단면(차단층 및 배수층에 따른 분류)

- 화재 방지
- 식생을 위한 기반 제공

장기간의 최종복토 기능을 유지하기 위해서는 ① 극단적 기후(고온, 저온, 동결 융해, 폭우, 폭설, 강풍 등)에 성능이 저하가 없어야 하고, ② 빗물과 바람에 의한 침식이 적어야 하며, ③ 매립지의 침하 등에 의한 균열, 붕괴 위험이 없어야 하고, ④ 태양광에 장기간의 노출에 따른 부식 저항성이 높고, ⑤ 매립가스에 의한 재질의 변화가 없어야 하며, ⑥ 동물, 벌레 등의 서식에 따른 붕괴 위험이 없어야 한다. 또한 최종복토층의 표토층에는 짧은 뿌리를 갖는 목초류를 설치할 수 있다.

② 최종복토의 구성

최종복토 시스템은 현장의 조건과 사후관리에 따라서 다양한 구성이 가능하다. 폐기물관리법에서는 하부로부터 가스 배제층(매립가스가 발생하는 경우), 차단층, 배수층 및 식생대층을 차례로 설치하도록 하고 있다.

10.2 매립지 침출수의 처리

침출수란 폐기물과 접촉하고, 용해되거나 부유되어 있는 물질이 함께 혼합된 액체이다. 매립지의 침출수는 강우로 유입된 물과 매립폐기물의 보유 수분, 폐기물의 분해로 생성된 수분을 포함한다.

1) 침출수 발생량 예측

매립지 침출수는 매립 중과 매립종료 후 침투한 강수, 매립 시 폐기물에 포함된 수분, 폐기물의 분해 과정에서 생성된 수분, 복토 등에 함유된 수분 등에 의해서 발생한다. 매립 시 빗물이 유입되는 정도는 우수 집배수 시설을 통해 적절히 차단하는 경우 강수 침투에 의한 수분 유입이 낮으나 그렇지 않은 경우 많은 강수가 침투하여 침출수 발생에 큰 영향을 준다.

침출수 발생량은 또한 매립지 시간에 따라 차이가 있다. 매립 초기에는 비교적 많은 양의 침출수가 발생할 수 있으며 매립이 종료되어 최종복토가 이루어져 빗물 침투가 차단되었으면 침출수 발생량이 시간에 따라 감소하게 된다.

(1) 매립지의 물 수지

매립지의 물 수지는 유입 요소, 유출 요소, 생성 및 소비 요소에 의해 결정할 수 있다. 유입 요소는 ① 강우 침투에 의한 유입, ② 폐기물 함유 수분, ③ 복토재 함유 수분, 유출 요소는 ① 침출수로 제거된 수분, ② 매립가스 제거 시 유출 수분, ③ 수증기 형태로 빠져나간 수분을 포함한다. 또한 생성 및 소비 요소는 생물학적인 분해 과정에서 수분이 소비되거나 생성된 수분을 말한다.

(2) 복토층에서의 침투율 결정 및 매립지 물 수지 예측 모델

복토층을 통한 강수의 침투는 해당 지역의 수문학적인 조건, 매립지 복토재의 구성, 최종복토의 경사, 복토 상의 식물상에 따라 달라진다. 복토 시스템에 합성 차수막과 배수층이 설치되었으면 폐기물 매립층으로 우수 침투가 방지되며, 복토를 토양만으로 설치하면 일부 강우가 폐기물 층으로 침투할 수 있다. 토양 복토재의 수분량 변화는 (식 10.4)로 나타낼 수 있다.

$$\triangle S_{LC} = P - R - ET - PRE_{SW} \qquad \text{(식 10.4)}$$

여기서, $\triangle S_{LC}$: 복토재 단위체적당 물의 양 변화, cm

P = 단위 면적당 강우량(유입량), cm

R = 단위 면적당 유출량, cm

ET = 단위 면적당 증발에 의한 물의 손실량, cm

PER_{SW} = 매립 복토재 단위면적을 통해 폐기물층으로 유입되는 물의 침투량, cm

침출수의 발생은 모델을 이용하여 추정하기도 한다. 매립지의 물 수지를 모사하는 데 많이 사용되는 프로그램으로 Hydrologic Evaluation of Landfill Performance(HELP) model이 있다. HELP 모델은 준 이차원 수문학적 모델로 매립지의 물 수지를 예측하기 위한 모델이다. HELP 모델은 차수층상의 침출수 수위를 예측하기 위해 강우, 유출, 수분이 이동 경로를 모사한다. 이 모델의 입력 변수는 다음과 같다.

- 식생
- 토양의 종류
- 토목합성 섬유 종류
- 초기 수분 조건
- 각 층의 두께
- 차수층의 기울기
- 배수층의 두께 및 차수막 구성

HELP 모델은 유출, 증발산량, 배수, 침출수 수집량, 차수층 누수량 등을 일별, 월별, 연별, 연평균으로 계산할 수 있다.

침출수 발생량은 합리식과 같은 (식 10.5)를 사용하여 예측하기도 한다. 다만 유출계수 대신에 침출계수가 사용되며 침출계수 범위는 매립 구역의 조건(매립 진행 중인 구역(0.4~0.7) 혹은 완료된 구역(0.2~0.4)에 따라 다른 값을 적용한다.

$$Q = \frac{1}{1000} CIA \qquad \text{(식 10.5)}$$

Q = 침출수 발생량 (m^3/일)

A = 매립 구역의 면적(m^2)

C = 매립 구역의 침출계수(무차원)

I = 강우강도 (mm/일)

(2) 침출수의 수질

침출수의 수질은 매립 폐기물의 성상, 폐기물의 매립경과년수, 계절, 매립지

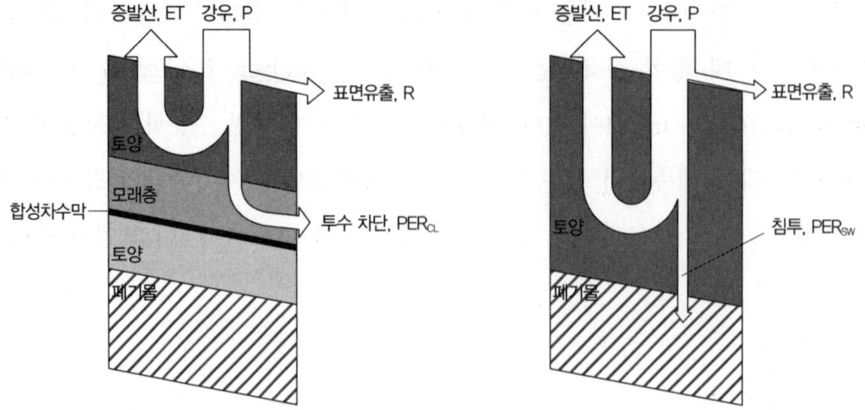

그림 10.13 매립지 최종복토의 물 수지 (좌) 최종복토에 배수층과 합성차수막이 설치된 경우, (우) 복토 시스템이 토양만으로 설치된 경우

내 분해 반응 특성에 따라 크게 달라진다. 앞서 설명한 것처럼 유기물질의 분해 단계에 따라서 침출수의 수질이 크게 변동한다. 따라서, 침출수 수질은 폐기물의 매립경과시간에 따라 차이가 크게 발생한다. 또한 우기에 강수가 폐기물층으로 침투하면 희석으로 침출수 수질의 농도가 다소 감소하기도 한다. 혐기성 매립지에서는 질소를 제거할 수 있는 메커니즘이 거의 없어서 암모니아성 질소의 농도는 높은 수준으로 유지되는 경우가 많다.

일반적으로 침출수 수질은 매립 초기에는 생분해성 물질의 농도가 높기 때문에 BOD와 COD 농도가 높게 나타내고, 생분해할 수 있는 물질이 시간에 따라 감소함에 따라 BOD와 COD 농도도 감소하게 된다.

생분해성 농도는 빠르게 감소하는 반면 난분해성 유기물질의 농도는 느리게 감소하기 때문에 BOD 농도의 감소 속도가 COD 농도의 감소보다 빠르게 발생한다. 〈표 10.5〉에 나타낸 것처럼 BOD/COD 비율이 매립 경과 연수가 많을수록 감소한다. BOD/COD 비율은 매립폐기물의 안정화 정도를 나타내는 간접 지표로도 사용된다.

COD와 BOD 농도(2021년부터 유기성 물질의 농도 지표가 TOC로 개정되었다) 이외에도 영양염류(N, P), 중금속 등 다양한 오염물질이 침출수 중에 함유되어 있다. 〈표 10.6〉은 침출수 주요 수질 지표의 특징을 요약하였다.

표 10.5 매립연한에 따른 침출수의 BOD/COD비 변화

매립연한	COD 농도(mg/L)	BOD/COD
< 5년	> 10,000	> 0.5
5~10년	500~10,000	0.1~0.5
> 10년	< 500	< 0.1

표 10.6 침출수의 수질항목별 특성

항목	특성
색도, 냄새	엷은 다갈색~암갈색이며 냄새는 부패취가 강하다.
pH	매립 초기는 pH6~7의 약산성에서 시간이 경과하면서 pH7~8의 약알칼리성을 나타낸다.
BOD	시간이 경과하면서 급격히 감소한다.
COD	① 매립초기는 BOD 값보다 약간 낮으나 시간이 흐름에 따라 BOD보다 높아지면서 시간에 따른 감소율은 완만하다. ② 매립 경과년수가 증가함에 따라 COD/TOC의 비는 점차 감소하는 경향을 나타낸다.
SS	시간이 경과하면서 농도가 완만하게 감소한다.
N	① 암모니아성 질소의 농도가 높으며 총 질소 중 약 10% 정도가 유기 질소이다. ② 혐기성 매립지의 경우 암모니아성 질소의 농도는 시간에 따라 감소 폭이 상대적으로 크지 않다.
P	① 침출수에는 많은 양이 포함되어 있지 않다. ② 생물학적 처리 시 BOD에 상당하는 P의 첨가가 요구될 수 있다.
중금속	① 일반 쓰레기의 매립 시는 기준치 이하이다. ② 소각재와 혼합 매립한 경우는 용출 우려가 있다. ③ pH가 낮은 분해 초기에 침출수 내 중금속의 농도가 높다.

2) 매립가스의 발생 및 활용

(1) 매립가스의 발생

매립가스는 생분해성 유기물이 혐기성 조건에서 수소와 아세트산으로 분해되고, 메탄생성균에 이를 이용하여 메탄과 이산화탄소를 생성하여 발생한다. 메탄과 이산화탄소의 생성 과정은 8장에서 설명하였다. 매립가스의 주성분은 메탄(CH_4)과 이산화탄소(CO_2)이며, 대기가 매립가스에 혼합되지 않고 안정한 혐기성

분해에서 발생하는 매립가스의 메탄 농도는 부피 기준 55~60% 정도, 이산화탄소는 35~40%를 차지한다. 메탄의 함량은 폐기물의 탄수화물, 지방, 단백질 등의 유기성 물질의 종류에 따라 달라진다.

메탄의 발열량은 8,560 kcal/Nm^3로 매립가스 중의 메탄 함량에 따라 매립가스의 발열량(매립가스의 발열량=메탄 순 발열량×매립가스의 메탄 함량)이 달라진다. 매립가스 중에는 미량 성분으로 암모니아, 황화수소, 휘발성 유기화합물, 일산화탄소 등이 포함되어 있다. 이러한 성분은 매립가스를 에너지원으로 사용하고자 할 때 제거되어야 한다.

(2) 매립가스의 발생량과 발생 속도

매립지의 안정화 정도를 판단하기 위해서는 매립가스의 발생 총량과 발생 속도를 예측해야 한다. 이는 가스포집관의 설치, 포집정 간의 간격, 포집관 관경·길이·배치 등을 결정할 때에도 마찬가지이다. 그러나 매립폐기물은 불균질한 특성을 보이고, 매립된 모든 생분해성 유기물이 완전히 분해된다고 보기는 어렵다. 또한 생성된 모든 가스가 가스 포집정과 이송 파이프를 통해 포집되지 않는다.

일부는 매립과정에서 대기 중으로 배출되며, 매립종료 후에 최종복토나 사면을 통해 손실되는 가스가 발생한다. 일반적으로 이론적인 가스의 발생 총량은 폐기물의 원소분석을 통하여 유기성 폐기물의 경험식을 결정하고, 화학 양론식으로부터 산출할 수 있다. 발생 속도는 시간의 함수이며, 매립 조건(수분량, 다짐 정도, 매립고, 폐기물 조성 등)에 따라 달라진다. 매립가스의 발생량이나 발생 속도에 대한 경험식으로는 Stegmann 방식, Tabasaran 이론식, Rettenberg 식 등이 있다(표 10.7).

연간 매립가스양을 추정하는 모델로 미국 EPA에서 개발된 LandGEM 모델이 있다. LandGEM 모델은 1차 반응을 가정하여 매립가스 발생량을 산정하는 MS Excel 기반 모델이다(식 10.9). LandGEM 모델은 미국 환경에서 조사된 값을 기본값으로 하고 있으며, 인자값이 없을 때는 기본값을 이용하여 매립가스 발생량이 산정된다.

LandGEM 모델에서 k는 메탄 발생 속도 상수이고 단위는 1/yr이다. k 값이 크

표 10.7 매립가스 발생량 예측 식

<table>
<tr><th colspan="2">Stegmann 방식</th></tr>
<tr><td colspan="2">매립 폐기물 톤당 유기물 200 kg이 분해되어 약 60~150 Nm^3 생성되는 것으로 보고한다.</td></tr>
<tr><th colspan="2">Tabasaran 이론식</th></tr>
<tr><td>단위 폐기물당 가스 발생량 산정식과 매립경과년수에 따른 발생량 추정식이 있다.</td><td>$G = 1.868\tau(0.0140T + 0.28)$ (식 10.5)
$G_n = 314(1 - e^{0.07n})$ (식 10.6)
$G_k = 0.067e^{-0.288n}$ (식 10.7)

G = 혐기성 상태에서 생산 가능한 총 가스 발생량(Nm^3)
τ =폐기물 중의 TOC량(kg)
T = 매립지 내부 평균온도(℃)
n = 경과 연수(년)
G_n = 매립 경과 기간 내 가스 발생량(Nm^3/ton)
G_k = 매립 경과 연도의 가스 발생량(Nm^3/kg)</td></tr>
<tr><th colspan="2">Rettenberg 식</th></tr>
<tr><td>매립경과년수별 발생할 수 있는 가스양을 비율화한 식이다.</td><td>$F = 0.067e^{-0.288t}$ (식 10.8)

F = 매립경과 연도의 가스 발생량(m^3/kg)
t =경과 연수(년)</td></tr>
</table>

표 10.8 LandGEM 모델의 매립가스 발생량 산정식

<table>
<tr><th>LandGEM 모델</th></tr>
<tr><td>$Q_{CH_4} = \sum_{i=1}^{n}\sum_{j=0.1}^{1} kL_0\left(\frac{M_i}{10}\right)e^{-kt_{ij}}$ (식 10.9)
Q_{CH_4} = 특정 년도의 메탄 가스 발생량(m^3/yr)

i = 1년씩 증가
n = 매립경과 년수(계산 시점의 년도–폐기물 반입 년도)
j = 0.1년씩 증가
k = 메탄발생율(yr^{-1}), 기본값 = 0.05yr^{-1}
L_0 = 단위 중량당 잠재메탄발생량(m^3/톤) 기본값 = 170m^3/톤
M_i = i년에 반입된 폐기물(톤)
t_{ij} = i년에 반입된 폐기물의 j 섹터에 폐기물(Mi)의 연령(예. 3.2yr)</td></tr>
</table>

면 폐기물의 빠른 속도로 분해되고 있음을 의미하며, 초기에 메탄의 발생이 급격히 증가하고 빠르게 감소하는 특성을 보인다. k는 수분함량, 영양염류의 농도, pH, 매립지 온도 등에 따라 값이 변한다. L_0는 폐기물 톤당 발생할 수 있는 잠재 메탄 발생량을 의미한다. EPA에서는 L_0의 적정범위를 56.6~198.2m^3/톤으로 하

고 있다.

(3) 매립가스의 활용

매립가스를 활용하기 위해서는 경제성, 환경영향, 에너지 이익들을 고려하여야 한다. 매립가스 활용을 위한 제반 시설의 투자비와 손익 분기점을 확인하고 지역 에너지 이용 환경 및 타 에너지원과의 비교 분석을 해야 한다. 그러나 최근에는 국제적인 탄소중립 정책에 따라 경제성 이외에도 탄소배출량 감소가 주요한 이슈로 주목받으면서 매립가스의 활용에 대한 범위가 확대되고 있다.

10.3 바이오리액터 매립지(bioreactor landfill)

1) 바이오리액터의 개념

일반적으로 매립폐기물의 수분이 충분하지 않으면 미생물이 성장하기에 부적합한 환경이 조성되고, 이에 따라 생물분해 가능한 유기물의 분해가 매우 늦은 속도로 진행된다. 이러한 매립지는 자연적인 폐기물의 안전화를 달성하기 위해 매우 오랜 시간이 소요되며, 'dry tomb'라고 불린다.

이와는 대조적으로 쉽게 분해할 수 있는 유기물과 수분이 풍부한 매립 환경에서는 가수분해와 산 생성이 빠르게 진행됨에 따라 pH가 급격히 낮아지고 메탄생성균이 성장하기 어려운 조건이 장기간 지속되기도 한다. 매립지가 산성 환경에 오래 노출되는 경우 산성 물질이 누적되어 생물학적인 분해가 멈추게 된다. 이러한 매립지를 'acid tomb'라고 한다.

'dry tomb'의 문제를 극복하고 폐기물의 빠른 생물학적인 안정화를 위하여 바이오리액터 매립지(bioreactor landfill) 개념이 도입되었다.

바이오리액터 매립지는 생물학적인 분해를 촉진하기 위해 다양한 방법으로 매립지를 적극적으로 제어하는 기술이다. 바이오리액터 매립지로 매립지를 운영하기 위해서는 매립지 내로 수분의 공급(침출수 재순환 등), 매립가스의 포집 강화(생물학적 분해가 촉진됨에 따라 매립가스 발생도 가속화), 침출수 관리 강화(침출수 주입에 따른 차수층 위 침출수 수위 상승), 지하수 오염 모니터링 강화, 공기의 공급(호기성 바이오리액터 매립지의 경우), 매립지 내부 온도 모니터링 등을 고려하여야 한다.

국내에서는 침출수 재순환을 '침출수 매립시설 환원정화설비'라고 하여 수도권 매립지 제2매장에 설치 운영하고 있다. 본 교재에서는 침출수 재순환이라는 용어를 사용한다. 바이오리액터의 수분주입(liquid injection)은 침출수에만 한정되어 있지 않고 우수, 지하수 등 다양한 수원이 사용될 수 있다.

- **호기성 바이오리액터 매립지(aerobic bioreactor landfill)** 매립지 내부에 공기 주입 등의 방법을 사용하여 호기성 환경을 만들어 폐기물을 빠르게 안정화하는 매립지이다. 호기성 바이오리액터 매립지도 미생물 성장에 필요한 경우 수분 주입이 필요하다.
- **준호기성 바이오리액터 매립지(semi-aerobic landfill)** 일부는 호기적 조건으로, 나머지는 혐기성 조건으로 하여 운전하는 매립지이다. 침출수 집배수층의 높이를 충분하게 하여 공기 유입이 가능해지면 호기성 영역이 조성되어 침출수 수실개선 효과가 있다.
- **혐기성 바이오리액터 매립지(anaerobic bioreactor landfill)** 미생물의 성장에

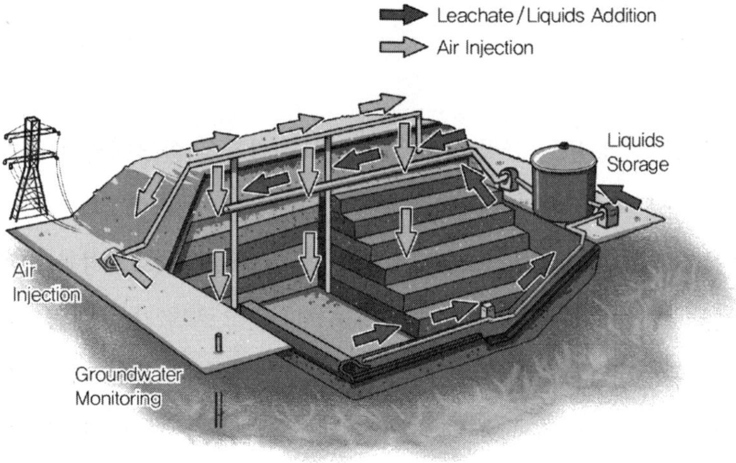

그림 10.14 호기성 바이오리액터 매립지

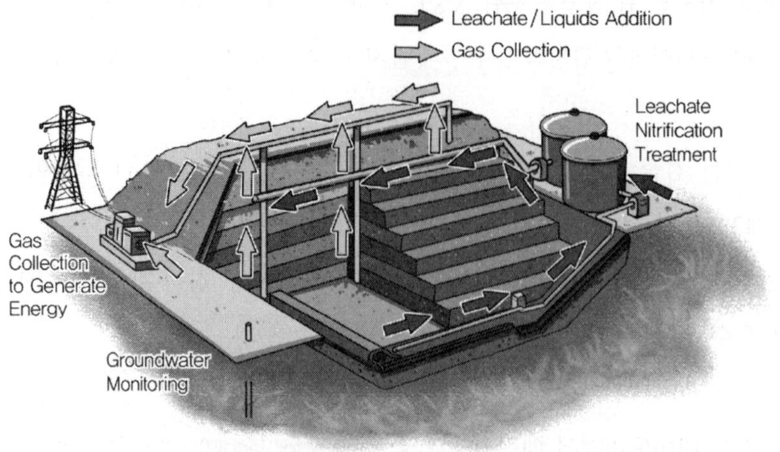

그림 10.15 혐기성 바이오리액터 매립지

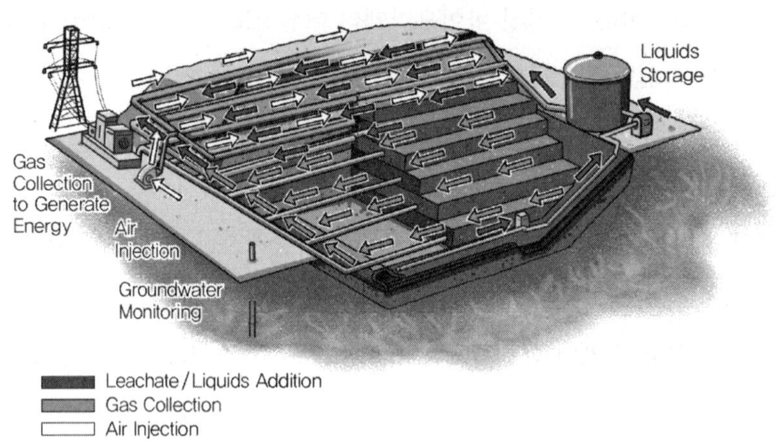

그림 10.16 혼합형 바이오리액터 매립지

요구되는 수분을 공급함으로써 폐기물의 혐기성 환경에서 빠르게 안정화하기 위한 매립지이다.

- **혼합형 바이오리액터 매립지(hybrid bioreactor landfill)** 호기성과 혐기성의 장점을 최대화하기 위해 매립지 운전을 시간순으로 호기성 매립지와 혐기성 매립지로 하는 매립지이다. 예를 들어 산성화된 매립지는 메탄생성균의 성장을 저해하므로 호기성 바이오리액터 조건에서 빠르게 생성된 산을 제거하고 혐기성 바이오리액터로 전환하여 메탄 생성을 촉진할 수 있다.

- **As-built bioreactor landfill** 매립지 설계 단계에서부터 바이오리액터를 고려하여 건설되는 바이오리액터 매립지이다.
- **Retrofit bioreactor landfill** 매립지는 일반매립지로 건설되었으나 매립종료 후 바이오리액터로 개량된 매립지이다.
- **침출수 재순환(leachate recirculation)** 집수된 침출수를 매립지 내부로 다시 공급하여 순환시키는 공정으로 운전된다.

2) 바이오리액터 매립지의 장단점

바이오리액터 매립지는 폐기물의 안정화 속도가 느린 단점을 보완하고 빠른 안정화를 위한 것이다. 바이오리액터 매립지 운영에 따른 장점은 다음과 같다.

① 빠른 폐기물의 안정화

② 빠른 침하에 따른 추가 매립 공간 확보

③ 매립가스 에너지화에 대한 현실화 가능성 증가

④ 사후관리기간 단축에 따른 비용감소

바이오리액터의 중요한 공정은 침출수를 재순환시키는 것으로, 침출수 관리를 위한 하나의 방안으로 운영할 수 있다는 장점이 있다. 바이오리액터를 운영하는 동안 발생한 모든 침출수를 매립지 내부로 주입할 경우 외부 침출수 처리시설이 필요하지 않을 수 있다.

바이오리액터 매립지의 다양한 이점이 있으나 다음과 같은 단점이 있으므로 설치 및 운영 시 주의해야 한다.

① 조절되지 않은 침출수 주입

② 침출수 수위 상승에 따른 사면 안정성 감소

③ 가스발생 증가를 충족하지 못하는 매립가스 포집 시스템

④ 폭발성 가스 생성 및 화재 발생(호기성 바이오리액터의 경우)

⑤ 침출수 재순환 시 매립지 내 환경오염물질(중금속 등)의 집적화

⑥ 바이오리액터 매립지 설치 및 운영에 따른 비용

3) 바이오리액터 매립지 수분 주입

(1) 수분 주입 기술(재순환 기술)

수분 주입은 바이오리액터 매립지의 가장 핵심적인 기술이다. 따라서 공급에 필요한 수분을 어떻게 얻을 것인지, 얼마만큼의 수분 공급이 필요한지, 수분 공급은 어떤 방식으로 할 것인지 등을 결정하여야 한다.

① 수분의 공급원 결정

국가마다 매립지에 반입할 수 있는 폐기물에 대한 관련 법 규정이 다르므로 바이오리액터 매립지의 수분을 공급하기 위한 수원을 결정하기 위해서는 관련 법

표 10.9 수분 주입 방법의 종류 및 특징

대분류	주입 방법	특징
표면 공급방식	표면살포	• 매립 중 폐기물 표면에 직접살포한다. • 균일한 수분공급이 가능하다. • 증발에 의한 수분 손실이 발생한다. • 매립작업에 방해될 수 있다.
	표면 저류조	• 매립지 복토층 위 혹은 복토층 아래에 침출수를 저장할 수 있는 저류시설을 만들어 자연 유하식으로 주입한다. • 매립종료 후 설치한다. • 균일한 수분공급이 어렵다. • 시설이 간단하다. • 증발에 의한 수분 손실 발생한다. • 악취, 파리와 같은 해충이 서식할 수 있다.
내부 공급방식	수평주입관	• 매립 중 폐기물 층에 설치하여 매립종료 전 침출수 재순환이 가능하다. • 높은 압력으로 주입할 수 있어 많은 양의 수분공급이 가능하다. • 설치 위치를 매립폐기물의 특성에 따라 설계할 수 있다. • 침하 발생에 따른 수평 관의 휨, 부러짐 등이 발생할 수 있다. • 매립지 하부에 설치된 수평관은 매립하중이 증가하면 주입량이 감소할 수 있다.
	수직주입관	• 매립종료 후 매립지 복토에서 천공하여 수직관 설치한다. • 매립 깊이에 따른 설치가 가능하다. • 높은 압력으로 주입할 수 있어 많은 양의 수분공급이 가능하다. • 매립지 침하 발생에 따른 문제가 크지 않다.

규에서 허용되는지를 먼저 확인해야 한다.

이용가능한 수분의 공급원은 다음과 같다.

- 침출수
- 우수 및 지하수
- 산업폐수
- 바이오솔리드

수분 주입 방법의 종류 및 특징은 〈표 10.9〉에 요약하였다.

(2) 바이오리액터의 공기주입

바이오리액터 매립지의 공기주입은 호기성 미생물에 의한 유기성 폐기물의 빠른 안정화를 이용하기 위한 것으로, 설계를 위하여 다음의 사항을 결정하여야 한다.

표 10.10 매립지 공기 주입 목적과 특징

목적	내용
침출수 수질개선	침출수 집배수 시스템으로 공기가 유입되어 호기성 환경이 만들어지면 유기물질의 분해를 촉진하여 침출수 개선 효과를 얻을 수 있다.
폐기물의 안정화	호기성 퇴비화와 같이 매립지 내로 충분한 공기가 유입되면 폐기물 내 유기물질의 호기성 분해로 안정화될 수 있다.
폐기물의 컨디셔닝 (conditioning)	짧은 기간에 부분적으로 공기를 주입하여 폐기물 내부 온도를 미생물 성장에 적당한 온도로 상승시키거나(기온이 낮은 지역에서 매립지 온도를 상승시키기 위하여 호기성 발열반응을 이용하는 경우) 매립지 산성화를 방지하기 위해 매립 초기에 공기주입을 통해 쉽게 분해되는 유기물질을 일부 제거 후 혐기성 매립지로 전환할 목적으로 사용된다.
미분해 잔류 물질의 안정화	혐기성 분해된 폐기물 중 미분해 잔류 물질 안정화를 목적으로 혹은 불량 매립지의 폐기물을 안정화하려는 방법으로 공기를 주입한다.
영양물질 제거	혐기성 환경에서 제거 메커니즘이 제한적인 암모니아성 질소를 제거하기 위한 목적으로 공기를 주입한다(암모니아성 질소는 공기주입을 통하여 질산화시켜 질산성질소 및 아질산성질소로 전환 후 무산소 조건으로 전환하여 탈질 제거한다).
메탄 발생 저감	혐기성 분해 산물인 메탄 발생을 줄이기 위해 공기주입을 통하여 호기성 분해 조건으로 전환한다.

- 공기주입 목적
- 총 공기 공급량(요구량)
- 공기주입 속도
- 공기주입 방법(수직 주입관 혹은 수평 주입관)
- 세부적인 공기 주입 장치의 규격
- 주입관의 배치(주입관 사이 거리) 및 주입관의 재질
- 감시 시스템(온도, 압력 측정 센서 등)

10.4 매립지의 사후관리

매립지의 내부에서 발생하는 다양한 반응은 매립이 종료되어 최종복토가 설치된 후에도 오랫동안 지속된다. 사후관리기간은 일반적으로 20~30년 이상으로 장기간에 걸친 매립지 안정도 유지 및 환경감시가 필요하다. 폐기물관리법 시행규칙 제69조에는 사용종료 신고 및 사후관리 계획서 검토를 규정하고 있으며 관리기간은 사용종료 신고를 한 날부터 30년 이내로 하고 있다. 사후관리 계획서에 포함할 내용은 다음과 같다.

- 폐기물처리시설 설치 사용내역
- 사후관리 추진 일정
- 빗물 배제계획
- 침출수 관리계획
- 지하수 수질 조사계획
- 발생 가스 관리계획
- 구조물 및 지반 등의 안정도 유지계획

1) 폐기물처리시설 설치 · 사용내역

① 시설 설치내역의 확인

- 매립시설의 면적, 용량(매립고 포함), 차수재 종류, 침출수 처리시설(규모 및

능력), 지하수 검사정, 가스 처리시설, 우수배제 시설 등의 설치내역

- 매립시설 구조에 관한 도면
- 지형요인 및 매립시설 위치도

② **폐기물 종류별 매립내역의 확인**

- 종류별 폐기물매립량 및 복토량의 산정

③ **침출수 등의 오염도 조사 결과 확인**

- 침출수 발생량 및 수질 조사내역
- 지하수 수질 조사내역
- 발생 가스 성분분석 및 처리내역
- 주변 해역 수질 조사내역(해수면 인접 매립지에 한함)

2) 사후관리 추진 일정

① **추진 일정** 사후관리에 필요한 제반 시설의 설치시기 등 추진 일정이 구체적으로 표시되어 있는지, 합리적으로 되어 있는지를 확인한다.

② **관리 인원** 사후관리에 필요한 침출수 처리시설 등 제반 시설의 유지관리를 위한 전담 관리자를 선임하였는지, 그 인원은 적정한지를 검토한다.

③ **관리 기간** 매립 폐기물의 종류, 성상, 매립량, 주변 여건 등을 감안하여 사후 관리 기간이 적정하게 산정되었는지 확인한다(사용종료 신고를 한 날부터 30년 이내).

3) 빗물 배제계획

① **빗물 배제시설의 적정 여부를 검토**

- 매립시설의 외부에서 빗물이 유입되지 않도록 매립지 주변에 배수구를 설치하는 등 우수 배제계획의 적정 여부
- 매립구역 내로 강하하는 빗물은 매립 폐기물로 오염될 가능성이 있으므로 매립층 내로 흡수되지 않고 신속히 배제되도록 하는 조치 또는 시설설치

- 빗물 배제시설은 콘크리트 등 물이 스며들지 않고 내구성이 있는 재질인지 여부

4) 침출수 관리계획

① 주변 지역의 강우내역 제시

- 사용종료 신고 이전 10년 동안의 연평균 강우량(mm)의 제시 여부(매립시설 소재지 인근 기상대의 근거자료 첨부)

② 침출수 수질 조사항목, 조사주기, 처리기준 및 관리 수위의 적정 여부를 검토

- 조사항목: 법 시행규칙 제42조 제1항 [별표11] 매립시설 침출수 배출허용기준 전 항목
- 조사 주기: 분기 1회 이상
- 처리(방류)기준: 법 시행규칙 제42조 제1항 [별표11] 매립시설침출수 배출허용기준에 적합하도록 처리한다.
- 관리 수위: 매립시설의 차수시설 상부에 모여있는 침출수의 수위는 시설의 안정 등을 고려하여 2미터 이하로 유지되도록 관리한다.

5) 지하수 수질 조사계획

① 조사지점

- 시설설치 초기에 설치된 3개 기존 검사정을 이용하되 반드시 기능이 정상적으로 발휘되고 있는지를 확인하며, 필요시 추가 설치한다.

② 지하수 검사정의 설치 방법

- 「지하수의 수질보전 등에 관한 규칙」 제6조 제1항 [별표3] 「지하수오염관측정의 설치 방법 및 수질 측정의 주기 · 방법」의 지하수 오염 관측정의 구조도에 따른다.
- 검사정은 매립지 상류부(지하수 흐름방향) 1개소, 하류부 주변 2개소 이상 설치하여야 한다.

부록

부록 1. 폐기물의 재활용을 위한 구체적 기준

부록 2. 폐기물의 종류별 분류번호 및 재활용 가능 유형

부록 1. 폐기물의 재활용을 위한 구체적 기준

1) 폐기물의 재활용을 위한 공통기준

① 재활용 과정에서 회수·재생한 원료나 중간 가공 폐기물이 입자상이나 분말상으로 유출되거나 비산될 우려가 있는 경우에는 일정한 규격의 용기나 상자(벌크백 포함)에 넣거나 포장해야 한다.

② 재활용 과정에서 별표 1 제1호 및 제2호에 해당하는 유해물질이나 「화학물질의 등록 및 평가 등에 관한 법률」 제2조 제10호에 따른 유해화학물질을 사용하지 않아야 한다. 다만, 해당 재활용을 위해 유해물질 또는 유해화학물질의 사용이 불가피한 경우에는 해당 물질의 사용 일자와 양, 해당 물질의 유해성 등을 기록한 자료를 3년간 보존해야 한다.

③ 법 제13조의 2에 따라 폐기물을 재활용하는 자(법 제13조의 3 제1항 제2호에 따라 재활용 환경성 평가를 받아 재활용하는 경우는 제외한다)는 별표 4의 3에 따른 폐기물의 종류별 재활용 가능 유형에 해당하는 유형으로 제2호에 따른 재활용 유형별 재활용의 세부기준을 준수하여 재활용해야 한다.

④ 제2호에 따른 재활용 유형별 재활용의 세부기준에서 정하는 기준·규격 이외에 「비료관리법」 제4조에 따라 설정 또는 지정된 보통비료의 공정규격 또는 부산물비료의 규격 등 다른 법령에서 원재료 또는 제품 등에 대한 기준·규격 등을 정하고 있는 경우에는 그 기준에 적합하게 재활용하도록 해야 한다.

⑤ 「자원의 절약과 재활용촉진에 관한 법률 시행령」 제18조에 따른 재활용 의무대상 제품·포장재, 「전기·전자제품 및 자동차의 자원순환에 관한 법률 시행령」 제8조 제1항에 따른 폐가전제품 및 같은 조 제2항에 따른 폐자동차는 각각 다음에 해당하는 방법 및 기준을 준수하여 재활용해야 한다.

- 재활용 의무대상 제품·포장재: 「자원의 절약과 재활용촉진에 관한 법률 시행규칙」 제13조에 따른 재활용의 방법과 기준
- 폐가전제품: 「전기·전자제품 및 자동차의 자원순환에 관한 법률 시행규칙」 제5조에 따른 재활용 방법 및 기준

- 폐자동차: 「전기 · 전자제품 및 자동차의 자원순환에 관한 법률 시행령」 제26조에 따른 재활용 방법 및 기준

⑥ 별표 4의 2 제2호 나목 2)에 따른 재활용 유형으로 골재 제품을 제조해 별표 4의 2 제4호에 따른 유형으로 재활용하려는 경우에는 같은 표 제4호 가목 · 나목 · 다목 또는 바목에 따른 유형으로만 재활용할 수 있다.

2) R-1 유형의 재활용 기준

① R-1-1 유형의 재활용 기준

- 재사용 과정에서 폐기물의 원형이 유지되고 성상 등의 변화가 없어야 하며 부착, 결합 등의 형태로 다른 제품의 부속물 등으로 사용하는 경우에도 또한 같다.
- 이물질 등을 모두 제거한 이후 재사용해야 하며, 대상 폐기물 이외의 다른 물질을 혼합해 재사용할 수 없다.
- 반드시 동일한 용도 및 공정에 재사용되어야 하며, 본래 용도와 다른 폐기물 특성을 이용해 재사용할 수 없다.

② R-1-2 유형의 재활용 기준

- 지정폐기물이 아닌 폐기물을 일정한 형태를 갖춘 제품으로 재사용해야 하며, 별표 4의2 제2호부터 제5호까지의 재활용 유형으로 분류될 수 있는 경우에는 해당 유형의 재활용 기준을 따라야 한다.
- 재사용 과정에서 폐기물의 원형이 유지되고 성상 등의 변화가 없어야 하며, 부착, 결합 등의 형태로 다른 제품의 부속물 등으로 사용하는 경우에도 또한 같다.
- 이물질 등을 모두 제거한 이후 재사용해야 하며 대상 폐기물 이외의 다른 물질이나 폐기물을 혼합해 재사용할 수 없다.
- 폐철도받침목(철도역사에서 배출된 것은 제외한다)은 다음의 기준에 따라 재활용해야 한다.
  - 폐철도목재받침목은 철도시설의 노반보강용, 선박 제조시설의 받침용, 계단용 또는 조경용으로 재활용할 수 있으며, 계단용 또는 조경용으로

재활용하는 경우에는 할로겐족 유기화합물, 크레오소트유 등 방부제 또는 약품 등으로 처리되지 않은 것만을 재활용해야 한다.

- 폐철도콘크리트받침목은 표면에 기름, 페인트 등과 같은 이물질이 묻어있지 않은 것만을 재활용해야 하며, 야외 계단용 및 바닥재용, 노반·경사면 등 보강용, 산업시설·선박제조시설·중장비 등 받침용, 기초석·제방 및 인공어초용으로 재활용해야 한다.

- 폐콘크리트는 콘크리트 제품 또는 구조물의 평가를 위해 제조된 공시체(供試體: 재질 시험을 위한 콘크리트 조각)를 화단 경계석, 계단용, 토사유출 방지턱으로 사용하는 경우에만 재활용할 수 있으며, 재사용 과정에서 폐기물의 원형이 유지되고 성상 등의 변화가 없어야 한다.

3) R-2 유형의 재활용 기준

① R-2-1 유형의 재활용 기준

- 재사용 과정에서 폐기물의 원형이 유지되고 성상 등의 변화가 없어야 하며 부착, 결합 등의 형태로 다른 제품의 부속물 등으로 사용하는 경우에도 마찬가지이다.
- 동일한 용도 및 공정에 재사용되어야 하며, 본래 용도와 다른 폐기물 특성을 이용해 재사용할 수 없다.
- 재활용 과정에서 지정폐기물, 특정대기유해물질 또는 특정수질유해물질이 배출되지 않아야 한다. 다만 폐유, 폐유기용제 등 지정폐기물이 포함되어 있는 폐드럼 등의 용기류를 재활용하는 과정에서 지정폐기물, 특정대기유해물질 또는 특정수질유해물질이 배출되는 경우 폐기물을 별도로 분리·회수해 적정하게 보관 및 처리해야 하며 특정대기유해물질 또는 특정수질유해물질 등의 오염물질이 배출되는 경우에는 이를 처리할 수 있는 처리시설을 설치·운영해야 한다.
- 폐황산을 재활용하는 경우에는 황산이 함유된 폐축전지를 수리·수선해 관련 품질 규격과 성능에 적합한 축전지로 재사용해야 한다.

② R-2-2 유형의 재활용 기준

- 폐기물을 일정한 형태를 갖춘 제품으로 재사용해야 하며, 별표 4의 2 제2호부터 제5호까지의 재활용 유형으로 분류될 수 있는 경우에는 해당 유형의 재활용 기준을 따라야 한다.
- 재사용 과정에서 폐기물의 원형이 유지되고 성상 등의 변화가 없어야 하며 부착, 결합 등의 형태로 다른 제품의 부속물 등으로 사용하는 경우에도 또한 같다.
- 재활용 과정에서 지정폐기물, 특정대기유해물질 또는 특정수질유해물질이 배출되지 않아야 한다. 다만 폐유, 폐유기용제 등 지정폐기물이 포함되어 있는 폐드럼 등의 용기류를 재활용하는 과정에서 지정폐기물, 특정대기유해물질 또는 특정수질유해물질이 배출되는 경우 폐기물을 별도로 분리·회수해 적정하게 보관 및 처리해야 하며 특정대기유해물질 또는 특정수질유해물질 등의 오염물질이 배출되는 경우에는 이를 처리할 수 있는 처리시설을 설치·운영해야 한다.
- 폐철도받침목(철도역사에서 배출된 것은 제외한다)은 다음의 기준에 따라 재활용해야 한다.
  - 폐철도목재받침목의 표면에 묻어 있는 기름, 페인트 등과 같은 이물질을 세척 등을 통해 모두 제거해야 하며, 철도시설의 노반보강용, 선박제조시설의 받침용, 계단용 또는 조경용으로 재활용할 수 있으며, 계단용 또는 조경용으로 재활용하는 경우에는 할로겐족 유기화합물, 크레오소트유 등 방부제 또는 약품 등으로 처리되지 않은 것만을 재활용해야 한다.
  - 폐철도콘크리트받침목의 표면에 묻어 있는 기름, 페인트 등과 같은 이물질을 세척 등을 통해 모두 제거해야 하며, 야외 계단용 및 바닥재용, 노반·경사면 등 보강용, 산업시설·선박제조시설·중장비 등 받침용, 기초석·제방 및 인공어초용으로 재활용해야 한다.
- 커피찌꺼기를 축사 깔개 또는 분뇨처리장 등의 수분조절제로 재활용하는 경우 수분함량 20퍼센트 이하로 탈수·건조한 후 재활용해야 한다.

4) R-3 유형의 재활용 기준

① R-3-1 유형의 재활용 기준

- 폐가전제품을 재활용하는 경우에는 다음의 기준을 준수하여 재활용해야 한다.
  - 폐가전제품에 염화불화탄소 등의 냉매물질이 포함된 경우에는 이를 안전하게 회수해야 한다. 이 경우 회수량 및 보관량을 확인할 수 있는 장치가 부착된 설비를 이용해 외부로 유출되지 않도록 회수 및 보관해야 하며, 냉매압축기에 들어 있는 폐유는 냉매물질과 분리해 별도로 회수해야 한다.
  - 텔레비전 및 컴퓨터의 모니터는 앞면 유리와 뒷면 유리를 분리해야 한다. 이 경우 발생되는 형광물질은 밀폐된 장소에서 외부로 유출되지 않는 방법으로 회수해 밀폐된 용기에 보관해야 한다.
  - 냉장고에서 회수된 발포단열재는 파쇄·절단 등을 거쳐 발포단열재 등의 제품 원료로 재활용해야 한다.
  - 폐가전제품 중 인쇄회로기판이 포함된 경우에는 이를 별도로 분리해야 한다.
- 전기 · 전자제품 또는 그 부분품·부속품을 제조·가공하는 공정 과정에서 발생하는 불량품과 부산물 및 잔재물의 경우에는 다음의 기준을 준수하여 재활용해야 한다.
  - 회수된 금속을 고품위의 금속 생산원료로 다시 사용(회수된 금속이 중·저품위 금속 또는 금속의 농축물인 경우로서 고품위의 금속 정련·정제 등을 위해 공급·사용하는 경우를 말한다)하거나 합금 또는 제품 생산원료 등 산업소재 원료로 사용해야 하며, 산업소재 원료 등에 대한 품질기준이 있을 경우에는 이를 충족해야 한다.
  - 공정폐기물로부터 금속을 회수 · 재활용하는 데 필요한 탈수·건조·절단, 파쇄·분쇄 및 선별 등 기계적 처리시설을 갖춰야 한다.
- 폐촉매로 오산화바나듐, 삼산화몰리브덴을 제조하는 경우에는 「환경분야 시험 · 검사 등에 관한 법률」 제6조제1항에 따라 환경부장관이 고시하는 환

경오염공정시험기준(이하 "공정시험기준"이라 한다) 중 폐기물에 관한 공정시험기준 또는 국제적으로 통용되는 시험방법에 따라 시험한 결과가 다음의 기준에 적합해야 한다.

- 산화물 중 오산화바나듐(V_2O_5)의 경우

  바나듐: 무게비율 15.0퍼센트 이상

  기름성분: 불검출

- 산화물 중 삼산화몰리브덴(MoO3)의 경우

  몰리브덴: 무게비율 30.0퍼센트 이상

  기름성분: 불검출

② R-3-2 유형의 재활용 기준

- 폐가전제품을 재활용하는 경우에는 다음의 기준을 준수하여 재활용해야 한다.
  - 폐가전제품에 염화불화탄소 등의 냉매물질이 포함된 경우에는 이를 안전하게 회수해야 한다. 이 경우 회수량 및 보관량을 확인할 수 있는 장치가 부착된 설비를 이용해 외부로 유출되지 아니하도록 회수 및 보관해야 하며, 냉매압축기에 들어 있는 폐유는 냉매물질과 분리해 별도로 회수해야 한다.
  - 텔레비전 및 컴퓨터의 모니터는 앞면 유리와 뒷면 유리를 분리해야 한다. 이 경우 발생되는 형광물질은 밀폐된 장소에서 외부로 유출되지 않는 방법으로 회수해 밀폐된 용기에 보관해야 한다.
  - 냉장고에서 회수된 발포단열재는 파쇄 · 절단 등을 거쳐 발포단열재 등의 제품 원료로 재활용해야 한다.
  - 폐가전제품 중 인쇄회로기판이 포함된 경우에는 이를 별도로 분리해야 한다.
- 전기 · 전자제품 또는 그 부분품 · 부속품을 제조 · 가공하는 공정 과정에서 발생하는 불량품과 부산물 및 잔재물의 경우에는 다음의 기준을 준수하여 재활용해야 한다.
  - 회수된 금속을 고품위의 금속 생산원료로 다시 사용(회수된 금속이 중 ·

저품위 금속 또는 금속의 농축물인 경우로서 고품위의 금속 정련·정제 등을 위해 공급·사용하는 경우를 말한다)하거나 합금 또는 제품 생산원료 등 산업소재 원료로 사용해야 하며, 산업소재 원료 등에 대한 품질기준이 있을 경우에는 이를 충족해야 한다.

- 공정폐기물로부터 금속을 회수·재활용하는 데 필요한 탈수·건조·절단, 파쇄·분쇄 및 선별 등 전처리 공정에 필요한 기계적 처리시설과 금속의 추출 및 정련·회수 등에 필요한 용융·용해·고로 시설 및 정련·정제·회수 시설 등을 갖추어야 한다.

• 폐촉매에서 오산화바나듐, 삼산화몰리브덴 등 유가금속을 회수하는 경우에는 기름성분이 묻어있지 않아야 한다.

③ R-3-3 유형의 재활용 기준

• 폐지·고철 또는 폐포장재(「자원의 절약과 재활용촉진에 관한 법률」 제16조제1항에 따른 재활용의무 대상인 종이팩, 유리병, 금속캔, 합성수지 재질의 포장재 및 1회용 봉투·쇼핑백만 해당한다)를 선별·압축·감용(減容)·절단하는 경우에는 다음의 기준을 준수해야 한다.

- 재활용 대상 폐지·고철 또는 폐포장재 외의 이물질이 혼합되지 않도록 최대한 분리·제거해야 한다.
- 폐유·폐유기용제·폐페인트·폐락카·폐농약·폐유독물·폐석면·폐폴리염화비닐(고철을 재활용하는 경우만 해당한다) 및 그 밖에 환경부장관이 정하여 고시하는 유해물질이 혼합되거나 이를 담았던 용기가 혼합된 경우에는 이를 분리·제거해야 한다.
- 폐지 또는 고철을 종이·판지, 포장용 완충재, 금속 또는 금속제품 등을 제조하는 업체에 공급하는 경우에는 상기에 따라 폐유 등을 담았던 용기 등을 제거한 후, 「산업표준화법」 제12조제1항에 따른 한국산업표준(이하 "한국산업표준"이라 한다)에 의한 시험방법 또는 국제적으로 통용되는 시험방법에 따른 시험 결과 다음의 이물질(폐지 또는 고철 외의 물질로서 원료로 적합하지 않아 사용이 불가능한 물질을 말하며, 수분은 제외한다) 함량 기준에 적합해야 한다. 이 경우 해당 시험의 결과를 폐지 또는 고

철을 공급받는 업체에 제출해야 한다.

고철을 금속 또는 금속제품을 제조하는 업체에 공급하는 경우: 무게비율로 2퍼센트 이하

폐지를 종이판지 또는 포장용 완충재 등을 제조하는 업체에 공급하는 경우

㉮ 폐지를 종이 제조용으로 사용하는 경우: 무게비율로 3퍼센트 이하

㉯ 폐지를 ㉮ 외의 용도로 사용하는 경우: 무게비율로 5퍼센트 이하

- 폐합성고분자화합물 등을 열분해하여 생산한 열분해유는 폐기물 및 대기오염물질에 관한 공정시험기준 또는 한국산업표준에 따른 시험을 실시한 결과 다음의 기준에 적합해야 한다.
  - 남은 탄소: 무게비율로 0.15퍼센트 이하
  - 수분 및 침전물: 부피비율로 0.5퍼센트 이하
  - 회분(灰分: 유기질을 연소시켜 재로 만든 뒤에 남은 무기물 또는 불연성 잔류물): 무게비율로 0.05퍼센트 이하
  - 황분(黃分: 석탄 등에 불순물로 들어 있는 물질로서 유기유황, 황산염 등으로 이루어진 물질): 무게비율로 0.2퍼센트 이하
  - 카드뮴 및 그 화합물: 리터당 1밀리그램 이하
  - 납 및 그 화합물: 리터당 1밀리그램 이하
  - 크로뮴 및 그 화합물: 리터당 1밀리그램 이하
  - 비소 및 그 화합물: 리터당 1밀리그램 이하
- 폐합성수지류를 식품 용기의 원료로 재활용하는 경우에는 원료의 오염 방지를 위해 보관·선별·투입 등을 위한 별도의 시설을 갖춰야 하며, 재생원료의 품질기준 등 환경부장관이 정하여 고시하는 기준을 준수해야 한다.
- 폐윤활유 또는 정제연료유(폐유를 별표 4의 2 제5호 나목 2)에 따른 재활용유형으로 제조한 것을 말한다)를 윤활기유의 원료물질로 재활용하려는 경우에는 다음의 기준을 준수해야 한다.
  - 폐윤활유는 제2호 마목 2) 가) (2)에 따른 기준에 맞게 정제한 후 용제추출 또는 수첨반응 등의 처리를 해야 한다.
  - 정제연료유는 용제추출 또는 수첨반응 등의 처리를 해야 한다.

– 상기에 따라 처리되는 정제연료유는 중간가공 폐기물로 보지 않는다.

④ R-3-4 유형의 재활용 기준

- 재활용된 원료물질은 제품의 제조를 위한 용도로 한정하되, 별도의 추가 가공 공정을 거치지 않아야 하며, 한국산업표준 또는 그 밖에 해당 원료물질을 관리하는 다른 법령에 따른 기준 또는 규격에 적합하게 재활용하여야 한다.

⑤ R-3-5 유형의 재활용 기준

- 폐기물에 함유된 유해물질이 별표 1에 따른 유해물질의 기준 미만인 폐기물만 재활용해야 한다.

5) R-4 유형의 재활용 기준

① R-4-2 유형의 재활용 기준

- 폐기물에 함유된 유해물질이 별표 1에 따른 유해물질의 기준 미만인 폐기물만 재활용해야 한다.
- 건설용 골재로 재활용하는 경우에는 「건설폐기물의 재활용촉진에 관한 법률」 제35조에 따른 순환골재의 품질기준을 준수해야 한다.
- 철강슬래그 및 석탄재를 재활용하는 경우에는 「자원의 절약과 재활용촉진에 관한 법률」 제25조 제1항에 따른 지침을 준수해야 한다.
- 금속 또는 비금속 제련과정에서 발생하는 슬래그를 시멘트 제조 또는 콘크리트 골재 등의 용도로 사용하기 위해 급냉, 수쇄 · 풍쇄 등을 통한 파쇄 공정을 거쳐 입자상 또는 분말상으로 만드는 경우에는 다음의 기준을 준수해야 한다.
  – 시멘트 제조용으로 공급하는 경우에는 「자원의 절약과 재활용촉진에 관한 법률 시행규칙」 제20조의 3 제3항에 따라 환경부장관이 고시한 고형연료제품의 품질검사 방법에 따른 시험결과가 다음의 기준을 충족해야 한다.

  동 제련과정에서 발생하는 경우

  ㉮ 납: 킬로그램당 3,200밀리그램 미만

㉯ 구리: 킬로그램당 10,000밀리그램 미만

㉰ 카드뮴: 킬로그램당 100밀리그램 미만

㉱ 비소: 킬로그램당 900밀리그램 미만

㉲ 수은: 킬로그램당 2.0밀리그램 미만

아연 제련과정에서 발생하는 경우

㉮ 납: 킬로그램당 7,000밀리그램 미만

㉯ 구리: 킬로그램당 14,000밀리그램 미만

㉰ 카드뮴: 킬로그램당 60밀리그램 미만

㉱ 비소: 킬로그램당 500밀리그램 미만

㉲ 수은: 킬로그램당 2.0밀리그램 미만

그 외의 경우

㉮ 납: 킬로그램당 1,000밀리그램 미만

㉯ 구리: 킬로그램당 3,000밀리그램 미만

㉰ 카드뮴: 킬로그램당 60밀리그램 미만

㉱ 비소: 킬로그램당 500밀리그램 미만

㉲ 수은: 킬로그램당 2.0밀리그램 미만

– 콘크리트용 골재 등으로 공급하는 경우에는 한국산업표준에 따른 용도별 규격 또는 품질에 적합해야 한다. 다만, 입도(粒度)는 그러하지 아니하며, 한국산업표준이 설정되어 있지 않은 경우에는 같은 용도에 대한 한국산업표준을 준용할 수 있다.

- 비산재, 바닥재 등 소각재와 그 잔재물이나 보크사이트 잔재물(적토[赤土], 수산화알루미늄의 제조 공정에서 발생한 광물성폐기물을 말한다)은 다음의 기준을 충족하는 경우에만 재활용해야 하며, 이를 충족시키지 못할 경우 해당 기준을 충족시키도록 처리한 후 사용해야 한다.

– 강열감량(强熱減量)은 5.0 퍼센트 이하여야 한다.

– 용출기준

항목	용출농도(mg/L)
납과 그 화합물	1.0 이내
구리와 그 화합물	1.0 이내
비소와 그 화합물	0.50 이내
수은과 그 화합물	0.0030 이내
카드뮴과 그 화합물	0.10 이내
6가크롬화합물	0.10 이내
시안화합물	0.20 이내
염소화합물	250.0 이내

- 소각시설에서 발생하는 소각재와 수산화알루미늄 제조 공정에서 발생한 보크사이트 잔재물 등을 요업제품의 원료로 재활용하는 경우에는 해당 제품이 다음의 기준 및 한국산업표준 따른 요업제품의 규격과 품질을 충족하도록 소각재 혼합 비율을 조정하여 사용하여야 한다. 다만, 다른 법령에서 정하는 별도의 용출 또는 함량 기준이 있을 경우에는 그 기준에 따라야 한다.

– 용출기준

항목	용출농도(mg/L)
납과 그 화합물	0.10 이내
구리와 그 화합물	0.50 이내
비소와 그 화합물	0.050 이내
수은과 그 화합물	0.0010 이내
카드뮴과 그 화합물	0.030 이내
6가크롬화합물	0.050 이내
시안화합물	0.050 이내

– 중금속 등 함량 기준

항목	함량기준(mg/바닥재 재활용 제품 1 kg당)
카드뮴	12.0 이내
구리	200.0 이내
비소	20.0 이내
수은	16.0 이내
납	400.0 이내
6가크롬	12.0 이내
시안	120.0 이내

- 정수처리오니로 요업제품을 제조하는 경우 원료로 사용하는 정수처리오니는 대체원료 기준에 적합하여야 하며, 제조된 요업제품은 소각 바닥재의 용출기준과 중금속 등 함량 기준에 적합하여야 한다.
- 소성과정을 거쳐 폐패각을 가공한 폐패각 분말을 황토포장, 황토미장, 황토블록 등 시멘트 대체용 경화제로 재활용하는 경우 폐패각 분말은 토양오염물질에 관한 공정시험기준의 함량시험 결과가 다음의 기준을 충족해야 한다.
  - 납 · 구리 · 비소 · 수은 · 카드뮴 · 6가크롬 · 시안화합물: 소각 바닥재를 이용한 요업제품의 중금속 등 함량 기준 이내
  - 수소이온농도(pH): 12.4 이하
- 폐주물사를 가공하여 재생주물사로 사용하는 경우에는 폐기물에 관한 공정시험기준, 한국산업표준 또는 국제적으로 통용되는 시험방법에 따른 시험결과가 다음의 기준을 충족해야 한다.
  - 수소이온농도(pH): 6.0 이상 11.0 이하
  - 비중: 2.3 이상 2.8 이하
  - 이물질: 무게비율로 1.0퍼센트 이하
  - 납 · 구리 · 비소 · 수은 · 카드뮴 또는 그 화합물 및 6가크롬화합물: 별표 1에 따른 유해물질의 기준 미만일 것
- 폐석고 등 폐기물을 재활용하여 제조한 시멘트 응결지연제는 폐기물에 관한 공정시험기준 또는 한국산업표준에 따라 시험한 결과 다음의 기준을 충족하여야 한다.
  - 무수황산: 무게비율 38.0퍼센트 이상
  - 수용성 인산: 무게비율 0.1퍼센트 미만
  - 유해물질의 함유량이 별표 1에 따른 유해물질의 기준 미만일 것
- 지정폐기물이 아닌 사업장폐기물을 시멘트대체원료로 재활용하는 경우에는 다음의 기준에 적합하여야 한다.
  - 철강슬래그 및 석탄재를 재활용하는 경우에는 「자원의 절약과 재활용촉진에 관한 법률」 제25조 제1항에 따른 지침을 준수해야 한다.

– 대체원료로 재활용하는 폐기물은 「자원의 절약과 재활용촉진에 관한 법률 시행규칙」 제20조의 3 제3항에 따라 환경부장관이 고시한 고형연료제품의 품질검사 방법에 따른 시험결과가 다음의 기준을 충족하여야 한다.

철 대체원료의 경우

㉮ 납: 킬로그램당 1,000밀리그램 미만

㉯ 구리: 킬로그램당 3,000밀리그램 미만

㉰ 카드뮴: 킬로그램당 60밀리그램 미만

㉱ 비소: 킬로그램당 500밀리그램 미만

㉲ 수은: 킬로그램당 2.0밀리그램 미만

철 외의 대체원료의 경우

㉮ 납: 킬로그램당 150밀리그램 미만

㉯ 구리: 킬로그램당 800밀리그램 미만

㉰ 카드뮴: 킬로그램당 50밀리그램 미만

㉱ 비소: 킬로그램당 50밀리그램 미만

㉲ 수은: 킬로그램당 2.0밀리그램 미만

– 철 대체원료 중 동 제련소에서 발생하는 슬래그 등에 대해서는 다음의 기준을 적용한다.

동 제련소에서 발생하는 슬래그

㉮ 납: 킬로그램당 3,200밀리그램 미만

㉯ 구리: 킬로그램당 10,000밀리그램 미만

㉰ 카드뮴: 킬로그램당 100밀리그램 미만

㉱ 비소: 킬로그램당 900밀리그램 미만

㉲ 수은: 킬로그램당 2.0밀리그램 미만

아연 제련소에서 발생하는 슬래그

㉮ 납: 킬로그램당 7,000밀리그램 미만

㉯ 구리: 킬로그램당 14,000밀리그램 미만

㉰ 카드뮴: 킬로그램당 60밀리그램 미만

㉱ 비소: 킬로그램당 500밀리그램 미만

㉲ 수은: 킬로그램당 2.0밀리그램 미만

제철소의 폐기물 중 대기오염 방지시설에서 포집된 분진(철 성분이 함유된 것에 한한다) 및 오니(습식 방지시설에서 포집된 것으로서 철 성분이 함유된 것에 한한다)

㉮ 납: 킬로그램당 4,000밀리그램 미만

㉯ 구리: 킬로그램당 3,000밀리그램 미만

㉰ 카드뮴: 킬로그램당 100밀리그램 미만

㉱ 비소: 킬로그램당 500밀리그램 미만

㉲ 수은: 킬로그램당 2.0밀리그램 미만

- 규소철 생산과정에서 발생되는 분진(실리카퓸)을 콘크리트용 혼화재로 사용하려는 경우에는 지정폐기물이 아닌 폐기물만을 재활용할 수 있다.
- 무기성오니를 별표 4의 2 제4호 가목부터 다목까지 및 바목에 따른 유형의 용도에 사용되는 골재제품으로 재활용하려는 경우에는 제2호 라목 1) 가) (3)의 기준에 적합한 무기성오니만 사용해야 한다.
- 커피찌꺼기를 점토로 재활용하여 요업제품을 제조하는 경우 해당 제품이 제2호 나목 2) 가) (6)의 기준을 충족하도록 커피찌꺼기의 사용비율을 조절해야 한다.

② R-4-5 유형의 재활용 기준

- 폐철도목재받침목의 경우 절단, 세척 등의 방법으로 가공하는 경우로 한정하며, 폐기물 및 토양오염물질에 관한 공정시험기준, 한국산업표준에 따른 시험방법 또는 국제적으로 통용되는 시험방법에 따라 시험한 결과가 다음의 기준을 충족해야 한다.
  - 벤조(a)안트라센: 킬로그램당 3.0밀리그램 미만
  - 벤조(a)피렌: 킬로그램당 3.0밀리그램 미만
  - 다이벤조(a,h)안트라센: 킬로그램당 3.0밀리그램 미만
  - 기름성분: 중량비를 기준으로 0.35퍼센트 미만
- 성형탄(成型炭)을 제조하는 경우에는 「목재의 지속가능한 이용에 관한 법률

시행령」 제14조 제1항 제14호에 따른 성형목탄의 사용원료로 이용할 수 있는 폐목재만 사용해야 한다.

- 톱밥을 제조하는 경우에는 원목상태 그대로이거나 폐목재·기름·방부제 등이 묻지 않은 폐목재만 사용해야 한다.
- 커피찌꺼기를 목재 플라스틱 복합재, 목재펠릿, 목재칩, 목재브리켓으로 재활용하는 경우에는 「목재의 지속가능한 이용에 관한 법률」 제20조 제1항에 따라 고시한 규격과 품질기준을 준수해야 한다.

③ R-4-6 유형의 재활용 기준

- 재생윤활유는 「석유 및 석유대체연료 사업법」 제24조에 따라 고시된 윤활유의 품질기준에 적합하여야 하며, 재생윤활유를 판매하는 경우에는 폐윤활유를 재활용한 제품임을 소비자가 알 수 있도록 표시해야 한다.
- 폐아이소프로필알콜을 제외한 폐유기용제와 폐페인트 등을 재생유기용제로 재활용하는 경우 공업용으로만 제조할 수 있으며, 폐기물에 관한 공정시험기준 또는 한국산업표준에 따른 시험 결과가 다음의 기준을 충족해야 한다.
  - 납과 그 화합물: 리터당 1.0밀리그램 이하
  - 비소와 그 화합물: 리터당 1.0밀리그램 이하
  - 수은과 그 화합물: 리터당 1.0밀리그램 이하
  - 카드뮴과 그 화합물: 리터당 1.0밀리그램 이하
  - 크롬과 그 화합물: 리터당 1.0밀리그램 이하
  - 증발찌꺼기: 무게 비율로 0.1퍼센트 이하
- 폐유기용제 중 폐아이소프로필알콜(프로판-2-올)을 가공하여 정제아이소프로필알콜로 재활용하는 경우, 가공된 정제아이소프로필알콜은 한국산업표준에 따른 시험 결과가 다음의 기준을 충족해야 한다.
  - 함량: 무게비율로 70.0퍼센트 이상
  - 수분: 무게비율로 10.0퍼센트 이하
  - 증발찌꺼기: 무게비율로 0.1퍼센트 이하

④ R-4-7 유형의 재활용 기준

- 재생페인트는 「대기환경보전법 시행규칙」 별표 16의 2 제2호 나목 4)의 공업용 도료로 사용해야 하며, 해당 용도에 따른 휘발성유기화합물 함유기준에 적합해야 한다.
- 수은구성폐기물을 재활용하는 경우에는 수은 및 그 화합물의 순도는 95% 이상이어야 하며, 「수은에 관한 미나마타협약」에서 금지된 용도로 사용해서는 안 된다.

⑤ R-4-9 유형의 재활용 기준

- 폐산, 폐알칼리를 수처리제로 직접 사용하는 경우에는 폐산, 폐알칼리에 함유된 해당 처리시설에서 처리할 수 없는 오염물질(수소이온농도를 제외한다)이 「물환경보전법 시행규칙」 별표 13에 따른 청정지역의 오염물질 배출허용기준 이내여야 한다.
- 폐산·폐알칼리를 수처리제로 제조한 후 사용하는 경우에는 「먹는물관리법」 제36조에 따라 환경부장관이 고시하는 수처리제의 기준을 충족하여야 하며, 그 기준에서 정하지 않은 오염물질 중 수처리제에 함유된 해당 처리시설에서 처리할 수 없는 오염물질(수소이온농도는 제외한다)이 「물환경보전법 시행규칙」 별표 13에 따른 청정지역의 오염물질 배출허용기준 이내여야 한다.
- 폐산·폐알칼리를 수처리제로 사용할 수 있는 처리시설은 다음과 같다.
  - 「하수도법」 제2조 제9호에 따른 공공하수처리시설
  - 「물환경보전법」 제2조 제12호에 따른 수질오염방지시설
  - 「물환경보전법」 제48조에 따른 공공폐수처리시설
  - 「가축분뇨의 관리 및 이용에 관한 법률」 제2조 제8호에 따른 처리시설
  - 침출수처리시설
- 음식물류폐기물 및 음식물류폐기물 재활용과정에서 발생하는 액상의 폐기물을 분리, 혼합, 발효 등의 과정을 거쳐 침출수처리시설 또는 「물환경보전법」 제2조 제12호에 따른 수질오염방지시설의 운영에 필요한 유기탄소원을 제조하거나 유기탄소원으로 재활용하는 경우, 그 유기탄소원은 다음의 기준을 충족하여야 한다.

- 부유물질(SS) 5,000 mg/L 이하
- 노르말헥산(N-Hexan) 1,000 mg/L 이하
- 총질소(T-N) 1,000 mg/L 이하
- 총인 400 mg/L 이하
- 화학적 산소요구량(CODcr) 20,000 mg/L 이상
- 구리·수은·납 및 카드뮴과 그 밖의 오염물질 중 사용하고자 하는 시설에서 처리할 수 없는 오염물질은 「물환경보전법 시행규칙」 별표 13에 따른 수질오염물질의 배출허용기준 중 나지역의 배출허용기준 이하
- 유기탄소원으로 직접 사용하고자 하는 경우에는 침출수처리시설 또는 폐수처리시설에 균등하게 투입할 수 있는 설비를 갖추어야 한다.

- 제지슬러지를 소각한 분말형태의 소각재를 산성폐수응집제로 사용하는 경우에는 중량기준 40퍼센트 미만의 산화칼슘, 산화나트륨, 산화마그네슘 등 알칼리성 분말과 혼합하여 pH 12.5 이상이 되도록 해야 한다.
- 하수처리오니를 오·폐수 처리용 담체(擔體)로 재활용하는 경우 소성·소결 과정을 거쳐 제품을 제조하여야 한다.

⑥ R-4-10 유형의 재활용 기준

- 「약사법」에 따라 의약품의 제조허가를 받은 자가 의료폐기물 중 태반을 원료로 의약품을 제조하는 경우만 재활용할 수 있다.

6) R-5 유형의 재활용 기준

① R-5-1 유형의 재활용 기준

- 철강슬래그 및 석탄재를 재활용하는 경우에는 「자원의 절약과 재활용촉진에 관한 법률」 제25조 제1항에 따른 지침을 준수해야 한다.

② R-5-2 유형의 재활용 기준

- 「사료관리법」 제2조 제1호에 따른 동물·어류 등 중 반추(反芻) 동물을 제외한 동물·어류 등의 먹이로 사용하려고 수거한 음식물류 폐기물을 농가에 공급하려는 경우에는 「사료관리법」 제8조에 따라 등록한 사료제조업자의 음식물류 폐기물 재활용시설에서 재활용해야 한다.

③ R-5-4 유형의 재활용 기준

- 퇴비의 원료로 사용하는 동·식물성 잔재물, 음식물류 폐기물, 유기성 오니, 폐식용유, 왕겨, 쌀겨 또는 초목류 등과 이들을 원료로 하여 생산된 퇴비는 「비료관리법」 제4조에 따라 설정·지정된 보통비료의 공정규격 또는 부산물비료의 규격을 충족하여야 한다.
- 가축의 먹이로 사용하고자 하는 경우 「사료관리법 시행규칙」 제30조에 따른 검정방법에 따라 검정을 한 결과가 「사료관리법」 제11조 제1항에 따른 사료공정 및 같은 법 제14조 제3항에 따른 유해물질의 범위 및 허용기준을 충족하여야 한다.
- 가축전염병이 발생하였거나 발생할 우려가 있어 농림축산식품부장관이 환경부장관에게 음식물류폐기물의 가축 먹이 사용금지를 요청한 경우에는 음식물류폐기물을 해당 가축의 먹이로 직접 생산(법 제29조 제2항에 따른 폐기물처리시설 설치승인을 받거나 설치신고를 한 폐기물처리시설에서 생산하는 경우는 제외한다)하여 사용해서는 안 된다. 이 경우 환경부장관은 금지 사실 및 금지 시작일을 관보에 고시하고, 필요한 경우 환경부 인터넷 홈페이지에 게시하거나 신문 또는 방송 등의 방법으로 알려야 한다.
- 제초작업으로 발생한 초본류는 제초한 곳에서 주변 지역의 환경오염이 없이 풋거름으로 재활용하거나 잡초를 덮어 잡초의 발생을 억제하기 위한 용도로 사용하여야 한다.

7) R-6 유형의 재활용 기준

① R-6-1 유형의 재활용 기준

- 재활용에 대한 구체적인 기준은 환경부장관이 별도로 정하여 고시한다.

② R-6-2 유형의 재활용 기준

- 녹화토를 생산하는 경우 가)에 따라 환경부장관이 고시하는 기준 중 부숙공정을 거쳐야 한다.
- 가공된 비탈면녹화토는 토양오염물질에 관한 공정시험기준 또는 국제적으로 통용되는 시험방법에 따라 시험한 결과가 다음의 기준을 충족하여야 한다.

- 수소이온농도(pH): 5.5 이상 8.0 이하
- 비소, 카드뮴, 구리, 납, 니켈, 불소, 6가크롬, 시안, 페놀, 수은, 아연 및 석유계총탄화수소: 「토양환경보전법 시행규칙」 별표 3에 따른 토양오염우려기준 이내

8) R-7 유형의 재활용 기준

① R-7-1 유형의 재활용 기준

- 지정폐기물이 아닌 폐기물을 인·허가된 건축·토목공사에 재활용하여야 하며, 저지대·연약지반 등에 이용할 때에는 시·도지사가 별도로 인정하는 경우만 해당한다.
- 석탄재·연탄재·점토점결 폐주물사·무기성오니 또는 생활폐기물 소각시설 바닥재를 재활용하는 경우에는 다음의 기준을 준수해야 한다.
  - 일반토사류나 건설폐재류를 재활용한 토사류를 부피기준으로 50퍼센트(생활폐기물 소각시설 바닥재의 경우 75퍼센트) 이상 혼합하여 사용해야 하며, 건설폐재류는 「건설폐기물의 재활용촉진에 관한 법률」 제35조에 따른 순환골재의 품질기준을 충족해야 한다.
  - 석탄재에 일반토사류나 건설폐재류를 재활용한 토사류를 혼합하여 사용하면 해당 건축·토목공사의 설계시공지침이나 도로공사표준시방서의 품질기준에 부적합하게 되는 경우에는 혼합하지 아니하거나, 그 혼합비율을 조정하여 사용할 수 있다.
- 무기성오니는 하수준설토(고형물 중 유기성 물질의 함량이 7퍼센트 이하인 것만 해당한다), 토기·자기·내화물·시멘트·콘크리트·석재품의 제조 및 가공시설, 수도사업용 정수시설, 비금속광물 분쇄시설(굴착을 포함한다), 토사세척시설, 또는 농업활동 과정에서 배출된 농업용 폐플라스틱 필름·시트류를 분리·세척하는 과정에서 발생하는 무기성오니 및 건설오니(건설공사의 세륜시설에서 발생하는 것만 해당한다)를 수분함량 70퍼센트 이하로 탈수·건조한 것만 재활용할 수 있다.
- 폐석재의 경우 석재가공과정이나 벤토나이트 제조공정에서 발생한 것만

재활용할 수 있다.

- 철강슬래그·석탄재는 「자원의 절약과 재활용촉진에 관한 법률」 제25조 제1항에 따른 지침을 준수하여 사용하여야 한다.
- 생활폐기물 소각시설 바닥재는 제2호 나목 2) 가) (5) (나)의 기준(염소화합물은 제외한다)을 충족하는 경우에만 재활용할 수 있다.
- 성토재 등(제14조의 5 제3항 제3호 각 목에 해당하는 골재를 사용하는 경우는 제외한다)으로 사용하는 기간 및 성토재 등의 매립 종료 후 2년(법 제48조에 따른 조치명령을 이행하기 위하여 소요된 기간은 제외한다)까지는 매분기별 1회 이상 침출수의 수질 및 인근 지역의 지하수 또는 해수의 수질 등을 측정(석탄재에 일반토사류 등을 50퍼센트 이상 혼합하여 사용하는 경우는 2018년 7월 21일부터 적용한다)하여 다음 연도 2월 말일까지 폐기물처리업의 허가기관 또는 폐기물처리 신고의 수리기관에 보고하여야 한다. 다만, 법 제13조의 3 제1항에 따라 재활용환경성평가를 받아 재활용하는 경우는 제외한다.

② R-7-2 **유형의 재활용 기준**

- R-7-1 유형의 재활용 기준을 준수하여 재활용하여야 한다.
- 공유수면은 바다만 해당하며, 매립면허를 받은 지역은 매립공사 준공인가를 받은 지역과 매립면허 또는 매립공사 준공인가를 받은 지역으로 둘러싸인 지역을 포함한다.
- 폐패각을 재활용하는 경우 최대 길이 20밀리미터 이하로 분쇄하고, 수분함량 70퍼센트 이하로 탈수·건조해야 하며, 일반토사류 등과 혼합하여 사용하는 경우에는 일반토사류 등의 비율이 부피기준으로 70퍼센트 이상이어야 한다.
- 폐석고·폐석회를 공유수면 매립면허를 받은 지역의 성토재로 사용하는 경우에는 선별·파쇄 등의 중간처리 후 일반토사류 등과 적절하게 혼합·중화하는 재활용 과정을 거쳐야 한다.
  - 혼합·중화하는 경우에는 지형 여건, 환경 위해성 여부, 공사 안전성 등을 종합적으로 고려하여 일반토사류 등과 섞어 사용하거나 일정 두께의

층별로 번갈아 사용하여야 한다.

- 일반토사류 등과 혼합하여 사용하는 경우에는 일반토사류 등의 비율을 부피기준으로 폐석회는 80퍼센트, 폐석고는 70퍼센트 이상으로 하여야 한다.
- 폐기물에 관한 공정시험기준에 따라 시험한 결과 재활용 대상 폐기물에 함유된 유해물질이 별표 1의 유해물질 함유기준 이내여야 한다.

• 공유수면의 성토재나 뒷채움재로 재활용한 지역의 최상층은 일반토사층으로 시공하여야 한다.

③ R-7-3 **유형의 재활용 기준**

• 폐기물매립시설의 복토재로 재활용하는 경우에는 다음의 기준을 준수하여 재활용하여야 한다.
  - 지정폐기물에 해당하지 않는 폐기물을 사용하여야 하며, R-7-1 유형의 재활용 기준을 준수하여 재활용하여야 한다.
  - 재활용 대상 폐기물 또는 일반토사와 혼합한 폐기물은 「토양환경보전법 시행규칙」 별표 3에 따른 토양오염우려기준 중 2지역의 기준을 충족하여야 한다.
  - 유기성 오니를 폐기물매립시설의 복토재로 재활용하는 경우에는 다음의 기준을 준수하여야 한다.

고화처리하여 재활용하여야 하며, 생산된 고화처리물은 폐기물 및 토양오염물질에 관한 공정시험기준 또는 한국산업표준(KS F 2322, KS F 2314)에 따라 시험한 결과 다음의 기준을 충족하여야 한다.

㉮ 수소이온농도(pH): 12.4 이하

㉯ 수분함량: 50퍼센트 이하

㉰ 투수계수: 1.0×10^{-7} cm/sec 이상 1.0×10^{-3} cm/sec 이하

㉱ 일축압축강도: 0.10 MPa 이상

㉲ 유해물질 함량: 「토양환경보전법 시행규칙」 별표 3에 따른 토양오염우려기준 중 2지역 기준 이내

그 밖에 복토재로의 재활용에 관한 구체적인 기준은 환경부장관이 정하여

고시한다.

- 보크사이트 잔재물을 폐기물매립시설의 복토재로 재활용하는 경우(최종 복토재로의 재활용은 제외한다)에는 다음의 기준을 준수하여야 한다.

  수소이온농도(pH)가 7.0 이상 10.0 이하가 되도록 중화하고 수분함량을 70퍼센트 이하로 탈수·건조한 후 재활용하여야 한다.

  일반토사류를 부피기준으로 50퍼센트 이상 혼합하여 사용하여야 한다.

  재활용하는 보크사이트 잔재물의 지정폐기물 해당 여부와 수소이온농도를 매월 1회 이상 측정하여 다음 연도의 2월 말일까지 해당 폐기물매립시설의 폐기물처리업 허가 기관 또는 폐기물매립시설 설치 승인·신고 기관에 보고하여야 한다.

- 바다와 인접한 폐기물매립시설에 폐석회, 폐석고를 복토재로 재활용하는 경우에는 다음의 기준을 준수하여야 한다.
  - 폐기물에 관한 공정시험기준에 따라 시험한 결과 재활용 대상 폐기물에 함유된 유해물질이 별표 1의 유해물질 함유기준 이내여야 한다.
  - 선별·파쇄 등의 중간 처리 후 다음의 기준에 따라 일반토사류 등과 혼합·중화하여 다지는 등의 적절한 재활용공정을 거쳐야 한다.

    혼합·중화방법은 지형 여건, 환경 위해성 여부, 공사안전성 등을 종합적으로 고려하여 일반토사류 등과 섞어 사용하여야 한다.

    일반토사류 등과 혼합사용하는 경우 일반토사류 등의 비율을 부피기준으로 폐석회의 경우 80퍼센트 이상, 폐석고의 경우 70퍼센트 이상으로 하여야 한다.

④ R-7-4 **유형의 재활용 기준**

- 재활용 대상 폐기물은 다음과 같다.
  - 석산에서 채석 시 또는 골재(「골재채취법 시행령」 제2조의 2 제6호에 따른 골재선별·파쇄업자가 생산하는 골재[바다골재는 제외한다]를 말한다)를 생산하는 과정에서 발생하는 석재·골재폐수처리오니 및 폐석분토사
  - 재가공공정에서 발생하는 석재·골재폐수처리오니, 폐석재 및 폐석분토사
  - 석재·골재폐수처리오니, 폐석재 및 폐석분토사를 재활용한 골재

- 사업장일반폐기물 중 석재·골재폐수처리오니, 폐석재 및 폐석분토사와 비슷한 용도로 재활용할 수 있도록 환경부장관이 재활용 기준 및 절차·방법을 정하여 고시하는 폐기물

- 재활용 대상 폐기물은 수분함량 30퍼센트 이하로 탈수·건조하여야 한다.
- 재활용 대상 폐기물에 함유된 유해물질이 별표 1의 유해물질 함유기준 이내여야 하며, 「토양환경보전법 시행규칙」 별표 3의 토양오염우려기준 중 임야에 적용되는 기준 이내이어야 한다.
- 재활용하는 과정에서 주변지역 오염방지 등을 위해 다음의 기준에 따라 반입폐기물 및 지하수, 지표수 등에 대한 유해물질 등의 분석을 실시하고, 그 결과를 다음 연도 2월 말일까지 폐기물처리업의 허가 기관 또는 폐기물처리 신고 기관과 「산지관리법」에 따른 해당 석산의 토석채취 허가 또는 신고 기관에 보고하고, 그 사본을 3년간 보관하여야 한다.
  - 재활용되는 폐기물은 분기마다 1회 이상 유해물질을 분석하여야 한다.
  - 재활용하는 기간에는 매분기별 1회, 재활용이 완료된 이후에는 5년간(법 제48조에 따른 조치명령을 이행하기 위하여 소요된 기간은 제외한다) 매분기별 1회 이상 침출수의 수질 및 주변지역의 지하수 및 지표 수질 등을 분석 또는 조사하여야 한다.
- 폐기물의 유해물질과 토양오염물질의 시료채취 및 분석은 폐기물 및 토양오염물질에 관한 공정시험기준에 따라 실시하여야 한다.
- 재활용하는 과정에서 재활용되는 폐기물이 흩날리지 않도록 살수(撒水) 등 필요한 조치를 하여야 한다.

⑤ R-7-5 유형의 재활용 기준

- 지하 매설관로 주변의 방식사로 재활용하는 경우에는 다음의 기준을 준수하여야 한다.
  - 재활용 대상 폐기물은 점토점결 폐주물사나 단일성분의 이산화탄소 주형에서 발생되는 폐주물사로서 하수도관, 가스관 및 전선관 등 지하매설관의 방식용으로만 재활용하여야 한다.
  - 재활용 대상 폐주물사는 토양오염물질에 관한 공정시험기준에 따라 시

험한 결과가 「토양환경보전법 시행규칙」 별표 3에서 정하는 지역별 토양 오염우려기준을 충족하여야 한다. 다만, 폐주물사를 재활용하려는 지역에 1지역, 2지역과 3지역이 혼재되어 있는 경우에는 토양오염우려기준이 가장 엄격한 지역의 기준을 충족하여야 한다.

- 옥외석유저장탱크의 하부 방식사로 재활용하는 경우 다음의 기준을 준수하여야 한다.
  - 재활용가능폐기물은 옥외 석유저장탱크의 하부에서 발생한 지정폐기물이 아닌 폐사에 한정한다.
  - 옥외석유저장탱크의 하부 방식사로만 재활용하여야 한다.

⑥ R-7-6 유형의 재활용 기준

- 농지에 성토재로 이용하는 경우에는 관할 시 · 도지사가 별도로 인정(아래의 경우는 제외한다)하는 경우에만 사용할 수 있으며, R-7-1에 따른 기준을 준수하여 재활용하여야 한다.
- 농업활동 과정에서 배출된 농업용 폐플라스틱 필름·시트류를 분리·세척하는 과정에서 발생하는 무기성오니를 농경지의 성토재로 재활용하는 경우에는 수분함량 70퍼센트 이하로 탈수·건조한 후 일반토사류를 부피기준으로 50퍼센트 이상 혼합하여 재활용하여야 한다.

9) R-8 유형의 재활용 기준

① R-8-1 유형의 재활용 기준

- 시멘트 보조연료로 사용할 때에는 제3조 제1항 제3호에 따른 폐기물로서, 다음의 기준에 적합한 폐기물만을 재활용하여 시멘트 품질을 안정적으로 유지하여야 한다.
  - 시멘트 소성로에서 보조연료로 재활용하는 폐기물은 「자원의 절약과 재활용촉진에 관한 법률 시행규칙」 제20조의 3 제3항에 따른 고형연료제품의 품질 시험·분석방법에 따라 시험한 결과(저위발열량 외의 항목은 건조된 상태를 기준으로 한다)가 다음의 기준에 적합하여야 한다.
    - · 납: 킬로그램당 200밀리그램 미만

· 구리: 킬로그램당 800밀리그램 미만

· 카드뮴: 킬로그램당 9밀리그램 미만

· 비소: 킬로그램당 13밀리그램 미만

· 수은: 킬로그램당 1.2밀리그램 미만

· 염소농도: 무게의 2퍼센트 미만

· 저위발열량: 킬로그램당 4,500킬로칼로리 이상

– 폐목재에 대하여는 다음의 기준을 적용한다.

· 납: 킬로그램당 30밀리그램 이하

· 구리: 킬로그램당 800밀리그램 미만

· 카드뮴: 킬로그램당 2.0밀리그램 이하

· 비소: 킬로그램당 2.0밀리그램 이하

· 수은: 킬로그램당 1.0밀리그램 이하

· 염소농도: 무게의 2퍼센트 이하

· 저위발열량: 킬로그램당 3,500킬로칼로리 이상

② R–8–2 유형의 재활용 기준

- 지정폐기물이 아닌 가연성 고형폐기물(폴리염화비닐[PVC]은 제외한다)만 재활용할 수 있다.

10) R-9 유형의 재활용 기준

① R–9–2 유형의 재활용 기준

- 폐유를 이용하여 유화방법으로 재활용하는 경우에는 다음의 기준에 따라 제조하여야 하며, 환경부장관은 유화정제연료유의 안정성을 측정하기 위한 시험 방법 등을 정하여 고시할 수 있다.
  - 정제연료유 등에 적당량의 물과 유화제(乳化劑) 등을 첨가 · 혼합하여 기계적 · 화학적 · 초음파 방법 등을 이용하여 유화시켜야 한다.
  - 유화정제연료유(약품정제 · 감압증류 · 열분해, 그 밖의 방법으로 정제된 정제연료유에 유화제 등을 더 넣어 유화시키거나 폐유 중 중금속 · 회분 및 슬러지 등을 제거한 후 유화제 등을 더 넣어 유화시킨 것을 말한다)는 안정성을 가

지고 균일한 유화상태로 30일 이상 유지되어야 한다.

– 유화정제연료유의 함수율은 부피비율로 15퍼센트 이하여야 한다.

- 폐유나 폐식용유를 이용하여 정제 연료유를 재활용하는 경우에는 다음의 기준에 따라 제조되어야 한다.

  – 재활용한 정제연료유는 폐기물에 관한 공정시험기준, 한국산업표준에 따른 시험방법 또는 대기오염물질에 관한 공정시험기준에 따른 시험결과가 다음의 기준에 적합하여야 한다.

    · 남은 탄소: 무게비율로 4퍼센트 이하(열분해방법이나 감압증류방법으로 재활용하는 경우에는 0.15퍼센트 이하)

    · 수분 및 침전물: 부피비율로 2.0퍼센트 이하(열분해방법이나 감압증류방법으로 재활용하는 경우에는 0.5퍼센트 이하, 유화정제연료유로 재활용하는 경우에는 15퍼센트 이하)

    · 회분: 무게비율로 1.0퍼센트 이하(열분해방법이나 감압증류방법으로 재활용하는 경우에는 0.05퍼센트 이하)

    · 황분: 무게비율로 0.55퍼센트 이하(열분해방법이나 감압증류방법으로 재활용하는 경우에는 0.2퍼센트 이하)

    · 카드뮴 및 그 화합물: 리터당 1밀리그램 이하

    · 납 및 그 화합물: 리터당 30밀리그램 이하(열분해방법이나 감압증류방법으로 재활용하는 경우에는 리터당 1밀리그램 이하)

    · 크롬 및 그 화합물: 리터당 5밀리그램 이하(열분해방법이나 감압증류방법으로 재활용하는 경우에는 리터당 1밀리그램 이하)

    · 비소 및 그 화합물: 리터당 2밀리그램 이하(열분해방법이나 감압증류방법으로 재활용하는 경우에는 리터당 1밀리그램 이하)

    · 인화점: 섭씨 40도 이상(열분해방법으로 재활용하는 경우에는 섭씨 30도 이상)

- 폐유나 폐유가 아닌 지정폐기물중 액체 상태이거나 유동성(流動性)이 있는 폐기물과 폐유의 혼합물을 열원(熱源)으로 사용할 수 있도록 균일화시켜 재생연료유로 재활용하는 경우에는 다음의 사항을 준수하여야 한다.

– 폐유가 아닌 지정폐기물 중 액체상태이거나 유동성이 있는 폐기물은 폐페인트 및 폐락커 혼합물, 할로겐족을 제외한 폐유기용제로 한정하며, 재생연료유는 다음의 용도로만 사용할 수 있다.

시멘트와 석고를 제조하기 위한 소성로에서 보조연료로 사용

소각시설에서 고온소각용으로 사용

– 재활용한 재생연료유는 폐기물에 관한 공정시험기준, 한국산업표준에 따른 시험방법 또는 대기오염물질에 관한 공정시험기준에 따른 시험결과가 다음의 기준에 적합하여야 한다.

· 저위(低位)발열량: 킬로그램당 3,500킬로칼로리 이상

· 황: 무게비율로 2.5퍼센트 이하

· 납 및 그 화합물: 킬로그램당 100밀리그램 이하

· 카드뮴 및 그 화합물: 킬로그램당 1밀리그램 이하

· 비소 및 그 화합물: 킬로그램당 2밀리그램 이하

· 크롬 및 그 화합물: 킬로그램당 50밀리그램 이하

· 수은 및 그 화합물: 킬로그램당 1.0밀리그램 이하

· 염소 및 그 화합물: 킬로그램당 2,000밀리그램 이하

- 폐식용유는 「석유 및 석유대체연료 사업법」에 따른 석유대체연료 중 바이오디젤(BD100) 또는 바이오디젤연료유(BD20)로 재활용할 수 있다. 이 경우 같은 법 제31조 제2항에 따라 고시된 바이오디젤(BD100) 또는 바이오디젤연료유(BD20)의 품질기준에 적합하여야 한다.

② R-9-3 유형의 재활용 기준

- 폐합성고분자화합물, 폐타이어 및 폐목재류 등을 이용하여 열분해 등의 방법으로 가스·유류 등을 제조하는 경우로 한정한다.
- 유류를 제조하는 경우 제조한 유류는 2) 가) (2) (가)에 따른 정제연료유의 기준에 적합하여야 한다.
- 폐철도목재받침목은 절단, 세척 등의 과정을 거쳐 가공된 것만 사용하여야 하며, 폐기물 및 토양오염물질에 관한 공정시험기준, 한국산업표준에 따른 시험방법 또는 국제적으로 통용되는 시험방법에 따라 시험한 결과 다음의

기준을 충족해야 한다.

- 벤조(a)안트라센: 킬로그램당 3.0밀리그램 미만
- 벤조(a)피렌: 킬로그램당 3.0밀리그램 미만
- 다이벤조(a,h)안트라센: 킬로그램당 3.0밀리그램 미만
- 기름성분: 중량비를 기준으로 0.35퍼센트 미만

- 음식물류폐기물은 열분해시설(가스화시설을 포함한다)을 거쳐 합성가스를 제조하는 경우로 한정한다.

③ R-9-5 유형의 재활용 기준

- 연료로 가공하여 사용할 수 있는 유기성 오니(지정폐기물, 분뇨 또는 가축분뇨 등의 생물학적 처리공정 전 단계에서 발생되는 오니류는 제외한다)는 다음의 시설에서 발생되는 것만 해당한다.
  - 「하수도법」 제2조 제9호에 따른 공공하수처리시설 또는 같은 조 제11호에 따른 분뇨처리시설
  - 「물환경보전법」 제2조 제12호에 따른 수질오염방지시설(같은 조 제10호의 폐수배출시설의 경우만 해당한다)
  - 「가축분뇨의 관리 및 이용에 관한 법률」 제2조 제9호에 따른 공공처리시설
- 유기성 오니, 커피찌꺼기 및 버섯폐배지의 저위발열량(「자원의 절약과 재활용촉진에 관한 법률 시행규칙」 제20조의 3 제3항에 따른 고형연료제품의 품질 시험·분석방법에 따라 시험한 결과를 말한다. 이하 같다)이 킬로그램당 3천 킬로칼로리 이상이어야 한다. 다만, 해당 유기성 오니에서 일부 에너지를 회수한 후 가공하는 경우에는 저위발열량이 킬로그램당 2천 킬로칼로리 이상이어야 한다.
- 연료로 제조하는 과정에서 지정폐기물 또는 폐합성고분자화합물 등과 혼합하여서는 안 된다. 다만, 원목 상태이거나 원목을 기계적으로 가공·처리한 상태의 것으로써 페인트, 기름, 방부제 등이 묻지 않은 폐목재를 가공하여 혼합할 수 있다.
- 가공된 연료는 다음의 구분에 따라 사용하여야 한다.

- 공공하수처리시설, 분뇨처리시설 또는 가축분뇨 공공처리시설에서 발생된 유기성 오니를 가공하여 제조한 연료: 화력발전소 또는 열병합발전소에서 사용해야 한다.
- 수질오염방지시설에서 발생된 유기성 오니를 가공하여 제조한 연료: 화력발전소 또는 열병합발전소에서 사용하되, 총 연료사용량의 0.5퍼센트 이내로 사용하여야 한다.

• 가공된 연료는 수분 함유량 10퍼센트 이하, 회분 함유량(건조된 상태 기준) 35퍼센트 이하, 황분 함유량(건조된 상태 기준) 2퍼센트 이하, 길이(원형인 경우에는 지름) 40밀리미터 이하여야 한다. 다만, 화력발전소에서 연료로 사용하는 경우에는 회분 함유량이 35퍼센트를 초과할 수 있다.

• 연료로 재활용하는 유기성 오니, 커피찌꺼기 및 버섯폐배지는 「자원의 절약과 재활용촉진에 관한 법률 시행규칙」 제20조의 3 제3항에 따른 고형연료제품의 품질 시험·분석방법에 따라 시험한 결과(건조된 상태를 기준으로 한다)가 다음의 기준에 적합해야 한다.
  - 수은: 킬로그램당 1.20밀리그램 이하
  - 카드뮴: 킬로그램당 0.0밀리그램 이하
  - 납: 킬로그램당 200.0밀리그램 이하
  - 비소: 킬로그램당 13.0밀리그램 이하

11) R-10 유형의 재활용 기준

• 별표 4의 3에 따른 폐기물의 종류별 재활용 가능 유형에 적합한 폐기물을 사용하여야 한다.

부록 2. 폐기물의 종류별 분류번호 및 재활용 가능 유형

1) 지정폐기물

분류번호	폐기물의 종류	재활용 유형	사전 분석·확인 필요 여부
01	**특정시설에서 발생하는 폐기물**		
01-01	폐합성고분자화합물		
01-01-01	폐폴리에틸렌	R-3-3, R-4-4, R-10	해당 없음
01-01-02	폐폴리프로필렌	R-3-3, R-4-4, R-10	해당 없음
01-01-03	폐폴리염화비닐수지	R-3-3, R-4-4, R-10	해당 없음
01-01-04	폐폴리에틸렌테레프탈레이트	R-3-3, R-4-4, R-10	해당 없음
01-01-05	폐페놀수지	R-3-3, R-4-4, R-10	해당 없음
01-01-06	폐폴리우레탄	R-3-3, R-4-4, R-10	해당 없음
01-01-07	폐합성고무	R-3-3, R-4-4, R-10	해당 없음
01-01-08	폐폴리스티렌	R-3-3, R-4-4, R-10	해당 없음
01-01-09	폐아크리로니트릴부타디엔스티렌(ABS수지)	R-3-3, R-4-4, R-10	해당 없음
01-01-99	그 밖의 폐합성고분자화합물	R-3-3, R-4-4, R-10	해당 없음
01-02	오니류		
01-02-01	폐수처리오니	R-3-1, R-3-2, R-3-3, R-4-1, R-10	해당 없음
01-02-02	유리식각공정오니	R-3-1, R-3-2, R-3-3, R-4-1, R-10	해당 없음
01-02-03	제지공정오니	R-3-1, R-3-2, R-3-3, R-10	해당 없음
01-02-04	실리콘제조공정오니	R-3-1, R-3-2, R-3-4, R-10	해당 없음
01-02-05	보크사이트잔재물	R-3-1, R-3-2, R-10	해당 없음
01-02-99	그 밖의 공정 오니	R-3-1, R-3-2, R-3-3,R-3-4, R-4-1, R-10	해당 없음
01-03	폐농약		
01-03-01	유기인계폐농약	재활용 금지	
01-03-02	유기염소계폐농약	재활용 금지	
01-03-03	카바메이트계(Carbamate)폐농약	재활용 금지	
01-03-99	그 밖의 폐농약	재활용 금지	
02	**부식성폐기물**		
02-01	폐산		

분류번호	폐기물의 종류	재활용 유형	사전 분석·확인 필요 여부
02-01-01	폐염산	R-2-1, R-3-2, R-3-4, R-4-7, R-10	해당 없음
		R-4-9, R-10	해당
02-01-02	폐황산(폐황산이 포함된 2차 폐축전지는 제외한다)	R-2-1, R-3-2, R-3-4, R-4-7, R-10	해당 없음
		R-4-9, R-5-1,R-10	해당
02-01-03	폐질산	R-2-1, R-3-2, R-3-4, R-4-7, R-10	해당 없음
		R-4-9, R-10	해당
02-01-05	LCD · 반도체 공정의 폐산	R-2-1, R-3-2, R-3-4, R-4-7, R-10	해당 없음
		R-4-9, R-10	해당
02-01-06	폐황산이 포함된 2차폐축전지	R-2-1, R-3-2, R-3-4, R-4-7, R-10	해당 없음
		R-4-9, R-5-1,R-10	해당
02-01-99	그 밖의 폐산	R-2-1, R-3-2, R-3-4, R-4-7, R-10	해당 없음
		R-4-9, R-10	해당
02-02	폐알칼리		
02-02-01	폐가성소다수	R-2-1, R-3-2, R-3-4, R-10	해당 없음
		R-4-9, R-10	해당
02-02-02	폐암모니아수	R-2-1, R-3-2, R-3-4, R-10	해당 없음
		R-4-9, R-10	해당
02-02-03	폐수산화나트륨(고상)	R-2-1, R-3-2, R-3-4, R-10	해당 없음
		R-4-9, R-10	해당
02-02-04	폐수산화칼륨(고상)	R-2-1, R-3-2, R-3-4, R-10	해당 없음
		R-4-9, R-10	해당
02-02-99	그 밖의 폐알칼리	R-2-1, R-3-2, R-3-4, R-10	해당 없음
		R-4-9, R-10	해당
03	**유해물질 함유 폐기물**		
03-01	광재		
03-01-01	알루미늄제조공정광재	R-3-1, R-3-2, R-10	해당 없음
03-01-02	납 열처리·야금(冶金) 공정광재	R-3-1, R-3-2, R-10	해당 없음
03-01-03	아연열처리공정광재	R-3-1, R-3-2, R-10	해당 없음

분류번호	폐기물의 종류	재활용 유형	사전 분석·확인 필요 여부
03-01-04	철제조공정광재(철광 원석의 사용으로 인한 고로슬래그는 제외한다)	R-3-1, R-3-2, R-10	해당 없음
03-01-99	그 밖의 광재	R-3-1, R-3-2, R-10	해당 없음
03-02-00	분진	R-3-1, R-3-2, R-3-3,R-3-4, R-10	해당 없음
03-03	폐주물사 및 폐사		
03-03-01	점토점결폐주물사	R-1-1, R-3-5, R-4-1, R-10	해당 없음
03-03-02	화학점결폐주물사	R-1-1, R-3-5, R-4-1, R-10	해당 없음
03-03-03	샌드블라스트폐사	R-1-1	해당 없음
03-03-99	그 밖의 폐주물사 및 폐사	R-1-1, R-3-5, R-4-1, R-10	해당 없음
03-07	폐촉매		
03-07-01	금속성폐촉매	R-2-1, R-3-1, R-3-2, R-3-3, R-3-4, R-4-7, R-10	해당 없음
03-07-02	비금속성폐촉매	R-2-1, R-3-2, R-3-4, R-4-7, R-10	해당 없음
03-08	폐흡착제 및 폐흡수제		
03-08-01	폐흡착제	R-2-1, R-3-1, R-3-2, R-3-4, R-4-5, R-10	해당 없음
03-08-02	폐흡수제	R-2-1, R-3-1, R-3-2, R-3-4, R-4-5, R-10	해당 없음
04	**폐유기용제**		
04-01-00	할로겐족 폐유기용제	R-2-1, R-3-2, R-4-6, R-10	해당 없음
04-02-00	그 밖의 폐유기용제	R-2-1, R-3-2, R-4-6, R-9-2, R-10	해당 없음
05	**폐페인트 및 폐락카**		
05-01-00	폐유성페인트	R-2-1, R-9-2, R-10	해당 없음
		R-3-2, R-4-6, R-4-7, R-10	해당
05-02-00	폐수성페인트	R-2-1, R-3-2, R-4-7, R-10	해당 없음
05-03-00	폐락카	R-2-1, R-9-2, R-10	해당 없음
		R-3-2, R-4-6, R-4-7, R-10	해당

분류번호	폐기물의 종류	재활용 유형	사전 분석·확인 필요 여부
06	**폐유**		
06-01	폐광물유		
06-01-01	폐윤활유(「자원의 절약과 재활용촉진에 관한 법률 시행령」 제18조에 따른 재활용 의무 대상 제품·포장재인 기어유 및 내연기관용 윤활유를 말한다)	R-3-3, R-4-6, R-9-2, R-10	해당 없음
06-01-02	폐연마유·비수용성폐절삭유·폐열처리유(금속가공과정에서 발생된 것을 말한다)	R-3-1, R-3-2, R-4-6, R-9-2, R-10	해당 없음
06-01-03	폐기계유·폐작동유(공업용 기예유·냉동기유·터어빈유·베어링윤활유·압축기유·유압작동유·열매체유 및 프로세스유 등을 말한다)	R-3-1, R-3-2, R-4-6, R-9-2, R-10	해당 없음
06-01-04	폐연료유	R-4-6, R-9-2, R-10	해당 없음
06-01-05	폐오일필터	R-3-1, R-3-2, R-9-2, R-10	해당 없음
06-01-06	기름 함유 폐전선·폐케이블	R-3-1, R-3-2, R-4-6, R-9-2, R-10	해당 없음
06-01-07	폐절연유(폴리클로로리네이티드비페닐 함유 폐기물을 제외한다)	R-3-1, R-3-2, R-4-6, R-9-2, R-10	해당 없음
06-01-99	그 밖의 폐광물유(아스팔트유·그리스[grease]·방청유 및 수용성절삭유, 20퍼센트 이상의 이물질이 함유된 폐유, 고체상태의 폐유 등을 말한다)	R-3-1, R-3-2, R-4-6, R-9-2, R-10	해당 없음
06-02-00	폐동식물유	R-9-2, R-10	
06-03-00	그 밖의 폐유	R-2-1, R-4-6, R-9-2, R-10	해당 없음
07	**폐석면**		
07-01	제품·설비(뿜칠로 사용된 것을 포함한다) 등의 해체·제거 시 발생되는 폐석면		
07-01-01	흩날릴 우려가 없는 폐석면	재활용 금지	
07-01-02	흩날릴 우려가 있는 폐석면	재활용 금지	
07-02-00	석면제품 등의 연마·절단·가공 공정에서 발생된 부스러기 및 연마·절단·가공 시설의 집진기에서 모아진 분진	재활용 금지	
07-03-00	석면의 제거작업에 사용된 모든 바닥비닐시트·방진마스크·작업복, 집진필터 등	재활용 금지	
08	**폴리클로로리네이티드비페닐 함유 폐기물**		
08-01-00	폴리클로로리네이티드비페닐 함유 폐유	재활용 금지	

분류번호	폐기물의 종류	재활용 유형	사전 분석·확인 필요 여부
08-02-00	폴리클로리네이티드비페닐 함유 폐유기용제	재활용 금지	
08-03-00	그 밖의 폴리클로리네이티드비페닐을 함유한 액상의 것	재활용 금지	
08-04-00	그 밖의 폴리클로리네이티드비페닐을 함유한 액상이 아닌 것	재활용 금지	
09	**폐유독물질**		
09-01-00	「화학물질관리법」 제2조제5호에 따른 금지물질	재활용 금지	
09-02-00	연구 · 검사용 폐시약	재활용 금지	
09-03-00	그 밖의 폐유독물질	R-2-1, R-3-2, R-3-3, R-10	해당 없음
10	**의료폐기물**		
10-11-00	격리의료폐기물	재활용 금지	
10-12	위해의료폐기물	재활용 금지	
10-12-01	조직물류폐기물(태반을 재활용하는 경우는 제외한다)	재활용 금지	
10-12-02	병리계폐기물	재활용 금지	
10-12-03	손상성폐기물	재활용 금지	
10-12-04	생물 · 화학폐기물	재활용 금지	
10-12-05	혈액오염폐기물	재활용 금지	
10-12-06	인체조직물 중 태반(재활용하는 경우에만 해당한다)	R-4-10	해당 없음
10-13-00	일반의료폐기물	재활용 금지	
11	**수은폐기물**		
11-01	수은함유폐기물		
11-01-01	수은 첨가 폐램프	R-3-3, R-4-1, R-10	해당 없음
11-01-02	수은 첨가 폐계측기기	R-3-3, R-4-1, R-10	해당 없음
11-01-03	수은 첨가 폐전지	R-3-3, R-4-1, R-10	해당 없음
11-01-99	그 밖의 환경부장관이 고시하는 폐제품	R-3-3, R-4-1, R-10	해당 없음
11-02-00	수은구성폐기물	R-4-7	해당 없음
11-03-00	수은함유폐기물 처리잔재물	R-3-1, R-3-2, R-3-3, R-10	해당 없음

2) 사업장 일반폐기물

분류번호	폐기물의 종류	재활용 유형	사전 분석·확인 필요 여부
51-01	유기성오니류		
51-01-01	정수처리오니	R-3-1, R-3-2, R-3-4, R-9-3, R-9-4, R-10	해당 없음
		R-4-2, R-5-1, R-5-4, R-7-3, R-8-2, R-10	해당
51-01-02	하수처리오니	R-3-1, R-3-2, R-3-4, R-4-9, R-9-3, R-9-4, R-10	해당 없음
		R-4-2, R-5-1, R-5-4, R-6-1, R-6-2, R-7-3, R-8-2, R-9-5, R-10	해당
51-01-03	분뇨처리오니	R-3-1, R-3-2, R-3-4, R-9-3, R-9-4, R-10	해당 없음
		R-4-2, R-5-1, R-5-4, R-6-1, R-6-2, R-7-3, R-8-2, R-9-5, R-10	해당
51-01-04	가축분뇨처리오니	R-3-1, R-3-2, R-3-4, R-9-3, R-9-4, R-10	해당 없음
		R-4-2, R-5-1, R-5-4, R-6-1, R-6-2, R-7-3, R-8-2, R-9-5, R-10	해당
51-01-05	펄프·제지공정오니	R-3-1, R-3-2, R-3-3, R-3-4, R-4-3, R-9-3, R-9-4, R-10	해당 없음
		R-3-5, R-4-2, R-5-1, R-5-4, R-6-1, R-7-3, R-8-2, R-10	해당
51-01-06	그 밖의 공정오니	R-3-1, R-3-2, R-3-4, R-9-3, R-9-4, R-10	해당 없음
		R-4-2, R-5-1, R-5-2, R-5-4, R-6-1, R-7-3, R-8-2, R-10	해당
51-01-07	펄프·제지폐수처리오니	R-3-1, R-3-2, R-3-3,R-3-4, R-4-3, R-9-3, R-9-4, R-10	해당 없음
		R-3-5, R-4-2, R-5-1,R-5-4, R-6-1, R-7-3, R-8-2, R-9-5, R-10	해당

<table>
<tr><th>분류번호</th><th>폐기물의 종류</th><th>재활용 유형</th><th>사전 분석·확인 필요 여부</th></tr>
<tr><td rowspan="2">51-01-08</td><td rowspan="2">그 밖의 폐수처리오니</td><td>R-3-1, R-3-2, R-3-4, R-9-3, R-9-4, R-10</td><td>해당 없음</td></tr>
<tr><td>R-4-2, R-5-1, R-5-4, R-6-1, R-7-3, R-8-2, R-9-5, R-10</td><td>해당</td></tr>
<tr><td rowspan="2">51-01-99</td><td rowspan="2">그 밖의 유기성오니</td><td>R-3-1, R-3-2, R-3-4, R-9-3, R-9-4, R-10</td><td>해당 없음</td></tr>
<tr><td>R-4-2, R-5-1, R-5-4, R-6-1, R-7-3, R-8-2, R-10</td><td>해당</td></tr>
<tr><td>51-02</td><td colspan="3">무기성오니류</td></tr>
<tr><td rowspan="2">51-02-01</td><td rowspan="2">폐수처리오니</td><td>R-3-1, R-3-2, R-3-3, R-3-4, R-4-1, R-10</td><td>해당 없음</td></tr>
<tr><td>R-4-2, R-10</td><td>해당</td></tr>
<tr><td>51-02-02</td><td>정수처리오니</td><td>R-4-2, R-7-1, R-7-2, R-7-3, R-7-6, R-10</td><td>해당</td></tr>
<tr><td rowspan="2">51-02-03</td><td rowspan="2">하수처리오니</td><td>R-4-9, R-10</td><td>해당 없음</td></tr>
<tr><td>R-4-2, R-10</td><td>해당</td></tr>
<tr><td>51-02-04</td><td>하수준설토</td><td>R-4-2, R-7-1, R-7-2, R-7-3, R-7-6, R-10</td><td>해당</td></tr>
<tr><td>51-02-05</td><td>건설오니</td><td>R-4-2, R-7-1, R-7-2, R-7-3, R-7-6, R-10</td><td>해당</td></tr>
<tr><td>51-02-06</td><td>석재·골재폐수처리오니(석재·골재 생산 시 발생한 폐수를 처리하는 과정에서 발생한 오니로 한정한다)</td><td>R-4-2, R-7-1, R-7-2, R-7-3, R-7-4, R-7-6, R-10</td><td>해당</td></tr>
<tr><td rowspan="2">51-02-07</td><td rowspan="2">유리식각공정오니</td><td>R-3-1, R-3-2, R-3-3,R-3-4, R-10</td><td>해당 없음</td></tr>
<tr><td>R-4-2, R-10</td><td>해당</td></tr>
<tr><td rowspan="2">51-02-08</td><td rowspan="2">실리콘공정오니</td><td>R-3-1, R-3-2, R-3-4, R-10</td><td>해당 없음</td></tr>
<tr><td>R-4-2, R-10</td><td>해당</td></tr>
<tr><td rowspan="2">51-02-09</td><td rowspan="2">보크사이트 잔재물</td><td>R-3-1, R-3-2, R-4-7, R-10</td><td>해당 없음</td></tr>
<tr><td>R-4-2, R-7-3, R-10</td><td>해당</td></tr>
<tr><td>51-02-10</td><td>영농폐기물(농업활동 과정에서 배출된 농업용 폐플라스틱 필름·시트류에 한정한다) 폐수처리오니</td><td>R-4-2, R-7-1, R-7-2, R-7-3, R-7-6, R-10</td><td>해당</td></tr>
</table>

분류번호	폐기물의 종류	재활용 유형	사전 분석·확인 필요 여부
51-02-11	영농폐기물(농업활동 과정에서 배출된 농업용 폐플라스틱 필름·시트류에 한정한다) 공정오니	R-4-2, R-7-1, R-7-2, R-7-3, R-7-6, R-10	해당
51-02-19	그 밖의 공정오니	R-3-1, R-3-2, R-3-3, R-3-4, R-10	해당 없음
		R-4-2, R-10	해당
51-02-99	그 밖의 무기성오니	R-3-1, R-3-2, R-3-3, R-3-4, R-10	해당 없음
		R-4-2, R-7-1, R-7-2, R-7-3, R-7-6, R-10	해당
51-03	폐합성고분자화합물		
51-03-01	폐합성수지류(폐염화비닐수지류는 제외한다)	R-1, R-2, R-3-2, R-3-3, R-3-4, R-4-4, R-9-3, R-10	해당 없음
		R-8-1, R-8-2, R-9-1, R-10	해당
51-03-02	폐합성고무류	R-1-1, R-2-1, R-3-3, R-3-4,R-4-4, R-9-3, R-10	해당 없음
		R-8-1, R-8-2, R-9-1, R-10	해당
51-03-03	폐폴리염화비닐수지류	R-1-1, R-2-1, R-3-3, R-4-4, R-10	해당 없음
		R-8-1, R-9-1, R-10	해당
51-03-04	폐폴리우레탄폼류	R-1-1, R-2-1, R-3-3, R-4-4, R-9-3, R-10	해당 없음
		R-8-1, R-8-2, R-9-1, R-10	해당
51-03-05	양식용폐부자	R-1, R-2, R-3-3, R-4-4, R-9-3, R-10	해당 없음
		R-8-1, R-8-2, R-9-1, R-10	해당
51-03-06	폐발포합성수지	R-1-1, R-2-1, R-3-3, R-3-4,R-4-4, R-9-3, R-10	해당 없음
		R-8-1, R-8-2, R-9-1, R-10	해당

분류번호	폐기물의 종류	재활용 유형	사전 분석·확인 필요 여부
51-03-07	플라스틱폐포장재	R-1, R-2, R-3-3, R-3-4,R-4-4, R-9-3, R-10	해당 없음
		R-3-5, R-8-1, R-8-2, R-9-1, R-10	해당
51-03-08	폐어망	R-1, R-2, R-3-3, R-4-4, R-9-3, R-9-1, R-10	해당 없음
		R-8-1, R-8-2, R-10	해당
51-03-99	그 밖의 폐합성고분자화합물(합성수지류로 피복된 폐전선을 포함한다)	R-1, R-2, R-3-1, R-3-3, R-3-4, R-4-4, R-9-3, R-10	해당 없음
		R-8-2, R-10	해당
51-04	광재류		
51-04-01	고로슬래그	R-3-1, R-3-2, R-3-3, R-3-4, R-4-7, R-10	해당 없음
		R-3-5, R-4-2, R-5-1, R-7-1, R-7-2, R-7-3, R-7-6, R-10	해당
51-04-02	제강슬래그	R-3-1, R-3-2, R-3-3, R-3-4, R-4-7, R-10	해당 없음
		R-3-5, R-4-2, R-5-1, R-7-1, R-7-2, R-7-3, R-7-6, R-10	해당
51-04-03	비철금속제련공정광재	R-3-1, R-3-2, R-3-3,R-3-4, R-4-7, R-10	해당 없음
		R-3-5, R-4-2, R-7-1, R-7-2, R-7-3, R-7-6, R-10	해당
51-04-04	선광공정광재	R-3-1, R-3-2, R-3-3,R-3-4, R-4-7, R-10	해당 없음
		R-3-5, R-4-2, R-7-1, R-7-2, R-7-3, R-7-6, R-10	해당
51-04-99	그 밖의 광재류	R-3-1, R-3-2, R-3-3, R-3-4, R-4-7, R-10	해당 없음
		R-3-5, R-4-2, R-7-1, R-7-2, R-7-3, R-7-6, R-10	해당

분류번호	폐기물의 종류	재활용 유형	사전 분석·확인 필요 여부
51-05	분진류 (대기오염방지시설에서 포집된 것으로 한정하되, 소각시설에서 발생하는 것은 제외한다)		
51-05-01	제철공정분진	R-3-1, R-3-2, R-3-3, R-3-4, R-4-1, R-10	해당 없음
		R-4-2, R-7-3, R-8-1,R-10	해당
51-05-02	시멘트제조공정분진	R-3-4, R-10	해당 없음
		R-4-2, R-7-3, R-10	해당
51-05-03	발전시설분진	R-3-4, R-10	해당 없음
		R-4-2, R-7-3, R-10	해당
51-05-04	폐실리카 퓸(규소철 제조과정에서 발생된 분진을 말한다)	R-3-4, R-10	해당 없음
		R-4-2, R-7-3, R-10	해당
51-05-99	그 밖의 분진	R-3-1, R-3-2, R-3-3, R-3-4, R-10	해당 없음
		R-4-2, R-7-1, R-7-2, R-7-3, R-7-6, R-8-1, R-10	해당
51-06	폐주물사 및 폐사		
51-06-01	점토점결폐주물사	R-1-1, R-4-1	해당 없음
		R-3-5, R-4-2, R-7-1, R-7-2, R-7-3, R-7-5, R-7-6, R-10	해당
51-06-02	화학점결폐주물사	R-1-1, R-4-1	해당 없음
		R-3-5, R-4-2, R-7-5,R-10	해당
51-06-03	샌드블라스트폐사	R-1-1, R-3-1, R-3-2, R-10	해당 없음
		R-3-5, R-4-2, R-10	해당
51-06-04	폐여과사	R-1-2	해당 없음
		R-2-2, R-4-2, R-10	해당
51-06-99	그 밖의 폐사	R-1-1, R-3-1, R-3-2, R-7-5, R-10	해당 없음
		R-4-2, R-10	해당
51-07	폐내화물 및 도자기 조각		
51-07-01	폐내화물	R-3-1, R-3-2, R-10	해당 없음
		R-4-2, R-7-1, R-7-2, R-7-3, R-7-6, R-10	해당

분류번호	폐기물의 종류	재활용 유형	사전 분석·확인 필요 여부
51-07-02	폐도자기조각	R-4-2, R-7-1, R-7-2, R-7-3, R-7-6, R-10	해당
51-08	소각재		
51-08-01	생활폐기물 소각시설 비산재	R-3-3, R-3-4, R-10	해당 없음
		R-4-2, R-10	해당
51-08-02	사업장폐기물 소각시설 비산재	R-3-3, R-3-4, R-4-9, R-10	해당 없음
		R-4-2, R-10	해당
51-08-03	생활폐기물 소각시설 바닥재	R-3-3, R-3-4, R-10	해당 없음
		R-4-2, R-7-1, R-7-3, R-10	해당
51-08-04	사업장폐기물 소각시설 바닥재	R-3-3, R-3-4, R-4-9, R-10	해당 없음
		R-4-2, R-10	해당
51-08-05	생활폐기물 소각시설 소각재(바닥재와 비산재가 혼합된 경우를 말한다)	R-3-3, R-3-4, R-10	해당 없음
		R-4-2, R-10	해당
51-08-06	사업장폐기물 소각시설 소각재(바닥재와 비산재가 혼합된 경우를 말한다)	R-3-3, R-3-4, R-4-9, R-10	해당 없음
		R-4-2, R-10	해당
51-09	안정화 또는 고형화 · 고화 처리물		
51-09-01	안정화 처리물	R-3-4, R-10	해당 없음
		R-4-2, R-10	해당
51-09-02	시멘트고형화 처리물	R-3-4, R-10	해당 없음
		R-4-2, R-10	해당
51-09-03	고화 처리물	R-3-4, R-10	해당 없음
		R-4-2, R-7-3, R-10	해당
51-09-04	킬레이트(Chelate)처리물	R-3-4, R-10	해당 없음
		R-4-2, R-7-3, R-10	해당
51-09-99	그 밖의 고형화·고화 처리물	R-3-4, R-10	해당 없음
		R-4-2, R-10	해당
51-10	폐촉매		
51-10-01	금속성폐촉매	R-1-1, R-2-1, R-3-1, R-3-2, R-3-3, R-4-1, R-10	해당 없음
51-10-02	폐이온교환수지	R-1-1, R-2-1, R-3-1, R-3-2, R-3-3, R-3-4, R-4-4, R-10	해당 없음
		R-4-2, R-10	해당

분류번호	폐기물의 종류	재활용 유형	사전 분석·확인 필요 여부
51-10-03	폐멤브레인수지	R-1-1, R-2-1, R-3-1, R-3-2, R-3-3, R-3-4, R-4-4, R-10	해당 없음
		R-4-2, R-10	해당
51-10-99	그 밖의 폐촉매	R-1-1, R-3-1, R-3-2, R-3-4, R-4-1, R-4-7, R-10	해당 없음
		R-4-2, R-10	해당
51-11	폐흡착제 및 폐흡수제		
51-11-01	폐흡착제	R-1-1, R-3-1, R-3-2, R-3-4, R-4-5, R-10	해당 없음
		R-4-2, R-10	해당
51-11-02	폐흡수제	R-1-1, R-3-1, R-3-2, R-3-4, R-4-5, R-10	해당 없음
		R-4-2, R-10	해당
51-11-03	폐활성탄	R-1-1, R-3-4, R-4-5, R-10	해당 없음
		R-3-5, R-4-2, R-8-2, R-10	해당
51-12	폐석고 및 폐석회		
51-12-01	폐석고	R-1-1, R-3-2, R-3-3, R-3-4	해당 없음
		R-4-2, R-5-1, R-7-2, R-7-3, R-10	해당
51-12-02	폐석회	R-1-1	해당 없음
		R-3-3, R-4-2, R-5-1, R-7-2, R-7-3, R-10	해당
51-13	연소잔재물		
51-13-01	연탄재	R-4-2, R-7-1, R-7-2, R-7-3, R-7-6, R-10	해당
51-13-02	액체연료연소재	R-4-5, R-10	해당 없음
		R-4-2, R-8-2, R-10	해당
51-13-03	석탄재	R-3-2, R-3-3, R-3-4, R-4-7, R-10	해당 없음
		R-4-2, R-5-1, R-7-1, R-7-2, R-7-3, R-7-6, R-10	해당

<table>
<tr><th>분류번호</th><th>폐기물의 종류</th><th>재활용 유형</th><th>사전 분석·확인 필요 여부</th></tr>
<tr><td rowspan="2">51-13-99</td><td rowspan="2">그 밖의 연소잔재물</td><td>R-3-1, R-3-2, R-4-7, R-10</td><td>해당 없음</td></tr>
<tr><td>R-4-2, R-7-1, R-7-2, R-10</td><td>해당</td></tr>
<tr><td>51-14</td><td colspan="3">폐석재류</td></tr>
<tr><td>51-14-01</td><td>폐석분토사(석재 · 골재생산 과정에서 발생한 응집 미립분을 포함한다)</td><td>R-4-2, R-7-1, R-7-2, R-7-3, R-7-4, R-7-6, R-10</td><td>해당</td></tr>
<tr><td rowspan="2">51-14-02</td><td rowspan="2">폐석재</td><td>R-1-1, R-2-1</td><td>해당 없음</td></tr>
<tr><td>R-4-2, R-7-1, R-7-2, R-7-3, R-7-4, R-7-6, R-10</td><td>해당</td></tr>
<tr><td>51-15</td><td colspan="3">폐타이어(「자원의 절약과 재활용촉진에 관한 법률 시행령」 제18조 제5호에 해당하는 것을 말한다)</td></tr>
<tr><td rowspan="2">51-15-01</td><td rowspan="2">자동차 폐타이어</td><td>R-1-2, R-2-1, R-2-2, R-3-3, R-3-4, R-4-4, R-4-5, R-9-1, R-9-3, R-10</td><td>해당 없음</td></tr>
<tr><td>R-4-2, R-8-1, R-8-2, R-10</td><td>해당</td></tr>
<tr><td rowspan="2">51-15-02</td><td rowspan="2">그 밖의 폐타이어</td><td>R-1-2, R-2-1, R-2-2, R-3-3, R-3-4, R-4-4, R-4-5, R-9-1, R-9-3, R-10</td><td>해당 없음</td></tr>
<tr><td>R-4-2, R-8-1, R-8-2, R-10</td><td>해당</td></tr>
<tr><td rowspan="2">51-16-00</td><td rowspan="2">폐식용유(식용을 목적으로 식품 재료와 원료를 제조·조리·가공하거나 식용유를 유통·사용 또는 음식물류 폐기물을 처리하는 과정에서 발생하는 기름을 말한다)</td><td>R-4-8, R-9-2, R-9-4, R-10</td><td>해당 없음</td></tr>
<tr><td>R-5-1, R-5-2, R-5-4, R-10</td><td>해당</td></tr>
<tr><td>51-17</td><td colspan="3">동·식물성잔재물(식료품 및 음료제조업 등에서 발생하는 잔재물을 포함하며, 음식물류 폐기물은 제외한다)</td></tr>
<tr><td rowspan="2">51-17-01</td><td rowspan="2">동물사체</td><td>R-4-8, R-9-4, R-10</td><td>해당 없음</td></tr>
<tr><td>R-5-1, R-5-2, R-5-4, R-10</td><td>해당</td></tr>
<tr><td rowspan="2">51-17-02</td><td rowspan="2">축산물가공잔재물(동물성 유지류는 제외한다)</td><td>R-3-4, R-4-8, R-9-4, R-4-2, R-10</td><td>해당 없음</td></tr>
<tr><td>R-5-1, R-5-2, R-5-4, R-10</td><td>해당</td></tr>
</table>

분류번호	폐기물의 종류	재활용 유형	사전 분석·확인 필요 여부
51-17-03	수산물가공잔재물	R-3-4, R-4-8, R-9-4, R-10	해당 없음
		R-5-1, R-5-2, R-5-4, R-10	해당
51-17-04	폐패각	R-1-2, R-2-2, R-3-4, R-4-7, R-10	해당 없음
		R-4-2, R-5-1, R-5-2, R-5-4, R-7-2, R-10	해당
51-17-05	폐모피류	R-1-1, R-2-1, R-4-8,R-10	해당 없음
		R-5-1, R-5-2, R-5-4, R-10	해당
51-17-06	피혁 및 피혁가공잔재물	R-1-1, R-2-1, R-2-2, R-3-4, R-4-8, R-9-4, R-10	해당 없음
		R-5-1, R-5-2, R-5-4, R-10	해당
51-17-07	동물털	R-2-1, R-4-8, R-10	해당 없음
		R-5-1, R-5-2, R-10	해당
51-17-08	동물성유지류	R-4-8, R-9-4, R-10	해당 없음
		R-5-1, R-5-2, R-5-4, R-10	해당
51-17-19	그 밖의 동물성잔재물	R-4-8, R-9-4, R-10	해당 없음
		R-5-1, R-5-2, R-5-4, R-10	해당
51-17-21	주정박	R-5-3, R-9-1, R-9-3,R-10	해당 없음
		R-5-1, R-5-2, R-5-4, R-10	해당
51-17-22	맥주박	R-5-3, R-9-1, R-9-3, R-10	해당 없음
		R-5-1, R-5-2, R-5-4, R-10	해당
51-17-23	유박유잔재물	R-5-3, R-9-1, R-9-3,R-10	해당 없음
		R-5-1, R-5-2, R-5-4, R-10	해당

분류번호	폐기물의 종류	재활용 유형	사전 분석·확인 필요 여부
51-17-24	초본류	R-1-2, R-5-3, R-6-1, R-9-1, R-9-3, R-10	해당 없음
		R-5-1, R-5-2, R-5-4, R-8-2, R-10	해당
51-17-25	커피찌꺼기	R-4-5, R-4-8, R-5-1, R-5-2, R-5-3, R-9-3, R-9-4, R-10	해당 없음
		R-2-2, R-4-2, R-5-4, R-6-1, R-8-2, R-9-1, R-9-5, R-10	해당
51-17-26	버섯폐배지	R-4-8, R-5-1, R-5-2, R-9-3, R-9-4, R-10	해당 없음
		R-5-4, R-6-1, R-8-2, R-9-1, R-9-5, R-10	해당
51-17-29	그 밖의 식물성잔재물	R-5-3, R-9-1, R-9-3, R-9-4, R-10	해당 없음
		R-4-5, R-5-1, R-5-2, R-5-4, R-6-1, R-8-2, R-10	해당
51-17-99	그 밖의 동 · 식물성잔재물	R-4-8, R-5-3, R-9-1, R-9-3, R-9-4, R-10	해당 없음
		R-4-2, R-5-1, R-5-2, R-5-4, R-8-2, R-10	해당
51-18	폐전기전자제품류		
51-18-01	가정용폐전기전자제품	R-1-1, R-2-1, R-3-1, R-3-2, R-3-3, R-10	해당 없음
51-18-02	산업용폐전기전자제품	R-1-1, R-2-1, R-3-1, R-3-2, R-3-3, R-10	해당 없음
51-18-03	프린트토너 및 폐카트리지 폐부속품	R-1-1, R-2-1, R-3-1, R-3-2, R-3-3, R-10	해당 없음
51-18-99	그 밖의 폐전기전자제품류	R-1-1, R-2-1, R-3-1, R-3-2, R-3-3, R-10	해당 없음
51-19-00	왕겨 및 쌀겨	R-1-2, R-4-5, R-5-3, R-6-1, R-8-2, R-9-1, R-9-3, R-10	해당 없음
		R-4-2, R-5-1, R-5-2, R-5-4, R-10	해당
51-20	폐목재류(원목의 용도 그대로 사용하는 나무뿌리 · 가지 등을 제거한 원줄기는 제외한다)		

분류번호	폐기물의 종류	재활용 유형	사전 분석·확인 필요 여부
51-20-21	임목폐목재(건설공사 · 산지개간 등의 과정에서 발생된 나무뿌리 · 가지 · 줄기 등을 말한다)	R-1-1, R-3-4, R-4-2, R-4-3, R-4-5, R-5-1, R-5-2, R-5-3, R-8-1, R-8-2, R-9-1, R-9-3, R-9-5, R-10	해당
51-20-22	제재부산물(원목 가공과정에서 발생되는 나무 껍질 · 톱밥 · 대패밥 등을 말한다), 목재가공공장 부산물(원목상태의 깨끗한 목재부산물 및 분진을 말한다)	R-1-1, R-1-2, R-3-4, R-4-2, R-4-3, R-4-5, R-5-1, R-5-2, R-5-3, R-6-1, R-8-1, R-8-2, R-9-1, R-9-3, R-9-5, R-10	해당
51-20-23	폐가구류 · 폐도장목 · 폐목재포장재 · 폐전선드럼 · 건설현장 폐목재(원목상태의 깨끗한 목재를 말한다)	R-1-1, R-2-1, R-3-4, R-4-2, R-4-3, R-4-5, R-5-1, R-5-2, R-5-3, R-8-1, R-8-2, R-9-1, R-9-3, R-10	해당
51-20-24	접착제, 페인트, 기름, 콘크리트 등의 물질이 사용된 폐목재(목재부산물 및 분진을 포함한다)	R-1-1, R-2-1, R-3-4, R-4-2, R-4-3, R-4-5, R-8-1, R-8-2, R-9-1, R-9-3, R-10	해당
51-20-25	할로겐족 유기화합물 또는 방부제가 사용된 폐목재(목재부산물 및 분진을 포함한다) 및 건설현장의 실외목재구조물에서 발생되는 폐목재, 폐선박 및 차량에서 나오는 목재, 건축물 화재현장에서 발생한 폐목재, 냉각탑, 산업용 바닥재 등에 사용된 폐목재	R-1-1, R-2-1, R-4-2, R-8-1, R-8-2, R-9-1, R-9-3, R-10	해당
51-20-26	폐철도목재받침목	R-1-2, R-2-2, R-3-4, R-4-2, R-4-5, R-8-1, R-8-2, R-9-1, R-9-3, R-10	해당
51-20-99	그 밖의 폐목재류	R-3-4, R-4-2, R-4-5, R-5-1, R-8-1, R-8-2, R-9-1, R-9-3, R-10	해당
51-21	폐토사류		
51-21-01	폐토사	R-3-1, R-3-2, R-10	해당 없음
		R-4-2, R-7-1, R-7-2, R-7-3, R-7-6, R-10	해당
51-21-02	건설폐토석	R-4-2, R-7-1, R-7-2, R-7-3, R-10	해당

분류번호	폐기물의 종류	재활용 유형	사전 분석·확인 필요 여부
51-21-03	오염하천 · 오염해양 준설토	R-4-2, R-10	해당
51-22	폐콘크리트류		
51-22-01	폐콘크리트	R-1-2	해당 없음
		R-4-2, R-7-1, R-7-2, R-7-3, R-7-6, R-10	해당
51-22-02	폐철도콘크리트받침목	R-1-2	해당 없음
		R-2-2, R-4-2, R-10	해당
51-23-00	폐아스팔트콘크리트	R-4-2, R-10	해당
51-24-00	폐벽돌	R-1-1	해당 없음
		R-4-2, R-7-1, R-7-2, R-7-3, R-10	해당
51-25-00	폐블록	R-1-1	해당 없음
		R-4-2, R-7-1, R-7-2, R-7-3, R-10	해당
51-26-00	폐기와	R-3-4, R-10	해당 없음
		R-4-2, R-7-1, R-7-2, R-7-3, R-10	해당
51-27	폐섬유류		
51-27-01	폐천연섬유	R-1-1, R-2-2, R-3-3, R-4-4, R-9-1, R-9-2, R-9-3, R-10	해당 없음
		R-8-1, R-8-2, R-10	해당
51-27-02	폐합성섬유	R-1-1, R-2-2, R-3-2, R-3-3, R-4-4, R-9-1, R-9-2, R-9-3, R-10	해당 없음
		R-8-1, R-8-2, R-10	해당
51-27-03	폐의류	R-1-1, R-2-1, R-2-2, R-3-3, R-4-4, R-9-1, R-9-2, R-9-3, R-10	해낭 없음
		R-8-1, R-8-2, R-10	해당
51-27-99	그 밖의 폐섬유	R-1-1, R-2-2, R-3-3, R-4-4, R-9-1, R-9-2, R-9-3, R-10	해당 없음
		R-8-1, R-8-2, R-10	해당
51-28	폐지류		
51-28-01	폐종이팩(「자원의 절약과 재활용촉진에 관한 법률 시행령」 제18조 제1호에 해당하는 것을 말한다)	R-3-3, R-4-3, R-9-1, R-10	해당 없음
		R-8-2, R-10	해당

분류번호	폐기물의 종류	재활용 유형	사전 분석·확인 필요 여부
51-28-02	폐종이류	R-3-3, R-4-3, R-9-1, R-10	해당 없음
		R-8-2, R-10	해당
51-28-03	폐벽지	R-3-3, R-4-3, R-9-1, R-9-3, R-10	해당 없음
		R-8-2, R-10	해당
51-29	폐금속류		
51-29-01	고철	R-3-3, R-4-1, R-10	해당 없음
51-29-02	비철금속	R-3-1, R-3-2, R-3-3, R-4-1, R-10	해당 없음
51-29-03	폐금속캔류(「자원의 절약과 재활용촉진에 관한 법률 시행령」 제18조 제1호에 해당하는 것을 말한다)	R-3-3, R-4-1, R-10	해당 없음
51-29-04	폐금속 용기류(폐금속캔류는 제외한다)	R-2-1, R-3-3, R-4-1, R-10	해당 없음
51-29-99	그 밖의 폐금속류	R-3-1, R-3-2, R-3-3, R-4-1, R-10	해당 없음
51-30	폐유리류		
51-30-01	폐유리	R-3-3, R-10	해당 없음
		R-4-2, R-10	해당
51-30-02	폐유리병류(「자원의 절약과 재활용촉진에 관한 법률 시행령」 제18조 제1호에 해당하는 것을 말한다)	R-2-1, R-3-3, R-10	해당 없음
		R-4-2, R-10	해당
51-30-03	폐스마트유리	R-3-1, R-3-2, R-3-3, R-10	해당 없음
		R-4-2, R-10	해당
51-30-04	폐유리섬유	R-3-1, R-3-2, R-3-3, R-10	해당 없음
		R-4-2, R-10	해당
51-30-05	수은폐기물이 아닌 수은함유폐기물 처리잔재물	R-3-1, R-3-2, R-3-3, R-10	해당 없음
		R-4-1, R-4-2, R-10	해당
51-30-99	그 밖의 폐유리	R-3-1, R-3-2, R-3-3, R-10	해당 없음
		R-4-2, R-10	해당
51-31-00	폐타일	R-3-1, R-10	해당 없음
		R-4-2, R-10	해당

분류번호	폐기물의 종류	재활용 유형	사전 분석·확인 필요 여부
51-32-00	폐보드류	R-3-1, R-10	해당 없음
		R-4-2, R-10	해당
51-33-00	폐판넬	R-3-1, R-10	해당 없음
		R-4-2, R-10	해당
51-35-00	폐전주(폐애자, 폐근가 및 폐합성수지제 덮개류 등을 포함한다)	R-3-1, R-10	해당 없음
		R-4-2, R-7-1, R-7-2, R-7-3, R-7-6, R-10	해당
51-36	폐가스포집물		
51-36-01	이산화탄소스트림	R-4-7, R-10	해당
51-36-02	이산화탄소전환탄산화물	R-4-7, R-10	해당
51-37	폐냉매물질		
51-37-01	가전제품회수폐냉매물질	R-1-1, R-3-4, R-10	해당 없음
51-37-02	자동차회수폐냉매물질	R-1-1, R-3-4, R-10	해당 없음
51-37-03	공조기회수폐냉매물질	R-1-1, R-3-4, R-10	해당 없음
51-37-99	그 밖의 폐냉매물질	R-1-1, R-3-4, R-10	해당 없음
51-38	음식물류폐기물 및 처리물		
51-38-01	음식물류 폐기물	R-4-9, R-5-3, R-9-3, R-9-4, R-10	해당 없음
		R-5-1, R-5-2, R-5-4, R-6-1, R-10	해당
51-38-02	중간가공 음식물류 폐기물	R-5-3, R-9-3, R-9-4, R-10	해당 없음
		R-5-1, R-5-2, R-6-1, R-10	해당
51-38-03	음식물류 폐기물 처리 잔재물(액상의 경우만 해당한다)	R-4-9, R-9-4, R-10	해당 없음
		R-5-1, R-5-2, R-5-4, R-10	해당
51-38-99	그 밖의 음식물류폐기물처리잔재물	R-3-1, R-3-2, R-10	해당 없음
		R-8-2, R-9-2, R-10	해당
51-39-00	폐사료	R-3-4, R-5-3, R-10	해당 없음
		R-5-1, R-9-4, R-10	해당
51-40	폐소화기류		
51-40-01	폐분말 소화기	R-1-1, R-3, R-4-7, R-10	해당 없음
		R-5-1, R-10	해당
51-40-99	그 밖의 폐소화기	R-4-1, R-10	해당 없음
		R-4-4, R-10	해당
51-41	폐전지류		

분류번호	폐기물의 종류	재활용 유형	사전 분석·확인 필요 여부
51-41-01	1차폐전지류(「자원의 절약과 재활용촉진에 관한 법률 시행령」 제18조제4호에 해당하는 것을 말한다)	R-3-1, R-3-2, R-3-3, R-4-1, R-10	해당 없음
51-41-02	2차폐전지	R-3-1, R-3-2, R-3-3, R-4-1, R-10	해당 없음
51-41-03	2차폐축전지(지정폐기물 중 폐황산이 포함된 2차폐축전지는 제외한다)	R-2-1, R-3-1, R-3-2, R-3-3, R-4-1, R-10	해당 없음
51-41-04	폐태양전지·전자기기페이스트·태양광 폐패널	R-2-1, R-3-1, R-3-2, R-3-3, R-4-1, R-10	해당 없음
51-41-05	전기자동차 폐배터리	R-2-1, R-2-2, R-3-1, R-3-2, R-3-3, R-4-1, R-10	해당 없음
51-42-00	폐의약품류	재활용금지	
51-43-00	폐흑연가루	R-1-1, R-2-1, R-4-5, R-10	해당 없음
		R-4-2, R-10	해당
51-44-00	나노폐기물(나노물질을 제조·가공하는 과정에서 발생된 분진을 말한다)	R-3-4, R-4-4, R-10	해당 없음
		R-4-2, R-10	해당
51-45	폐차발생폐기물		
51-45-01	폐차파쇄잔재물	R-3-1, R-3-2, R-3-3, R-9-2, R-10	해당 없음
		R-8-2, R-10	해당
51-45-02	폐차부품류	R-1-1, R-2-1	해당 없음
51-45-99	그 밖의 폐차발생폐기물	R-3-1, R-3-2, R-3-3, R-10	해당 없음
		R-8-2, R-10	해당
51-46-00	의료폐기물 멸균분쇄잔재물	재활용 금지	
51-47	조명폐기물		
51-47-01	폐형광등	R-3-1, R-3-2, R-3-3, R-10	해당 없음
51-47-02	폐발광다이오드조명	R-3-1, R-3-2, R-3-3, R-10	해당 없음
51-99-00	그 밖의 폐기물		

3) 생활폐기물

분류번호	폐기물의 종류	재활용 유형	사전 분석·확인 필요 여부
91-01-00	종량제봉투 배출 폐기물(합성수지 종량제 봉투에 배출되는 폐기물을 말한다)	R-3-3, R-9-1, R-10	해당 없음
91-02-00	음식물류 폐기물(분리배출된 음식물류 폐기물을 말한다)	R-5-1, R-5-2, R-5-4, R-6-1, R-9-3, R-9-4, R-10	해당 없음
91-03-00	폐식용유(가정 및 음식점에서 분리배출된 것을 말한다)	R-4-8, R-9-2, R-9-4, R-10	해당 없음
		R-5-1, R-5-2, R-5-4	해당
91-04-00	폐지류(종이팩을 포함한다)	R-3-3, R-4-3, R-9-1, R-9-2, R-9-3, R-10	해당 없음
		R-8-2, R-10	해당
91-05-00	고철 및 금속캔류	R-3-3, R-4-1, R-10	해당 없음
91-06-01	폐합성수지(폴리염화비닐은 제외한다)	R-3-3, R-3-4, R-4-4, R-9-1, R-9-2, R-9-3, R-10	해당 없음
		R-8-1, R-8-2, R-10	해당
91-06-02	폐합성수지(폴리염화비닐)	R-3-3, R-4-4, R-10	해당 없음
		R-8-1, R-10	해당
91-06-03	폐합성고무류	R-3-3, R-3-4, R-4-4, R-9-1, R-9-2, R-9-3, R-10	해당 없음
		R-8-1, R-8-2, R-10	해당
91-07-01	유리병	R-2-1, R-3-3, R-4-2, R-10	해당 없음
91-07-02	폐유리	R-3-3, R-4-2, R-10	해당 없음
91-08-00	폐의류 및 원단류(섬유재질의 커튼, 현수막 등을 포함한다)	R-1-1, R-2-1, R-2-2, R-3-3, R-4-4, R-9-1, R-9-2, R-9-3, R-10	해당 없음
		R-8-1, R-8-2, R-10	해당
91-09-00	폐전기전자제품	R-1-1, R-2-1, R-3-1, R-3-2, R-3-3, R-3-4, R-10	해당 없음
91-10	폐목재 및 폐가구류		
91-10-01	원목상태의 깨끗한 목재	R-1-1, R-2-1, R-5-1, R-9-3, R-10	해당 없음
		R-3-4, R-4-5, R-8-1, R-8-2, R-9-1, R-10	해당

분류번호	폐기물의 종류	재활용 유형	사전 분석·확인 필요 여부
91-10-02	접착제, 페인트, 기름, 콘크리트 등의 물질이 사용된 목재(할로겐족 유기화합물 또는 방부제가 사용된 목재는 제외한다)	R-1-1, R-2-1, R-9-3, R-10	해당 없음
		R-3-4, R-4-2, R-4-5, R-8-1, R-8-2, R-9-1, R-10	해당
91-10-03	할로겐족 유기화합물 또는 방부제가 사용된 목재	R-1-1, R-2-1, R-9-3, R-10	해당 없음
		R-8-1, R-8-2, R-9-1, R-10	해당
91-11-00	건설폐재류(콘크리트, 벽돌 등을 말한다)	R-4-2, R-10	해당 없음
		R-7-1, R-7-2, R-7-3, R-10	해당
91-12-00	폐타일 및 도자기류	R-4-2, R-10	해당 없음
		R-7-1, R-10	해당
91-13	조명폐기물		
91-13-01	폐형광등	R-3-1, R-3-2, R-3-3, R-10	해당 없음
91-13-02	폐발광다이오드조명	R-3-1, R-3-2, R-3-3, R-10	해당 없음
91-14-00	폐전지류	R-3-1, R-3-3, R-10	해당 없음
91-15-00	연탄재	R-4-2, R-7-1, R-7-2, R-7-3, R-7-6, R-10	해당
91-16-00	동물성 잔재물(동물의 사체, 수산가공물, 유지 등을 포함한다)	R-4-8, R-5-1, R-5-2, R-5-4, R-9-4, R-10	해당 없음
91-17	식물성 잔재물		
91-17-01	커피찌꺼기	R-4-5, R-4-8, R-5-1, R-5-2, R-5-3, R-9-3, R-9-4, R-10	해당 없음
		R-2-2, R-4-2, R-5-4, R-6-1, R-8-2, R-9-1, R-9-5, R-10	해당
91-17-02	버섯폐배지	R-4-8, R-5-1, R-5-2, R-9-3, R-9-4, R-10	해당 없음
		R-5-4, R-6-1, R-8-2, R-9-1, R-9-5, R-10	해당

분류번호	폐기물의 종류	재활용 유형	사전 분석·확인 필요 여부
91-17-03	그 밖의 식물성 잔재물	R-4-8, R-5-1, R-5-2, R-5-4, R-9-4, R-10	해당 없음
		R-4-5, R-8-2, R-9-1, R-10	해당
91-18-01	영농폐기물(농약용기류)	R-3-3, R-10	해당 없음
91-18-02	영농폐기물(농촌폐비닐)	R-3-3, R-3-4, R-4-4, R-9-1, R-9-2, R-9-3, R-10	해당 없음
		R-8-1, R-8-2, R-10	해당
91-19-00	폐소화기류	R-1-1, R-3, R-4-7, R-10	해당 없음
		R-4-1, R-4-4, R-5-1, R-10	해당
91-21	일회용 컵		
91-21-01	종이컵	R-3-3, R-4-3, R-10	해당 없음
91-21-02	합성수지 컵	R-3-3, R-4-4, R-10	해당 없음
91-21-03	금속 컵	R-3-3, R-4-1, R-10	해당 없음

저자 소개

이재영
- 서울시립대학교 환경공학부 교수
- 녹색환경지원센터연합회 회장
- (전) 한국폐기물자원순환학회 회장

고재학
- 제주대학교 환경공학과 교수
- 한국폐기물자원순환학회 이사

김대기
- 국립목포대학교 건축·토목·환경공학부 환경공학전공 교수
- 한국폐기물자원순환학회 이사

서명원
- 서울시립대학교 환경공학부 교수
- 한국폐기물자원순환학회 이사

오민아
- 서울시립대학교 환경공학부 연구교수
- 한국폐기물자원순환학회 이사

폐자원 순환 공학

저 자 이재영·고재학·김대기·서명원·오민아
발 행 인 김지영
발 행 처 자유아카데미
주 소 경기도 파주시 회동길 37-42 파주출판도시
전 화 031-955-1321
팩 스 031-955-1322
홈페이지 www.freeaca.com
전자우편 main@freeaca.com(대표)
editor@freeaca.com(편집)
crm@freeaca.com(영업)
등 록 제406-2003-017호, 1980. 7. 12
제1판1쇄 2024년 8월 30일 발행

저자와의 협의하에 인지생략

ISBN 979-11-5808-608-4 93530